普通高等教育"十二五"规划教材

智能仪器原理及设计技术

刘大茂　主编

国防工业出版社

·北京·

内 容 简 介

智能仪器是一门集电子技术、微机应用技术、测控技术、仪器与测量技术等于一体的跨学科的专业技术课程。本书介绍了以80C51单片机为核心构成的智能仪器的工作原理与设计方法。书中详细介绍了智能仪器的各个组成部分，包括信号预处理电路、A/D转换器和D/A转换器与单片机的接口设计，以及人机接口包括键盘、LED显示器、LCD显示器、CRT显示器、微型打印机与单片机的接口设计。书中还深入讨论了常用标准接口总线、监控主程序和接口管理程序的设计，常用的测量算法及优化系统性能的高精确度、高抗干扰和低功耗的设计方法，这些方法也适用于一般的单片机应用系统设计。

本书内容丰富、新颖、实用，文字精炼、深入浅出、通俗易懂、逻辑性和系统性强，可作为高等工科院校的电子信息工程、通信工程、电气工程、机电一体化、仪器仪表、检测控制等专业的教科书或参考书，也可供从事智能仪器或单片机应用的研究人员或工程技术人员阅读。

图书在版编目(CIP)数据

智能仪器原理及设计技术/刘大茂主编. —北京:国防工业出版社,2014.5
ISBN 978 – 7 – 118 – 09384 – 1

Ⅰ.①智… Ⅱ.①刘… Ⅲ.①智能仪器 – 理论②智能仪器 – 设计 Ⅳ.①TP216

中国版本图书馆 CIP 数据核字(2014)第 075989 号

※

*国防工业出版社*出版发行
(北京市海淀区紫竹院南路23号 邮政编码100048)
北京奥鑫印刷厂印刷
新华书店经售

*

开本787×1092 1/16 印张21¼ 字数489千字
2014 年 5 月第 1 版第 1 次印刷 印数1—4000 册 定价45.00 元

(本书如有印装错误,我社负责调换)

国防书店: (010)88540777   发行邮购: (010)88540776
发行传真: (010)88540755   发行业务: (010)88540717

前　言

智能仪器是一门集电子技术、单片机技术、传感器技术、仪器仪表、嵌入式系统、自动测控技术、计算机应用技术、网络与通信技术等于一体的跨学科的专业技术课程。自20世纪80年代以来,这门课程已逐步引入到国内的电子信息工程、通信工程、测控技术与自动化仪表、电子测量与仪器、计算机应用等信息工程类专业中。随着微电子技术和计算机技术的飞速发展,电子测量仪器、测控仪表的智能化、总线化、网络化已经成为整个行业发展的主要趋势,同时也日益成为工程界和科技界人士所关注的热点课题之一。因此,对于电子信息工程类专业的科技人员来说,了解和熟悉智能仪器的工作原理及其设计思想和设计方法是十分重要和必须的。

高等工科院校电子信息类专业的学生毕业后大多要从事电子产品的设计开发工作,为此,在本科教育阶段开设一门"智能型电子产品设计"课程非常必要。因为智能仪器是各种智能化电子产品的典型代表,其硬件结构和系统软件均可作为一般智能化电子产品的模型,故以"智能仪器原理及设计技术"作为电子信息类专业的"智能型电子产品设计"课程教材是非常合适的。作者所在的福州大学的电子信息类专业自20世纪80年代后期就开设了"智能仪器"课程。它对学生的专业知识结构的改善及毕业生适应工作的能力提高都产生了很大的影响。通过本课程的学习,学生可较深刻地了解智能型电子产品的软件和硬件结构、工作原理及设计方法。它使先修的专业基础知识在电子系统中的应用有了明显的展示,激发了学生的学习积极性;它为电子类学生开展课外科技活动,如实施创新实验计划项目、参加全国大学生电子设计竞赛,以及完成毕业设计等实践环节,提供了极其有用的理论与实践的指导思想和技术资料。

本书共分为8章。第1章绪论,简要介绍智能仪器的定义、特点、组成、工作原理、发展概况及设计要点。第2章智能仪器的标准数据通信接口,介绍目前常用的 RS – 232、RS – 485、SPI、I^2C、USB、CAN 及 GP – IB 总线的技术规范及实现方法,并介绍了无线数据传输模块及应用方法。第3章预处理电路及数据采集,简要介绍了微机应用系统的基本结构框图、几种典型模拟信号放大器等预处理电路,还介绍了传感器及应用,在当前迅猛发展的物联网中,传感器处于研究对象与检测系统的接口位置,是感知、获取与检测信息的窗口,它提供物联网系统赖以进行决策和处理所必需的原始数据。当今的电子信息工程师应具备这方面的知识,本章介绍了传感器的基础知识,列举了一些常用和新型传感器及其应用实例。本章还着重介绍 DAC 接口、ADC 接口的软硬件设计方法,并通过典型实例进行讨论,最后介绍了数据采集系统。第4章人机接口技术,介绍了目前智能仪器中常用的外围设备,即键盘、LED 显示器、LCD 显示器、CRT 显示器、微型打印机等与单片机的接口技术,包括硬件连接和接口程序的设计,还较详细地介绍了 8279 和 7289 两种键盘/显示器专用接口芯片的结构原理及应用方法,它们在应用系统设计时是很实用的。第 5 章测量算法与系统优化设计,介绍了常用的测量算法、提高测量精确度的有效方法、低功耗设计方法、抗干扰设计方法。第 6 章监控主程序的设计,介绍了两种常用的设计方法,即直接分析法与状态变量法。第 7 章接口管理程序的设计,介绍了 MC68488 接口芯片,及其与 80C51 单片机的接口电路设计及接口管理程序的设计。第 8 章智能仪器设计实例,列举了四个较为简单而又典型的智能仪器的设计,目的是使读者对智能仪器的设计任务、设计思想和实现方法有一个基本的了解。

本书的主要特点如下:

(1) 结构合理,章节安排、重点与难点分布符合教学要求,内容新颖、详实,系统性、可教性和实践性均较强。

(2) 注重理论联系实际,在讲清基本原理的基础上,着重讨论在智能仪器设计过程中所涉及的具体方法和设计技巧。在内容编排上,基础部分强调系统性和先进性,原理与设计部分注重反映有实用价值的核心技术和反映智能仪器最新发展的实际内容。

(3) 紧密结合教学与科研实践,并力求内容的实用性和先进性。从工作原理的分析、设计方案的讨论,元器件的选择,到软、硬件设计方法的介绍都遵循这一原则,使得本书内容既丰富又通俗易懂。每章均附有一定数量的习题与思考题,便于教学或自学。

考虑到智能仪器功能结构的复杂性不断增加,串行接口芯片的大量涌现,书中介绍了几种串行总线,并在各部分的设计中都安排了具有串行接口芯片的软、硬件设计的内容。

本书内容新颖、实用,叙述条理清楚,文字精炼、深入浅出、通俗易懂,它使读者较快地了解和掌握智能仪器的工作原理与设计方法,这些方法也广泛适用于一般的单片机应用系统的设计。本书既可作为高等工科院校的电子信息工程、通信工程、物联网工程、电气工程、机电一体化、检测控制、仪器仪表等专业的教科书,或作为大学生电子设计竞赛、实施大学生创新实验计划项目、完成本科毕业设计的技术参考资料,也可供电子电气信息类工程技术人员阅读。

本书在撰稿过程中,得到许多同行的支持与帮助,包括协助搜集资料、文字录入、校对、图表文稿整理工作,在此一并表示衷心感谢! 书中主要内容在福州大学、福州大学阳光学院相关专业中讲授过,取得了较满意的效果。

由于作者水平有限以及时间比较仓促,疏漏之处在所难免,恳请读者批评指正。

作 者
2013 年 5 月

目　　录

第1章 绪 论

1.1 概 述

1.1.1 智能仪器及其特点

1. 什么是智能仪器

智能仪器是一类新型的电子仪器,它由传统仪器发展而来,但又与传统仪器有很大区别。电子仪器已有几十年的历史了,今天的电子测量仪器与几十年前的相比,有着天壤之别。特别是微处理器的应用,使电子仪器发生了重大的变革。

回顾电子仪器的发展过程,从使用的器件来看,它经历了从真空管时代→晶体管时代→集成电路时代三个阶段。若从仪器的工作原理来看,它经历了三代。第一代是模拟式电子仪器,大量指针式的电压表、电流表、功率表及一些通用的测试仪器均是典型的模拟式仪器。这一代仪器功能简单、精度低、响应速度慢。第二代是数字式电子仪器,它的基本工作原理是将待测的模拟信号转换成数字信号,并进行测量,结果以数字形式输出显示。它的精度高,速度快,读数清晰、直观,结果可打印输出,也容易与计算机技术相结合。同时因数字信号便于远距离传输,数字式电子仪器适用于遥测、遥控。第三代就是智能仪器,它是在数字化的基础上用微机装备起来的,是计算机技术与电子仪器相结合的产物。它具有数据存储、运算、逻辑判断能力,能根据被测参数的变化自选量程,可自动校正、自动补偿、自寻故障等,可以做一些需要人类的智慧才能完成的工作,即具备了一定的智能,故称为智能仪器。具体地说,本书讨论的智能仪器是指含有微机和自动测试系统通用接口 GP-IB 的电子测量仪器。

微处理器的出现对于科学技术的各个领域都产生了极大的影响,同样也引起了一场仪器技术的革命。微处理器在智能仪器中的作用可归结为两大类,即对测试过程的控制和对测试数据的处理。

对测试过程的控制就是微处理器可接受来自键盘和 GP-IB 接口的命令,解释并执行这些命令,诸如发出一个控制信号给测试电路,以规定功能、设置量程、改变工作方式。通过查询或测试电路向微处理器发出中断请求,使微处理器及时了解电路的工作情况,控制仪器的整个工作过程。

对测试数据的处理即电子仪器引入微处理器后,大大提高了数据存储和处理能力。硬件电路只要具备最基本的测试能力,提供少量的原始数据即可。至于对数据的进一步加工处理,如数据的组装、运算、舍入、决定小数点位置和单位、转换成七段码送到显示器显示或按规定格式从 GP-IB 接口输出等工作均可由软件来完成。

2. 智能仪器的特点

智能仪器在核心部件微处理器的作用下,具备了下列主要特点。

1）仪器的功能强大

如前所述，智能仪器内含微机，它具有数据存储和处理能力。在软件的配合下，仪器的功能可大大增强。例如传统的频率计数器能测量频率、周期、时间间隔等参数，带有微处理器和 A/D 转换器的通用计数器还能测量电压、相位、上升时间、空度系数、压摆率、漂移及比率等多种电参数；又如传统的数字多用表只能测量交流与直流电压、电流及电阻，而带有微处理器的数字多用表，除此之外还能测量百分率偏离、偏移、比例、最大/最小、极限、统计等多种参数。仪器如果配上适当的传感器，还可测量温度、压力等非电参数。智能仪器多功能的特色主要是通过微处理器的数据存储和快速计算进行间接测量实现的。下面列举几种智能仪器中常用的数值计算。

（1）乘常数：$R=cx$，将测量结果 x 乘以用户从键盘输入的常数 c。这种改变直线斜率的运算很有用处，它能把电量变成其他工程单位。例如，当用数字电压表通过传感器测量压力时，把测量结果乘以系数后，所显示的值就直接代表被测的压力值。

（2）百分率偏离：$R=100(x-n)/n$，此运算可确定测量结果对一个标称值的百分率偏离。用户从键盘输入标称值 n，每次把测量结果与标称值进行比较，智能仪器显示百分率偏离。这可用于检验元件的容差。

（3）偏移：$R=x-\Delta$，这是许多智能仪器都具备的一种功能，把测量结果减去或加上一个从键盘输入的常数 Δ。

（4）比例：比例是一个量相对于另一个量的关系，在数学上是进行除法运算。比例可分为以下几种情况。

① 线性的：$R=x/r$，其中 r 是参考量，例如是一个电阻值。如果测得该电阻上的电压，则通过比例运算，就可获得通过该电阻的电流值。

② 对数的：$R=20\lg(x/r)$，用户从键盘输入常数 r 后，仪器自动进行对数计算，并以分贝（dB）为单位显示读数。

③ 功率的：$R=x^2/r$，将测量结果平方后除以参考量 r。如果 r 是负载电阻，x 是该电阻上的电压，则通过这项计算可直接显示功率。

（5）最大/最小：求多个测量结果中的最大值、最小值和峰—峰值。智能仪器无需保存每个测量结果，仅需保存当前的最大值和最小值。当发现新的最大值或最小值时，就更新原来的最大值或最小值。

（6）极限：在某些测量中，用户关心的是被测量（如温度或压力等）是否越出安全范围。这时用户可先设置高、低极限。当被测量越出该极限时，仪器就给出某种警告。在测量结束后，仪器还能分别显示越出高限、低限和未越出界限的测量次数。

（7）统计：常用于计算测量结果的算术平均值、方差、标准偏差、均方根值等。

2）仪器的性能优越

智能仪器中通过微处理器的数据存储和运算处理可很容易地实现多种自动补偿、自动校正、多次测量平均等技术，以提高测量精度。通过执行适当和巧妙的算法，常常可以克服或弥补仪器硬件本身的缺陷或弱点，改善仪器的性能。智能仪器中对随机误差通常用求平均值的方法来克服，对系统误差则根据误差产生的原因采用适当的方法处理。例如，HP3455 型数字电压表的实时自动校正是先进行三次不同方式的测量，然后由微处理器自动把测量数据代入自校准方程进行计算，以消除由漂移及放大器增益不稳定所带来的误差。借助于微处理器不仅能校正由漂移、增益不稳定等引起的误差，还能校正由各种传感器、变换器及电路引起的非线性或频率响应等误差。

图 1-1 表示 HP5335 通用计数器中所谓"三点两线"法校正 V-F 转换器非线性的例子。图 1-1 中曲线表示实际变换器的电压-频率转换曲线，它与直线（实线）间的距离为转换过程中的非线性误差。为了减小该误差，寻找第 3 点（图 1-1 中为曲线的中点）进行校正。并从该点到两端点引两直线（虚线），显然这时的误差（即两虚线与曲线间的距离）大大减小了。在实际仪器中，两端点电压分别取为-5V 与+5V，由精密电压源提供；中点电压为 0V，直接接地。这个方法不但校正了 V-F 转换的非线性误差，而且也校正了由零点、增益等不稳定所引起的误差。智能仪器还可自动选择一种最佳的测量方法，以获得很高的精度。

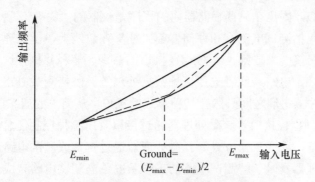

图 1-1　HP5335 中 V-F 转换器非线性的校正

3）操作自动化

智能仪器的自动化程度高，因而被称为自动测试仪器。传统仪器面板上的开关和旋钮均被键盘所代替。仪器操作人员要做的工作仅仅是按键，省却了繁琐的人工调节。智能仪器通常都能自动选择量程、自动校准，有的还能自动调整测试点。这样既方便了操作，又提高了测试精度。

4）具有对外接口功能

智能仪器通常都具备 GP-IB 接口，能很方便地接入自动测试系统中接受遥控，实现自动测试。

5）可实现硬件软化

仪器中采用微处理器后能实现"硬件软化"，使许多硬件逻辑都可用软件取代。例如，传统数字电压表的数字电路通常采用了大量的计数器、寄存器、译码显示电路及复杂的控制电路，而在智能仪器中，只要速度跟得上，这些电路都可用软件取代。显然，这可使仪器降低成本、减小体积、降低功耗和提高可靠性。

6）采用面板显示

智能仪器均采用面板显示，除了用简单的 LED 指示灯外，多用七段 LED 或 LCD 显示器来显示十进制数字和其他字符。有的用点阵式 LED 或 LCD 及 CRT 显示器来显示各种字符，面板显示字迹清晰、直观。

7）具有自测试和自诊断功能

智能仪器通常还具有很强的自测试和自诊断功能。它能测试自身的功能是否正常，如不

3

正常还能判断故障的部位，并给出指示。这样大大提高了仪器工作的可靠性，给仪器的使用和维修带来很大方便。常见的自测试有开机自测试、周期性自测试和键控自测试。

1.1.2 智能仪器的组成

在物理结构上，微机内含于电子仪器，微处理器及其支持部件是整个测试电路的一个组成部分；但是从计算机的观点来看，测试电路与键盘、GP-IB 接口及显示器等部件一样，仅是计算机的一种外围设备。智能仪器的基本组成如图 1-2 所示。显然，这是典型的计算机结构，与一般计算机的差别在于它多了一个"专用的外围设备"——测试电路，同时还在于它与外界的通信通常都通过 GP-IB 接口进行。既然智能仪器具有计算机结构，因此它的工作方式和计算机一样，而与传统的测量仪器差别较大。微处理器是整个智能仪器的核心，固化在只读存储器内的程序是仪器的"灵魂"。系统采用总线结构，所有外围设备（包括测试电路）和存储器都"挂"在总线上，微处理器按地址对它们进行访问。微处理器接受来自键盘或 GP-IB 接口的命令，解释并执行这些命令，诸如发出一个控制信号到某个电路，或者进行某种数据处理等。既然测试电路是微机的外围设备之一，因而在硬件上它们之间必然有某种形式的接口，从简单的三态门、译码器、A／D 和 D／A 转换器到程控接口等。微处理器通过接口发出各种控制信息给测试电路，以规定功能、启动测量、改变工作方式等。微处理器通过查询或测试电路向微处理器提出中断请求，使微处理器及时了解测试电路的工作状况。当测试电路完成一次测量后，微处理器读取测量数据，进行必要的加工、计算、变换等处理，最后以各种方式输出，如送到显示器显示、打印机打印或送给系统的主控制器等。

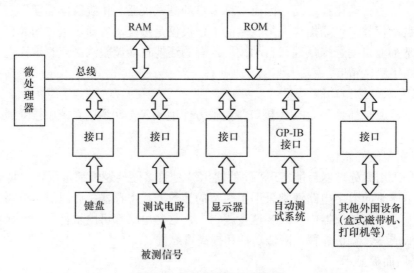

图 1-2　智能仪器的基本组成

虽然智能仪器中的测试电路仅是作为微机的外围设备而存在的，仪器中引入微处理器后有可能降低对测试硬件的要求，但仍不能忽视测试硬件的重要性，有时提高仪器性能指标的关键仍然在于测试硬件的改进。

1.1.3 智能仪器的工作原理

1. 传统 DVM 的工作原理及特点

现在以数字电压表（DVM）为例来说明智能仪器的工作特点。为便于比较，首先回顾一下大家熟悉的传统 DVM 的工作原理。

图 1-3 是传统积分式 DVM 原理图。置于仪器面板上的波段开关（S_1）用以改变量程；控制电路按规定时序发出各种控制信号，使积分式 A/D 转换器（ADC）按规定的时序进行工作。例如，在双斜式（又称双积分式）A/D 转换器中，积分器先对被测信号 U_i 进行定时积分，积分时间 T_1 称为采样期。为抑制工频（50Hz）干扰，T_1 常取为工频周期的整数倍。T_1 周期结束后，控制电路发出信号，使积分器对极性与被测电压极性相反的基准电压 E_r 进行积分。由于被积分电压的极性相反，因而积分器输出电压的斜率方向相反。当积分器输出电压到达零时，比较器输出产生跳变，通过控制电路使积分器停止积分，一次 A/D 转换结束。积分器对基准电压进行积分的周期称为比较期 T_2。在比较期内，计数器进行计数。可以证明，该计数值正比于被测电压。最后把代表被测电压的计数值送至显示器显示。

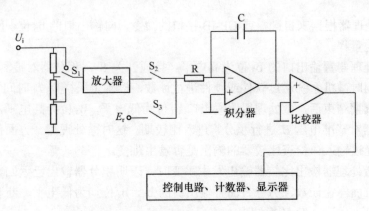

图 1-3 传统积分式 DVM 原理图

可见，传统的 DVM 具有下列特点：

（1）操作者通过控制面板上的各种旋钮、开关的位置直接改变仪器中的各种电参数（如电平、元件参数等），以设置仪器的各种功能。

（2）各种控制、计数、漂移补偿等工作完全由硬件完成。

（3）控制电路采用随机逻辑，因而电路复杂，设计和调试困难，可靠性也差。

2. 智能积分式 DVM 的工作原理及特点

图 1-4 表示了智能积分式数字电压表的原理框图。

智能积分式 DVM 包括 A/D 转换器、微处理器、键盘、显示器及 GP-IB 接口等部件。在微处理器和 A/D 转换器之间有一个 5 位的输出口和一个 1 位的输入口。5 位输出口 b_0 位～b_4 位分别控制 S_0～S_4 开关的通断，其中 S_0～S_2 开关选择量程，S_3、S_4 开关选择积分器输入信号。输入口连接 D_0 数据总线。微处理器通过输入口检查比较器的状态，其工作过程如下。

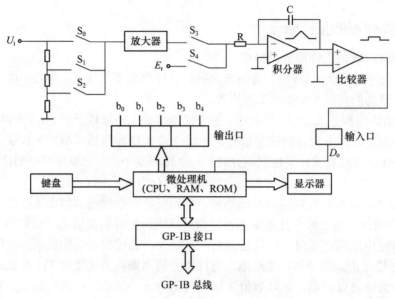

图 1-4　智能积分式 DVM 原理框图

（1）微处理器根据来自键盘或 GP-IB 接口的命令，向输出口的 b_0 位～b_2 位输出合适信息，以规定量程。

（2）微处理器置输出口的 b_3 位为高电平。接通开关 S_3，积分器对被测电压 U_1 进行定时积分。同时微机系统通过软件或硬件进行计数，以确定采样期 T_1 时间。

（3）T_1 周期结束后，微处理器置输出口 b_3 位为低电平，b_4 位为高电平。接通 S_4，断开 S_3，积分器对基准电压 E_r 进行积分，进入比较期。这时微处理器一方面借助软件进行计数，同时通过输入口检查比较器的输出是否发生跳变。

（4）当微处理器检出比较器输出发生跳变时，表明积分器输出已返回零电平。这时微处理器一方面停止计数，另一方面置输出口的 b_3、b_4 位均为低电平，断开 S_3、S_4，积分器停止积分，一次 A/D 转换结束。

（5）微处理器对比较期内的计数值进行各种处理后，或送显示器显示，或经 GP-IB 总线发送到远地。

可见，智能数字电压表具有下列特点：

（1）操作者通过键盘按键向微处理器发出各种命令，微处理器对这些命令进行译码后发出适当的控制信号，以规定仪器的各种功能。

（2）微处理器通过执行程序发出一系列控制信号，使测试电路正常工作。即使仪器硬件不变，只要改变软件就能改变仪器的工作，有些硬件电路（如计数器等）的功能均可由软件完成。

（3）由于微处理机具有存储和计算能力，因而能对测量数据进行各种数字处理，如自动校正零点偏移和增益漂移、统计处理及其他数学运算等。

（4）具有计算机结构，各部件都"挂"在总线上，因而方便了系统的设计、调试、修改和维护。

（5）具有 GP-IB 接口，能接入自动测试系统进行工作。

6

1.1.4 智能仪器的新发展

近年来，智能仪器仪表发展尤为迅速，国内市场上已经出现了多种多样的智能化测量控制仪器仪表。智能仪器仪表呈现出微型化、多功能化、人工智能化和网络化的发展趋势。

1. 个人仪器

随着个人计算机的广泛普及，在智能仪器蓬勃发展的同时，从 1982 年起出现了一种新型的个人计算机与电子仪器相结合的产品——个人仪器。

自 20 世纪 60 年代以来，自动测试系统的发展已经历了 3 个阶段。第一个阶段是测试仪器与小型仪用计算机通过各种专用接口相连接而组成的自动测试系统，其代表产品有自动网络分析仪等。第二阶段是智能仪器，把微处理器放入仪器内部，通过内部接口把测试部件与计算机连接起来，而各个智能仪器又通过 GP-IB 接口总线与外部计算机相连接而组成自动测试系统。第三阶段是个人仪器，一台个人计算机控制多个仪器插件，相互通过计算机系统总线连接，如图 1-5 所示。

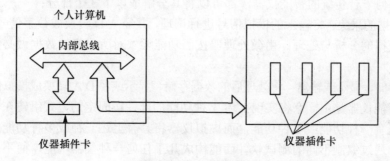

图 1-5　个人仪器结构

个人仪器具有下列特点。

（1）成本低。在个人仪器系统中，每个测试功能不是由整机而是由插件完成的。每个插件无需智能仪器所需的微处理器、显示装置、键盘、机箱等部件，因而成本大大降低。与由 GP-IB 接口总线组成的测试系统相比，具有同样测试功能的个人仪器系统的价格可降低至其 1/3～1/10。

（2）使用方便。在个人仪器中，标准的仪器功能写入操作软件中，并备有简单的清单（Menu）。用户根据清单进行选择，无需编制程序就能完成各种测试任务，操作方便。例如一个在 GP-IB 系统中要求编写 30 行 BASIC 程序才能完成的任务，在个人仪器中只要按两次键就能完成。

（3）制造方便。仪器插件卡与个人计算机之间的关系远不如智能仪器中微处理器与测量部件之间的关系密切，而价廉物美的个人计算机可以购买。这样仪器制造厂可集中精力研制、生产测试插件卡，生产周期短，制造方便。

（4）实时交互作用。个人仪器是通过微机的系统总线连接的，因而相互间可进行实时的交互作用。例如，可让一台仪器去触发另一台仪器，使其在时间上相互关联。而在 GP-IB 系统中，仪器间不能实时交互，它们只接受系统控制器的控制，或向控制器提出服务请求。

7

2. 虚拟仪器

虚拟仪器是在电子仪器与计算机技术更深层次结合的基础上产生的一种新的仪器模式，虚拟仪器通常是指以通用计算机作为控制器，添加必要的模块化硬件来完成数据采集，由高效、功能强大的软件系统完成人—机交互数据的一种计算机系统。虚拟仪器的出现使测量仪器与计算机之间的界线模糊了，用户操作这台计算机就像操作一台自己专门设计的传统电子仪器一样。

虚拟仪器概念是在个人仪器和计算机软件不断发展的基础上提出来的。它更加强调软件的作用，提出了"软件就是仪器"的思想。用户通过在已建立的通用仪器平台上调用不同的测试软件就可以构成各种功能的虚拟仪器。这个概念克服了传统仪器的功能在制造时就被限定而不能变动的限制，打破了仪器功能只能由厂家定义、用户无法改变的模式。

虚拟仪器不强调每一个仪器模块就是一台仪器，而是强调选配一个或几个带共性的基本仪器硬件模块来组成一个通用的硬件平台，再通过调用不同的软件来扩展或组成各种功能的仪器或系统。

考察任何一台传统的智能仪器，都可以将其分解成以下3个部分：

（1）数据的采集：将输入的模拟信号进行调理，并经 A/D 转换成数字信号以待处理。

（2）数据的分析与处理：由微处理器按照功能要求对所采集的数据做必要的分析和处理。

（3）存储、显示或输出：将处理后的数据存储、显示或经 D/A 转换成模拟信号输出。

传统智能仪器是由厂家将实现上述 3 种功能的部件按固定的方式组建在一起，一般一种仪器只有一种功能或多种功能，而虚拟仪器将具有上述一种或多种功能的通用模块组合起来，通过编制不同的测试软件而能构成几乎任何一种仪器功能，而不是某几种仪器功能。例如激励信号可先由微型计算机产生数字信号，再经过 D/A 转换产生所需的各种模拟信号，这就相当于生成了一台任意波形发生器；又例如大量的测试功能都可通过对被测信号的采样、A/D 转换而变换成数字信号，再经过处理，即可直接用数字显示而形成数字电压表类仪器，或用图形显示而形成示波器类仪器，或者再对采集的数据进行进一步分析即可形成频谱分析仪类仪器，其中数据分析与处理以及显示等功能可以全部由软件完成。这样就摆脱了由传统硬件构成一件件仪器后再连成系统的模式，而变成由计算机、A/D 及 D/A 等带共性硬件资源和应用软件共同组成的虚拟仪器系统的新的概念。

虚拟仪器系统的基本构架是高性价比的通用计算机、模块化的通用硬件设备、高效且功能强大的专业性测试软件系统。

虚拟仪器的"虚拟"二字主要有以下两方面的含义：

（1）虚拟仪器的面板是虚拟的，其面板的控件是由外形与实物相像的图形表示，对应着相应的控制软件程序，通过计算机的鼠标点击来对其进行操作。

（2）虚拟仪器的功能是由软件编程来实现的。在以计算机为核心组成的硬件平台的支持下，通过软件编程来实现仪器的测试功能。

因此，一般认为虚拟仪器就是在以通用计算机为核心的硬件平台上，由用户设计定义、具有虚拟面板、测试功能由测试软件实现的一种计算机仪器系统。

虚拟仪器的硬件平台包括通用计算机和模块化硬件设备两部分，其中模块化硬件设备是数据采集卡，一块数据采集卡可以完成 A/D 转换、D/A 转换、数字输入/输出、计数器/定时器等多种功能，再配以相应的信号调理电路组件，构成各种虚拟仪器的硬件平台。

基本硬件确定之后，要使虚拟仪器能由用户自选定义，必须具有功能强大的软件系统。

虚拟仪器的软件框架从低层到高层包括 3 个部分：虚拟仪器软件体系结构 VISA、仪器驱动程序和应用软件。VISA 实质就是标准的 I/O 函数库及其相关规范的总称，它驻留于计算机系统之中，执行仪器总线的特殊功能。它是计算机与仪器之间的软件层连接，以实现对仪器的控制。它对于仪器驱动程序的开发者来说是一个可调用的操作函数集。

仪器驱动程序是完成对某一特定仪器控制与通信的软件程序集。它是应用程序实现仪器控制的桥梁，每个仪器模块都有自己的仪器驱动程序，仪器厂商以源码的形式提供给用户。

应用软件建立在仪器驱动程序之上，直接面对操作用户。通过提供直观友好的测控操作界面、丰富的数据分析与处理功能来完成自动测试任务。应用软件还包括通用数字处理软件——用于数字信号处理的各种功能函数，如频域分析的功率谱估计、FFT、FHT、THT、逆 FFT、逆 FHT 和细化分析等；时域分析的相关分析、卷积运算、反卷运算、均方根估计、差分积运算和排序以及数字滤波等。这些功能函数为用户进一步扩展虚拟仪器的功能提供了一个基础。

对于虚拟仪器应用软件的编写，大致可分为以下两种方式：

（1）用通用编程软件进行编写：主要有 Microsoft 公司的 Visual C++、Borland 公司的 Delph 和 Sybase 公司的 PowerBuilder。

（2）用专业图形化编程软件进行开发：如 HP 公司的 VEE 和 HFTIG、NI 公司的 LabVIEW 和 LabWindows/CVI、美国 Tektronis 公司的 Ez-NS 以及美国 HEM Data 公司的 Snap-Marter 平台软件。

虚拟仪器的特点有以下几个方面：

（1）在通用硬件平台确定后，由软件取代传统仪器中的硬件来实现仪器的功能。

（2）仪器的功能是用户根据需要由软件来定义，而不是事先由厂家定义好的。

（3）仪器功能的改进和扩展只需进行相关软件的设计更新，而无须购买新的仪器。

（4）研制周期较传统仪器大为缩短。

（5）虚拟仪器开放、灵活，可与计算机同步发展，可与网络及其他周边设备互联。

随着网络技术的发展，一种基于 Web 的网络化虚拟仪器正在迅速地发展。一个典型的基于 Web 的网络虚拟仪器是由计算机、数据采集卡和专用软件组成的具有 IP 地址的网络化测量仪器。它是在虚拟仪器的基础上增加网络通信能力，从而具有测量仪器和网络服务器的双重功能，使它能从网络接收命令并返回测量结果，提供远程测量服务。基于 Web 的网络化虚拟仪器的模型如图 1-6 所示。

系统工作时，用户在客户端通过浏览器就可以访问远端的网络化虚拟仪器。首先，客户端自动下载并启动虚拟仪器客户端程序，同时对应的虚拟仪器服务器端将启动虚拟仪器服务器程序；然后系统将控制权由浏览器、WWW 服务器交给虚拟仪器客户程序和虚拟仪器服务器程序，于是用户就可以直接在虚拟仪器客户端程序上进行远程测量操作。网络化虚拟仪器的前面板已从现场移植到 Web 页面上，人们通过网络可以在任何地点、任何时候获得测量数据，并且还可以通过 Web 服务器处理相关的测试需求，从而将虚拟

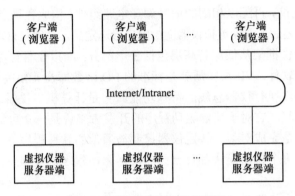

图 1-6　网络化虚拟仪器的模型

仪器纳入网络，实现了资源共享。随着 Internet 应用空间的不断开拓及虚拟仪器技术的不断进步，基于 Internet 的测控网络的发展将势不可挡，网络化虚拟仪器技术已成为当前虚拟仪器发展的主要方向。

1.2　智能仪器设计简介

1.2.1　设计要点

智能仪器设计的主要任务包括微处理器的选择、硬件设计和软件设计。

目前广泛流行的 8 位微处理器，尤其是高性能的 8 位单片机，无论从功能或成本来看，都非常适宜于智能仪器。它具有 64KB 的寻址能力，对一般的智能仪器来说已完全足够。它的支持部件丰富，特别值得一提的是 51 系列单片机功能强、可靠性高，用它作为智能仪器的核心部件时，具有下列的优点：

（1）硬件结构简单。智能仪器中的一般要求是有大量的 I/O 口，并且需要有定时或计数功能，有的还需要通信功能。而 51 单片机本身片内具有 16 位～32 位 I/O 线、两个 16 位定时器计数器，还有一个全双工串行口，这样以 51 单片机为核心部件将大大简化仪器仪表的硬件结构，降低仪器造价。

51 系列单片机可与 Intel 公司生产的各种接口芯片直接接口，系统扩充方便、容易，且接口逻辑电路十分简单。例如，用并行 I/O 口（8255、8155 等）、计数器（8253）、键盘/显示器驱动接口（8279）、各种 A/D、D/A（ADC0809、DAC0832 等）及各种通信接口芯片如串行接口芯片（8251、8250 等）和 GP-IB 接口芯片（8291、9292、8293 等）可增强仪器仪表的性能，简化硬件结构。

（2）运算速度高。一般仪器仪表均要求在零点几秒内完成一个周期的测量、计算、输出操作。如许多测量仪器均为动态显示，即它们应能对测量对象的参数进行实时测量显示，而一般人的反应时间小于 0.5s，故要求在 0.5s 内应完成一次测量显示；如要求采用多次测量取平均值，则速度要求更高；而不少仪器仪表的计算比较复杂，不仅要求有浮点运算功能，还要求有函数，如正弦函数、开平方等计算能力。这就对智能仪器中的微机的运算能力和运算速度提出了较高的要求。而 51 系列单片机的时钟可达 12MHz，大多数运算指令执行时间仅 1μs（新的型号速度更快），并具有硬件乘、除法指令，运算速度高。这使它可进行高速的运算，以完成仪器仪表所需的运算功能。

（3）控制功能强。智能仪器的测量过程和各种测量电路均由微机来控制，一般这些控制端均为一根 I/O 线，如启动 A/D 转换、判断转换结束、设置测量完成标志等。由于51 系列单片机具有布尔处理功能，包括一整套位处理指令、位控制转移指令和位控制 I/O 功能，这使它特别适用于仪器仪表的控制。

在硬件设计中，首先要设计仪器内部的微机，同时设计测试硬件、仪器内部的外围设备和 GP-IB 接口，然后设计微机和其他部件间的接口。

软件研制大致要经历这样一些阶段：任务描述、程序设计、编码、纠错、调试和编写文件。

1.2.2　监控程序的结构

智能仪器与计算机一样，是执行命令的机器。在智能仪器中，命令常来自键盘和GP-IB 接口。监控程序的任务是接受、分析并执行来自这两方面的命令。本书把接受和分析键盘命令的程序称为监控主程序，把接受和分析来自 GP-IB 接口命令的程序称为接口管理程序，把具体执行各种命令的程序称为命令处理子程序。

监控主程序和接口管理程序的结构在不同的智能仪器中有其共性，本书将分别在第6、7 章进行详细讨论。命令处理子程序随智能仪器功能的不同而不同，没有统一的设计方法，本书中按数据处理、A/D 转换器接口、D/A 转换器接口、输入/输出、自测试、自诊断等方面概括地在其他各章进行讨论。

1.2.3　程序设计技术

常用的程序设计技术有下列 3 种：

（1）模块法。模块法是指把一个长的程序分成若干个较小的程序模块进行设计和调试，然后把各模块连接起来。如前所述，总的来说，智能仪器监控程序可分为三大模块，即监控主程序、接口管理程序、命令处理子程序。命令处理子程序通常又可分为测试、数据处理、输入/输出、显示等子程序模块。由于程序分成一个个较小的独立模块，因而方便了编程、纠错和调试。

（2）自顶向下设计方法。研制软件有两种截然不同的方式，一种叫做"自顶向下"（Top-down）法，另一种叫做"自底向上"（Bottom-up）法。所谓"自顶向下"法，概括地说，就是从整体到局部，最后到细节。即先考虑整体目标，明确整体任务，然后把整体任务分成一个个子任务，子任务再分成子任务，同时分析各子任务之间的关系，最后拟定各子任务的细节。这犹如要建造一个房子，先设计总体图，再绘制详细的结构图，最后一块砖一块砖地建造起来。所谓"自底向上"法，就是先解决细节问题，再把各个细节结合起来，就完成了整体任务。"自底向上"是传统的程序设计方法，其有严重的缺点，即由于从某个细节开始，对整个任务没有进行透彻的分析与了解，因而在设计某个模块程序时很可能会出现原来没有预料到的新情况，以致要求修改或重新设计已经设计好的程序模块，造成返工，浪费时间。目前都趋向于采用"自顶向下"法。但事情不是绝对的，不少程序设计者认为这两种方法应该结合起来使用。一开始在比较"顶上"的时候，应该采用"自顶向下"法，但"向下"到一定的程度，有时需要采用"自底向上"法。例如对某个关键的细节问题，先编制程序，并在硬件上运行，取得足够的数据后再回过来继续设计。

（3）结构程序设计。结构程序（Structured Programming）设计是 20 世纪 70 年代起逐渐被采用的一种新型的程序设计方法。它不仅在许多高级语言中应用，如已有结构 BASIC、结构 FOR TRAN 等，而且基本结构同样适用于汇编语言的程序设计。结构程序设计的目的是使程序易读、易查、易调试，并提高编制程序的效率。在结构程序设计中，不用或严格限制使用转移语句。结构程序设计的一条基本原则是每个程序模块只能有一个入口、一个出口。这样一来，各个程序模块可分别设计，然后用最小的接口组合起来，控制明确地从一个程序模块转移到下一个模块，使程序的调试、修改或维护都要容易得多。大的复杂的程序可由这些具有一个入口和一个出口的简单结构组成。

在结构程序设计中仅允许使用下列 3 种基本结构：

① 序列结构，这是一种线性结构，在这种结构中程序被顺序连续地执行，如序列：

P1

P2

P3

计算机先执行 P1，再执行 P2，最后执行 P3。

P1、P2、P3 可为一条指令，也可为整个程序。

② 分支结构，如图 1-7 所示。

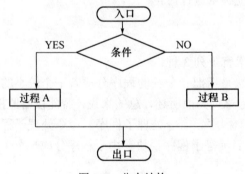

图 1-7　分支结构

③ 循环结构，即 Do-while 及 Repeat-until，如图 1-8 所示。Repeat-until 结构先执行过程后判断条件，而 Do-while 结构是先判断条件再执行过程，因而前者至少执行一次过程，而后者可能连一次过程也不执行。两种结构所取的循环参数的初值也是不同的。例如，若要进行 N 次循环，往下计数，到零时出口，则在 Repeat-until 结构中，循环参数初值取为 N；而在 Do-while 结构中，循环参数初值应取为 $N+1$。

以上结构可嵌套任意层数。

还有一种结构叫选择结构，如图 1-9 所示。它虽然不是一种基本结构，但却被广泛地应用。在多种选择的情况下，常用这种结构。其中 I 是选择条件，S_0、S_1、…、S_n 是指令或指令序列。这种结构虽然选择条件可能有 $n+1$ 种结果，但结构中任一 S 仍保持只有一个入口和一个出口，在键盘管理和智能仪器的监控程序中常采用这种结构。

12

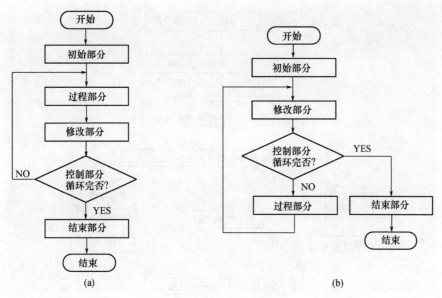

图 1-8　循环结构

(a) Repeat-until 结构；(b) Do-while 结构。

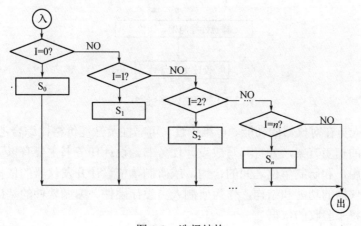

图 1-9　选择结构

1.2.4　智能仪器的研制步骤

研制一台智能仪器大致可以分为 3 个阶段：确定任务、拟制设计方案阶段；硬件和软件研制及仪器结构设计阶段；仪器总调、性能测定阶段。详细过程如图 1-10 所示。

1. 确定任务、拟制设计方案

1）确定设计任务和仪器功能

首先确定仪器所要完成的任务和应具备的功能。例如仪器是用于过程控制还是数据处理，其功能和精度如何；仪器输入信号的类型、范围和处理方法；过程通道为何种结构形式，通道数是多少，是否需要隔离；仪器的显示格式如何，是否需要打印输出；仪器是否具有通信功能，并行还是串行；仪器的成本应控制在多少范围之内等，以此作为仪器软、硬件的设计依据。另外，对仪器的使用环境情况及制造维修的方便性要给予充

13

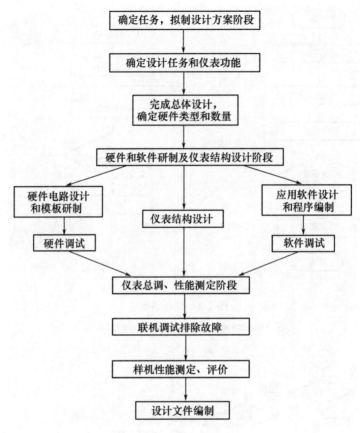

图 1-10　智能仪器研制过程

分注意。设计人员在对仪器的功能、可维护性、可靠性及性能价格比综合考虑的基础上，提出仪器设计的初步方案，并将其写成设计任务书。设计任务书主要有以下 3 个作用：

（1）作为用户和研制单位之间的合约，或研制单位设计开发仪器的依据。

（2）规定仪器的功能和结构，作为研制人员设计硬件、编制软件的基础。

（3）作为将来验收的依据。

2）完成总体设计、确定硬件类型和数量

通过调查研究对方案进行论证，以完成智能仪器的总体设计。在此期间应绘制仪器系统总图和软件总框图，拟定详细的工作计划。完成总体设计之后，便可将仪器的研制任务按功能模块分解成若干子任务去做具体的设计。

主机电路是智能仪器的核心，为确保仪器的性能指标，在选择单片机（或其他微处理器）时，需考虑字长和指令功能、寻址范围与寻址方式、位处理和中断处理能力、定时计数和通信功能、内部存储器容量的大小、硬件配套是否齐全以及芯片的价格等。在内存容量要求不大、外部设备要求不多的智能仪器中，采用 8 位单片机较为适宜。若要求仪器运算能力强、处理精度高、运算速度快，则可选用 16 位/32 位单片机。

在智能仪器所需的硬件中，输入输出通道往往占有很大的比重，因此在估计和选择输入输出所需的硬件时，应考虑输入输出通道数，串行操作还是并行操作，数据的字长、传输速率及传输方式等。

由于硬件和软件具有互换性，设计人员要反复权衡仪器硬件和软件的比例。多使用硬件可以简化软件设计工作，并使装置的性能得到改善。然而这样会增加元器件数，成本相应提高。若采用软件来代替部分硬件功能，虽可减少元器件数，但将增加编程的复杂性，并使系统的速度相应降低。所以应当从仪器性能、硬件成本、软件费用、研制周期等各方面考虑，对软、硬件比例做出合理的安排，从而确定硬件的类型和数量。

2. 硬件、软件研制及仪器结构设计

1）硬件电路设计、模板研制和硬件调试

硬件电路的设计包括主机电路、过程输入输出通道、人机接口电路和通信接口电路等功能模块。为提高设计质量、加快研制速度，通常采用计算机辅助设计方法绘制电路逻辑图和布线图。设计电路时尽可能采用典型线路，力求标准化；电路中的相关器件性能需匹配；扩展器件较多时需设置线路驱动器；为确保仪器能长期可靠运行，还需采取相应的抗干扰措施，包括去耦滤波、合理走线、通道隔离等。

完成电路设计、绘制好布线图后，应反复核对，确认线路无差错，才可加工印制电路板。制成电路板后仍需仔细校核，以免发生差错，损坏器件。

由于主机部分是通过各种接口与键盘、显示器、打印机等部件相连接，并通过输入输出通道经测量元件和执行器直接连接被测和被控对象的，因此，人机接口电路和输入输出通道的设计是研制仪器的重要环节，要力求可靠实用。

如果逻辑电路设计正确无误，印制电路板加工完好，那么功能模块的调试一般来说是比较方便的。模块运行是否正常可通过测定一些重要的波形来确定。例如可通过检查单片机及扩展器件中几个控制信号的波形与硬件手册所规定的指标是否相符，由此来断定其工作正常与否。

通常采用开发工具来调试硬件，将其与功能模块相连，再编制一些调试程序，即可迅速排除故障，较方便地完成硬件部分的查错和调试任务。

2）应用软件设计、程序编制和调试

将软件总框图中的各个功能模块具体化，逐级画出详细的框图，作为编制程序的依据。编写程序可用机器语言、汇编语言或各种高级语言。究竟采用何种语言则由程序长度、仪器的实时性要求及所具备的研制工具而定。对于规模不大的应用软件，大多采用汇编语言编写，这可减少存储容量、降低器件成本、节省机器时间。研制复杂的软件且运算任务较重时可考虑使用高级语言来编程。C51、C96交叉编译软件是近年来较为流行的一种软件开发工具。该软件功能强，编译效率高，有助于开发规模大、性能更完善的应用软件。编完程序，经汇编或编译生成目标码，再经调试通过后，可直接写入 EPROM。

软件设计要注意结构清晰、存储区规划合理、编程规范、便于调试和移植。同时，为提高仪器可靠性，应实施软件抗干扰措施。在程序编制过程中，还必须进行优化工作，即仔细推敲、合理安排利用各种程序设计技巧，使编出的程序所占内存空间较小，执行时间较短。

编制和调试应用软件同样使用开发工具，利用开发装置丰富的硬件和软件系统来编程和调试可提高工作效率及应用软件的质量。

3）仪器结构设计

结构设计是研制智能仪器的重要内容，包括仪器造型、壳体结构、外形尺寸、面板布置、模块固定和连接方式等，要尽可能做到标准化、规范化。若采用 CAD 方法进行仪器结构设计，则可取得较好的效果。此外，对仪器使用的环境情况和制造维护的方便性也应给予充分注意，使制成的产品既美观大方，又便于用户操作和维修。

3. 仪器总调、性能测定

研制阶段只是对硬件和软件进行了初步调试和模拟试验。样机装配好后，还必须进行联机试验，识别和排除样机中硬件和软件方面的故障，使其能正常运行。待工作正常后，便可投入现场试用，使系统处于实际应用环境中，以考验其可靠性。在总调中还必须对设计所要求的全部功能进行测试和评价，以确定仪器是否符合预定的性能指标，并写出性能测试报告。若发现某项功能或指标达不到要求时，则应变动硬件或修改软件，重新调试，直至满足要求为止。

研制一台智能仪器大致需要经历上述几个阶段。经验表明，仪器性能的优劣、研制周期的长短同总体设计是否合理、硬件选择是否得当、程序结构的好坏、开发工具完备与否以及设计人员对仪器结构、电路、测控技术和微机硬软件的熟悉程度等有关。在仪器开发过程中，软件设计的工作量往往比较大，而且容易发生差错，应当尽可能采用结构化设计和模块化方法编制应用程序，这对查错、调试、增删程序十分有利。实践证明，设计人员如能在研制阶段把住硬软件的质量关，则总体调试将能顺利进行，从而可及早制成符合设计要求的样机。

在完成样机之后，还要进行设计文件的编制。这项工作十分重要，因为这不仅是仪器研制的工作总结，而且也是以后仪器使用、维修以及再设计的需要。因此，人们通常把这一技术文件列入智能仪器的重要软件资料。

设计文件应包括：设计任务和仪器功能描述；设计方案的论证；性能测定和现场使用报告；使用操作说明书；硬件资料（包括硬件逻辑图，电路原理图，元件布置和接线图，接插件引脚和印制线路板图）；程序资料包括软件框图和说明，标号和子程序名称清单，参量定义清单，存储单元和输入输出口地址分配表以及程序清单。

1.2.5 智能仪器设计中应注意的问题

在智能仪器仪表中，由于采用了微处理器，不能再沿用传统的仪器仪表设计方法，而应该按照微机的特点来进行设计，以充分利用微机的运算、存储和控制功能，达到简化模拟电路结构、提高仪器性能的要求。下面分几个方面来介绍设计智能仪器时应注意的问题。

1. 采用新颖测量方法

由于传统仪器仪表没有运算能力（最多只能采用简单的模拟运算器），故它只能采用直接测量的方法，即直接测量被测参数，然后转换显示出来。

使用微机后，由于它具有运算能力，仪器仪表可采用与传统仪器仪表完全不同的测量原理。这要求在设计各种智能仪器仪表时，首先必须选择最适合的测量原理，以充分利用微机的运算和控制功能，从而简化其他硬件电路，提高测量精度和仪器性能。一般来说，应先分析与被测参量有关的各种计算方法和计算公式，选择最基本的和最容易测量的参数，然后通过计算得出所需的参数，如果只是简单地把微机装到仪器仪表中去，将达不到提高仪器的性能价格比的要求，失去了使用微机的优越性。例如，智能电度表就是先测出交流电的电压、电流和它们的相位差，然后计算正弦函数值和进行乘法运算，得出有功功率以及无功功率或功率因数，最后利用数值积分可得到电度值。

2. 硬件软件化

在批量生产中，软件成本将大大低于硬件成本，故采用微机后，应尽量用软件来实现原来用硬件实现的功能。

例如，由于传统仪器仪表全部采用模拟电路（只有显示部分可能采用数字显示），故对它们来说，为了提高测量精度，只有通过改进模拟电路和使用的元器件质量才能实现。如使用高精度低漂移运算放大器，采用特殊的测量电路和补偿电路等。但这样做能达到的精度仍是有限的，而成本将大大提高，采用微机后，可通过使用数字调零、误差自动修正、非线性补偿、数字滤波等方法来提高精度，减少误差。这样可使用普通的运算放大器和廉价的传感器，而用软件来实现误差补偿。这可大大降低仪器的成本，提高仪器的测量精度。

又如，传统仪器中一般有大量测量控制电路，包括量程选择、转换等，这也可用软件来代替，即用 I/O 口直接控制测量电路，然后使用软件来进行控制。

3. 分时操作

一般一台仪器需对几个参数同时进行测量，在传统仪器中，需要几种测量电路。使用微机后，由于它具有数据存储和控制功能，对同一类型的测量，如使用一个 A/D 转换器由多路开关接到各个测量源，然后用软件控制分时进行测量，这样可以降低硬件成本。

4. 增强功能

传统仪器仪表一般只能完成单一功能，如电度表只能测量电功，要测量功率，必须人工计算（读出单位时间的转盘转数，再计算得出）。智能电度表可测量电压、电流、功率因数、功率、电能等各种参数。如果再对电能进行累加，仪器内增加一个时钟，再编制一些软件，即可成为一台微机电功率需求仪。而需求仪目前价格还较高，所以在设计智能仪器时，应充分利用微机的计算和控制功能，尽可能地增加各种功能，以提高产品的性能价格比，扩大仪器应用范围。

5. 简化面板结构

传统仪器仪表的面板上开关繁多、结构复杂、使用和维修都比较困难。特别是有些直接控制模拟电路的机械开关，由于接线过长，会引起干扰、影响仪器的性能。采用微机后，应尽量使用模拟开关来代替机械开关，人工选择通过键盘或按键直接输入微机，再由微机通过程序来控制模拟开关。仪器的显示器也采用数字显示或 CRT 显示来代替电表指示。这样可使设计出来的仪器外表美观、结构简单、操作使用方便。

6. 采用新器件、运用新技术

信号检测是通过传感器实现的。为适应智能仪器的发展，各种新型传感器不断涌现。在高新技术的渗透下，使微处理器和传感器得以结合，产生了具有一定数据处理能力，并能自检、自校、自补偿的新一代传感器——智能传感器。它将各种高可靠、低功耗、低成本、微体积的网络接口与智能传感器集成起来，并将通信协议固化到智能传感器的 ROM 中，又产生了网络传感器，它可和计算机网络进行通信。这些器件的应用将大大提高智能仪器的总体性能。

A/D 芯片是智能仪器中的关键器件。目前，A/D 器件不但向高速度发展，还在向低功耗、高分辨、高性能的方向发展，并且能将 A/D 等模拟电路与传感器、控制电路、微处理器都集成在一个芯片上，缩小体积、增强可靠性、实现多功能化。

选用高性能的 8 位/16 位单片机。特别需要指出的是 51 系列单片机近 10 年来其性能又有了很大的增强，首先体现在指令执行速度有了很大的提高。例如 Philips 公司把 80C51 从每机器周期所含振荡器周期数由 12 改为 6，获得两倍速；Winband 公司由 12 改为 3 获得 4 倍速；Cygnal 公司采用具有指令流水线结构的 CIP-51，约 1/4 的指令提速 12 倍，约 3/4 的指令提速 6 倍。

而 51 系列单片机时钟频率目前可以提高到 33MHz～40MHz。目前单片机竞相集成了大容量的 FLASH 存储器，并实现了 ISP（在系统编程）和 IAP（在应用编程）。另外，单片机在低电压、低功耗、低价位、LPC（低功耗控制）方面也有很大的进步。有的工作电压可低至 1.2V，工作电流低至 200μA。暂停模式下仅需 1μA 电流就可维持时钟的运行。许多公司还采用了数字-模拟混合集成技术，将 A/D、D/A、锁相环以及 USB、CAN 总线接口等都集成到单片机中，大大减少了片外附加器件的数目，进一步提高了系统的可靠性。对于需要具备数字信号处理功能的智能仪器，可以采用数字信号处理 DSP。

现在宏晶科技推出了新一代增强型 8051—STC 单片机，其内含增强 **8051** 内核，内部有 Flash 程序存储器、E^{2}PROM、4 个 16 位定时器、硬件看门狗、多个并行口（每个口驱动能力达 20mA）、全双工异步串行口、多路高速 **A/D**、PWM（可作为 D/A 使用）。

外部晶振/内部 RC 振荡器可选，振荡频率 0～35MHz，相当于普通 8051 的 0～420MHz（1 个时钟/机器周期，比普通 8051 快 8～12 倍）。采用最新第六代加密技术，无法解密。每片单片机具有全球唯一身份证号码。

超强抗干扰能力（高抗静电和快速脉冲干扰），宽工作电压，宽温度范围，超低功耗（正常工作为 2.7～7mA，空闲模式为 1.8mA，掉电模式<0.1μA）。具备 ISP/IAP 能力，无需编程器/仿真器，应用方便。

智能仪器属于嵌入式系统。当前嵌入式系统的深入发展将使智能仪器的设计提升到一个新的阶段，尤其是能运行操作系统的嵌入式系统平台。由于它具备多任务、网络支持、图形窗口、文件和目标管理等功能，并具有大量的应用程序接口（API），将会使研制复杂智能仪器变得容易。

片上系统 SOC 的发展更是为智能仪器的开发及性能的提高开辟了更加广阔的前景。SOC 的核心思想就是要把整个应用电子系统（除无法集成的电路）全部集成在一个芯片上。这样就基本上消除了器件信息障碍，加快了设计速度。

以往在智能仪器设计时，设计者一般从通用 IC 芯片中选择所需的芯片。但是随着智能仪器在高频、高灵敏度、高稳定性、高速度和低功耗等主要性能指标方面的进一步提高，通用 IC 芯片已难以胜任。近 10 年来，专用集成电路 ASIC 无论在价格、集成度、开发手段方面都取得了飞速发展。因此，对仪器设计者来说，把一些性能要求很高的电路单元设计成专用集成电路，而使智能仪器的结构更紧凑、性能更优良、保密性更强是一项很有意义的工作。

ASIC 可分为数字 ASIC 和模拟 ASIC，又可分为全定制和半定制两种。全定制是一种基于晶体管级的 ASIC 设计方法，半定制是一种约束性设计方式。模拟 ASIC 以全定制方式为主。

FPGA 与 CPLD 都是可编程逻辑器件，都是特殊的 ASIC 芯片。它们除了具有 ASIC 的特点之外，还具有能实现的功能强、研发费用相对较低、灵活性大、开发软件易学易用、设计周期短等优点。

智能仪器设计中采用 ASIC 可以获得以下几个方面的好处：

（1）可降低仪器的综合成本。

（2）可提高仪器的可靠性。

（3）可提高产品的保密性和竞争力。

（4）可降低仪器的功耗、减小体积和重量。

（5）可提高仪器的工作速度。因为 ASIC 芯片内部连线很短，能大大缩短延迟时间，且内部电路不易受干扰，对提高速度非常有利。

习题与思考题

1. 电子仪器发展至今经历了哪几个阶段？

2. 什么是智能仪器？智能仪器有哪些主要特点？

3. 画出智能仪器的基本组成框图，并说明其各部分的作用。

4. 说明如图 1-4 所示的智能积分式 DVM 的工作原理及其主要特点。

5. 将图 1-4 中的微处理器确定为 80C51 单片机，请画出单片机与测试电路的接口连接图，并编写启动一次测量的程序。设采样期 T_1 的定时可调用 DLYT1，比较期 T_2 用 80C51 内部定时器 T_0 计测；输出口的某位为 1 时，相应的开关接通，输出口、输入口的地址分别为 2080H 和 2081H。

6. 什么是虚拟仪器？虚拟仪器的特点是什么？

7. 试述虚拟仪器的结构原理。

8. 简述虚拟仪器中软件结构与功能。

9. 设计智能仪器的主要任务是什么？研制的一般步骤是什么？

10. 在智能仪器的设计中应注意哪些问题？

第2章 智能仪器的标准数据通信接口

2.1 RS-232 标准串行接口总线

RS-232C 是美国电子工业协会 EIA 公布的串行通信标准。RS-232 标准最初是为了促进数据通信在公用电话网上的应用，它通常要采用调制解调器进行远距离数据传输。20 世纪 60 年代中期，此标准被引入到计算机领域，目前广泛应用于计算机与外围设备的串行异步通信接口中，除了真正的远程通信外，不再通过电话网和调制解调器。

1. 总线描述

RS-232C 标准定义了数据通信设备（DCE）与数据终端设备（DTE）之间进行串行数据传输的接口信息，规定了接口的电气信号和接插件的机械要求。RS-232C 对信号开关电平的规定如下（负载 3～7 kΩ）。

驱动器的输出电平为：

逻辑"0"：+5～+15V　　逻辑"1"：−15～−5V

接收器的输入检测电平为：

逻辑"0"：>+3V　　逻辑"1"：<−3V

RS-232C 采用负逻辑，噪声容限可达到 2V。

RS-232C 接口定义了 20 条信号线。这些信号线并不是在所有的通信过程中都要用到，可以根据通信联络的繁杂程度选用其中的某些信号线。常用的信号线如表 2-1 所列。

表 2-1　RS-232C 标准串行接口总线的常用信号线

引脚号	符号	方向	功能
1			保护地
2	TXD	Out	发送数据
3	RXD	In	接收数据
4	RTS	Out	请求发送
5	CTS	In	允许发送
6	DSR	In	DCE 就绪
7	GND		信号地
8	DCD	In	载波检测
20	DTR	Out	DTE 就绪
22	RI	In	振铃指示

1）数据信号线

发送数据线 TXD：用于发送数据，当无数据发送时，TXD 线上的信号为"1"。

接收数据线 RXD：用于接收数据，当无数据接收或接收数据间隔期间时，RXD 线上的信号也为"1"。

2）控制与状态信号线

请求发送 RTS 与允许发送 CTS 信号线用于半双工通信方式，半双工方式下发送和接收只能分时进行。当 DTE 有数据待发送时，先发 RTS 信号通知调制解调器。此时若调制解调器处于发送方式，回送允许发送 CTS 信号，发送即开始。若调制解调器处于接收方式，则必须等到接收完毕转为发送方式时，才向 DTE 回送允许发送信号。在全双工方式下，发送和接收能同时进行，不使用这两条控制信号线。

DCE 就绪信号 DSR 与 DTE 就绪信号 DTR 分别表示 DCE 和 DTE 是否处于可供使用的状态。

载波检测信号 DCD：用于通知计算机，Modem 与电话线另一端的 Modem 已经建立联系。

振铃指示信号 RI：用于通知计算机有来自电话网的信号。

"保护地"信号线一般连接设备的屏蔽地。信号地 GND 为所有电路提供参考电位。

2. RS-232C 接口的常用系统连接

计算机与智能设备通过 RS-232C 标准总线直接互联传送数据是很有实用价值的，它有 25 芯 D 型插针和 9 芯 D 型插针等多种连接方式。一般使用者需要熟悉互联接线的方法。

图 2-1 所示为计算机与远程通信设备通过 RS-232C 的数据传输接口。

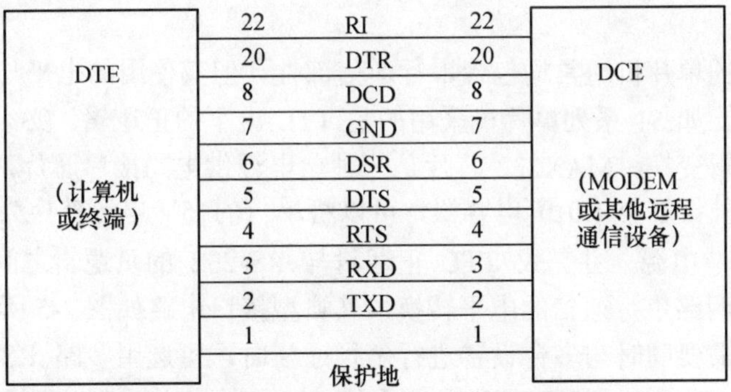

DTE	22	RI	22	DCE
	20	DTR	20	
	8	DCD	8	
	7	GND	7	
（计算机或终端）	6	DSR	6	（MODEM或其他远程通信设备）
	5	DTS	5	
	4	RTS	4	
	3	RXD	3	
	2	TXD	2	
	1		1	

保护地

图 2-1 带 RS-232C 接口的通信设备连接

图 2-2 所示为全双工标准系统连接。TXD 线与 RXD 线交叉连接，总线两端的每个设备均既可发送，又可接收。请求发送 RTS 线折回与自身的允许发送 CTS 线相连，作为总线一端的设备检测另一端的设备是否就绪的握手信号。载波检测 DCD 与对方的 RTS 相连，使一端的设备能够检测对方设备是否在发送。这两条连线较少应用。

如果由 RS-232C 连接两端的设备随时都可以进行全双工数据交换，那么就不需要进行握手联络。此时，图 2-2 所示的全双工标准系统连接就可以简化为图 2-3 所示的全双工最简系统连接。

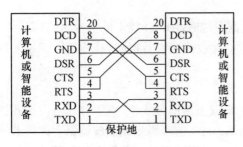

图 2-2　全双工标准系统连接

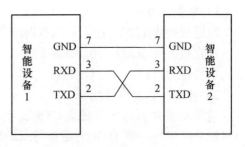

图 2-3　全双工最简系统连接

RS-232C 发送器电容负载的最大驱动能力为 2500pF，这就限制了信号线的最大长度。例如，如果传输线采用每米分布电容为 150pF 的双绞线通信电缆，最大通信距离限制在15m。如果使用分布电容较小的同轴电缆，传输距离可以再增加一些。对于长距离传输或无线传输，则需要用调制解调器通过电话线或无线收发设备连接，如图 2-4 所示。

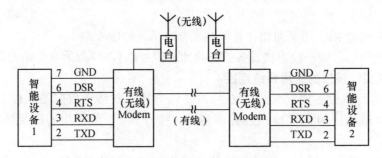

图 2-4　调制解调器通信系统连接图

3. 电平转换

智能仪器中的单片机通常均包含串行通信部件，但其使用的电平与标准的 RS-232C 电气特性不兼容。如 51 系列单片机采用的是 TTL 电平的正逻辑，必须通过接口芯片进行电平转换和逻辑变换。MAX232 芯片是一种单电源供电的接口芯片，其内部集成的泵电源电路，配合外接 5 个 1.0μF 电容器，可以将单一的+5V 电源转换为符合 RS-232C 标准所需要的 ±10V 电源，并完成 TTL 正逻辑与 RS-232 的负逻辑之间的转换。每一片MAX232 可完成两路串行通信的电平转换，其典型接口电路如图 2-5 所示。

当智能仪器需要同时与多台设备进行串行通信时，可选用多路 RS-232 扩展接口芯片。例如无人值守监测仪需要配置数传电台模块、GPS 模块和激光测距模块，它们与监测仪均通过 RS-232 总线进行联系。另外还要有一路 RS-232 与便携计算机通信，总共有4 个串行通信对象，用 RS-232 扩展芯片 TL16C554 就可以实现这一功能。

4. RS-422A 与 RS-423A 标准串行接口总线

虽然 RS-232C 使用很广泛，但它存在着一些固有的不足，主要有以下几个方面：

（1）数据传输速率慢，一般低于 20Kb/s。

（2）传送距离短，一般局限于 15m。即使采用较好的器件及优质同轴电缆，最大传输距离也不能超过 60m。

（3）信号传输电路为单端电路，共模抑制性能较差，抗干扰能力弱。

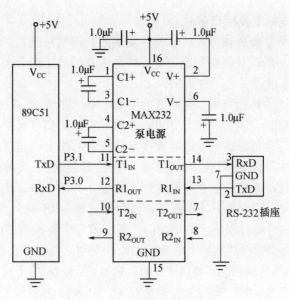

图 2-5　MAX232 的接口电路

　　针对以上不足，EIA 于 1977 年制定了新标准（RS-499），目的在于支持较高的传输速率和较远的传输距离。RS-499 标准定义了 RS-232C 所没有的 10 种电路功能，规定了 37 脚的连接器标准。RS-422A 和 RS-423A 实际上只是 RS-499 标准的子集。

　　RS-423A 与 RS-232C 兼容，单端输出驱动，双端差分接收。正信号逻辑电平为 +200mV～+6V，负信号逻辑电平为 -200mV～-6V。差分接收提高了总线的抗干扰能力，从而在传输速率和传输距离上都优于 RS-232C。

　　RS-422A 与 RS-232C 不兼容，双端平衡输出驱动，双端差分接收，从而使其抑制共模干扰的能力更强，传输速率和传输距离比 RS-423A 更进一步。

　　RS-423A 与 RS-422A 带负载能力强，一个发送器可以带动 10 个接收器同时接收。RS-423A、RS-422A 与 RS-232C 的电路连接分别如图 2-6(a)、图 2-6(b) 所示。

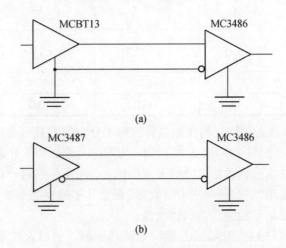

图 2-6　不同标准间的电路连接

(a) RS-423A 与 RS-232C 的连接；(b) RS-422A 与 RS-232C 的连接。

5. RS-485 总线标准及接口芯片

RS-232C 采取不平衡传输方式，其收、发端的数据信号是相对于信号地的。信号在正/负电平之间摆动，所以共模抑制能力差，再加上双绞线上的分布电容，其传送距离最大为 15m，仅适合本地设备之间的通信。

为改进 RS-232C 通信距离短、速率低的缺点，RS-485 定义了一种平衡通信接口，将传输速率提高到 10Mb/s，当速率低于 100Kb/s 时，传输距离可延长到 1200m；增加了多点、双向通信能力，即允许多个发送器连接到同一条总线上；同时增加了发送器的驱动能力和冲突保护特性，扩展了总线共模范围。平衡双绞线的长度与传输速率成反比，在速率低于 100Kb/s 时，电缆长度才可能达到 1200m。一般 100m 长双绞线最大传输速率为 1Mb/s，只有在很短的距离下才能获得最高传输速率。RS-485 总线当距离大于 300m 时需要在传输总线的两端分别接上终端电阻，其阻值等于传输电缆的特性阻抗。

RS-485 标准串行接口总线实际上是 RS-422A 的变型，它是为了适应用最少的信号线实现多站互联、构建数据传输网的需要而产生的。它与 RS-422A 的不同之处在于以下两点：

（1）在两个设备相连时，RS-422A 为全双工，RS-485 为半双工。

（2）对于 RS-422A，数据信号线上只能连接一个发送驱动器，而 RS-485 却可以连接多个，但在某一时刻只能有一个发送驱动器发送数据。因此，RS-485 的发送电路必须由使能端 E 加以控制。

表 2-2 列出了 RS-485 与前几种总线参数的比较。

表 2-2　几种总线参数比较

	RS-232C	RS-423A	RS-422A	RS-485
操作方式	单端	单端输出，差分输入	差分	差分
最大传输距离	15m	600m	1200m	1200m
最大传输速率	20Kb/s	300Kb/s	10Mb/s	10Mb/s
可连接的台数	1 台驱动，1 台接收	1 台驱动，10 台接收	1 台驱动，10 台接收	32 台驱动，32 台接收
驱动器输出电压 （无负载时）	±15V	±6V	±5V	±5V
驱动器输出电压 （有负载时）	±5V～±15V	±3.6V	±2V	±1.5V
接收器输入灵敏度	±3V	±0.2V	±0.2V	±0.2V
接收器输入阻抗	3 kΩ～7 kΩ	≥4 kΩ	≥4 kΩ	≥12 kΩ

RS-485 用于多个设备互连，构建数据传输网十分方便，且可高速远距离传送数据。因此，许多智能仪器都配有 RS-485 总线接口，为网络互联、构成分布式测控系统提供了方便。通过 RS-485 总线进行多站互联的原理如图 2-7 所示。在同一对信号线上，RS-485 总线可以连接多达 32 个发送器和 32 个接收器。最近几年问世的一些 RS-485 接口芯片可以连接更多（128 或 256）的发送器和接收器。

如果仪器设备已经带有 RS-232C 接口电路和插座，可以选购商品化的"RS-232C/RS-485"转换器，将其直接插入原来的 RS-232C 插座中即可。如果需要将 RS-485 接口电路做到仪器中，可选用相关的接口芯片来实现。

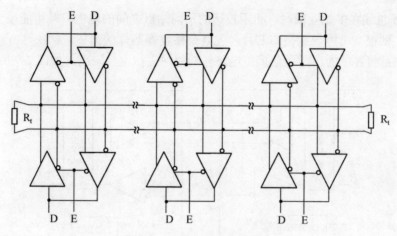

图 2-7　RS-485 总线多站互联

图 2-8 所示为采用 MAX485 芯片组成的接口电路。通信线路采用双绞线，其连接方式需要特别注意，必须保证所有设备的 A 端口和 A 端口相连，B 端口和 B 端口相连。这可以通过双绞线中两根线的颜色来区别。在电路中，单片机用一个端口（如 $P_{3.3}$）来控制 MAX485 的工作方式，高电平为发送状态，低电平为接收状态。为了减少冲突，系统初始化和不发送信息时应该维持接收状态，即 $P_{3.3}$ 维持低电平。

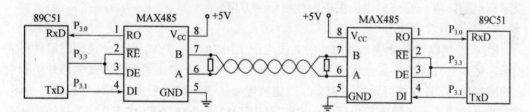

图 2-8　MAX485 的接口电路

RS-485 与 RS-232C 仅仅是硬件层面的不同，在软件设计上基本相同，唯一差别是需要增加调整控制端口（$P_{3.3}$）电平的指令。

实践证明，在构成 RS-485 总线互联网时，要使系统数据传输达到高可靠性的要求，通常需要考虑下列几个方面的问题。

1）传输线的选择和阻抗匹配

在差分平衡系统中，一般选择双绞线作为信号传输线。双绞线价格低廉，使用方便，两条线基本对称，外界干扰噪声主要以共模形式出现，对接收器的差动输入影响不大。信号在传输线上传送时，如果遇到阻抗不连续的情况，会出现反射现象。传送的数字信号包含丰富的谐波分量，如果传输线阻抗不匹配，高次谐波可能通过传输线向外辐射形成电磁干扰。双绞线的特性阻抗范围一般为 $110\Omega \sim 130\Omega$，通常在传输线末端接一个 120Ω 电阻进行阻抗匹配。有些型号的 RS-485 发送器芯片有意降低信号变化沿斜率（简称限斜率），从而使高次谐波分量大大减少，并可减少传输线阻抗匹配不完善而带来的不利影响。如 MAX483、MAX488、SN75LBC184 等芯片都具有这种功能。

2）隔离

RS-485 总线在多站互联时，相距较远的不同站点之间的地电位差可能很大，各站若直接联网，则很有可能导致接口芯片，尤其是接收器芯片的损坏。解决这一问题的简单有效的办法是将各站的串行通信接口电路与其他站进行电气隔离，如图 2-9 所示。

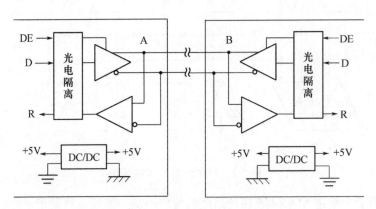

图 2-9　光电隔离的 RS-485

实践证明，这是一种有效的办法。图 2-9 所示电路可以用分立的高速光耦器件、带隔离的 DC/DC 电源变换器与 RS-485 收发器组合而成，也可以采用专门的带隔离收发器的芯片。MAX1480B 是具有光隔离的 RS-485 接口芯片，片内包括收发器、光电耦合器及隔离电源，单一的 +5V 电源供电，使用十分方便。

3）抗静电放电冲击

RS-485 接收器差分输入端对地的共模电压范围为 −7～+12V，超过此范围时器件可能损坏。接口芯片在安装和使用过程中可能受到静电放电冲击，例如人体接触芯片引脚引起的静电放电，其电压可以高达 35kV。静电放电会影响电路的正常工作或导致器件损坏。解决的办法是选用带静电放电保护的 RS-485 接口器件，如 MAX1487E、MAX483E-491E、SN75LBC184 等。这些器件对于抗其他类型的高共模电压干扰（如雷电干扰）也很有效。解决这一问题的另一个办法是在传输信号线上加箝位电路。

4）传输线的铺设及屏蔽

在系统安装时，应尽量做到传输线单独铺设，不与交流动力线一起铺设在同一条电缆沟中。强信号线与弱信号线避免平行走向，尽量使两者正交。如果这些要求很难实现，也要尽量使信号线离干扰线远一些，一般认为两者的距离应为干扰导线内径的 40 倍以上。如果采用带有屏蔽层的双绞线，将屏蔽层良好地接地也会有良好的效果。

2.2　SPI 总线标准

2.2.1　SPI 总线标准介绍

SPI 三线总线结构是一个同步外围接口，允许 MCU 与各种外围设备以串行方式进行通信。一个完整的 SPI 系统有如下的特性：

（1）全双工、三线同步传送。

（2）主、从机工作方式。

（3）可程控的主机位传送速率、时钟极性和相位。

（4）发送完成中断标志。

（5）写冲突保护标志。

在大多数场合使用一个 MCU 作为主机，控制数据向一个或多个从机（外围器件）传送。一般 SPI 系统使用 4 个 I/O 引脚。

1．串行数据线（MISO、MOSI）

主机输入/从机输出数据线（MISO）和主机输出/从机输入数据线（MOSI）用于串行数据的发送和接收。数据发送时，先传送 MSB（高位），后传送 LSB（低位）。

在 SPI 设置为主机方式时，MISO 线是主机数据输入线，MOSI 是主机数据输出线；在 SPI 设置为从机方式时，MISO 线是从机数据输出线，MOSI 是从机数据输入线。

2．串行时钟线（SCLK）

串行时钟线（SCLK）用于同步 MISO 和 MOSI 引脚上输入和输出数据的传送。在 SPI 设置为主机方式时，SCLK 为输出；主机启动一次传送，自动在 SCLK 脚产生 8 个时钟。在 SPI 设置为从机方式时，SCLK 为输入。在主机和从机 SPI 器件中，SCLK 信号的一个跳变进行数据移位，在数据稳定后的另一个跳变时进行采样。

对于一个完整的 SPI 系统，串行数据和串行时钟之间有 4 种极性和相位关系（如图 2-10 所示），以适应不同的外围器件特性。主机和从机器件之间的传送定时关系必须相同。

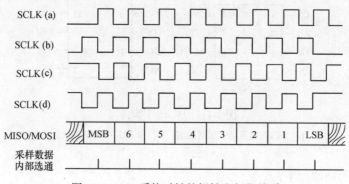

图 2-10　SPI 系统时钟的极性和相位关系

3．从机选择（$\overline{SS}$）

从机方式时用于使能 SPI 从机进行数据传送；主机方式时 $\overline{SS}$ 一般由外部置为高电平。

通过 SPI 可以扩展各种 I/O 功能模块，包括 A/D、D/A、实时时钟、RAM、E^2PROM 及并行输入/输出接口等。在把 SPI 与一片或几片串行扩展芯片相连时，只需按要求连接 SPI 的 SCLK、MOSI 及 MISO 三根线即可。对于有些 I/O 扩展芯片，它们有 $\overline{CS}$ 端。这时片选输入端一般有同步串行通信的功能：无效时，为复位芯片的串行接口；有效时，初始化串行传送。有些芯片的 $\overline{CS}$ 端将其从低到高的跳变当做把移位数据打入并行存储器或启动操作的脉冲信号。因此，对于这种芯片，应该用一根 I/O 口线来控制它们的片选端 $\overline{CS}$。

2.2.2 利用模拟 SPI 扩展串行 E²PROM

1. 串行 E²PROM—93C46 的特点及引脚

93C46 是 64×16（1024）位串行存取的电擦除可编程的只读存储器。具有如下特点：

（1）在线改写数据和自动擦除功能。

（2）电源关闭，数据也不丢失。

（3）输入、输出口与 TTL 兼容。

（4）片内有电压发生器，可以产生擦除和写入操作时所需的电压。

（5）片内有控制和定时发生器，擦除和读写操作均由此定时电路自动控制。

（6）具有整体编程允许和禁止功能，以增强数据的保护能力。

（7）+5V 单电源供电。

（8）处于等待状态时，电流为 1.5～3mA。

93C46 有两种封装形式，如图 2-11 所示。其中，图 2-11(a)为 8 脚双列直插式塑料封装，图 2-11(b)为 14 脚扁平式塑料封装。

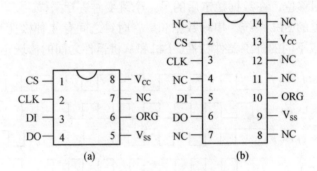

图 2-11 93C46 引脚排列

(a) 8 脚双列直插式塑料封装；(b) 14 脚扁平式塑料封装。

其各引脚的功能如下：

CS：片选信号。当 CS 置高电平时，片选有效。用 CS 信号的下降沿启动片内定时器，开始擦写操作。启动之后，CS 信号上电平的高低不影响芯片内部的擦写操作。

CLK：串行时钟信号输入端。输入时钟频率为 0～250kHz。

DI：串行数据输入端。

DO：串行数据输出端（读操作时）。擦除操作时，DO 引脚可作为擦写状态指示，相当于 READY/$\overline{\text{BUSY}}$ 信号，即忙/闲指示信号，其他状态时，DO 引脚呈高阻态。

ORG：结构端。当 ORG 连接到 V_{cc} 或悬空时，芯片为 16 位存储器结构；当 ORG 连接到 V_{ss} 时，则选择 8 位存储器结构。注意在时钟频率低于 1MHz 时，ORG 端才能悬空，构成 16 位存储器结构。

2. 指令系统

93C46 共有 7 条指令，指令格式如表 2-3 所列。

表 2-3　93C46 指令表（ORG=0，8 位结构）

指令	起始位	操作代码	地　　址	数　据		说　明
				DI	DO	
读	1	10	$A_5A_4A_3A_2A_1A_0$	—	$D7\sim D0$	读地址为 $A_5\sim A_0$
写	1	01	$A_5A_4A_3A_2A_1A_0$	$D7\sim D0$	RDY/BSY	写地址为 $A_5\sim A_0$
擦除	1	11	$A_5A_4A_3A_2A_1A_0$		RDY/BSY	擦除地址为 $A_5\sim A_0$
擦写允许	1	00	$11\times\times\times\times$		高阻	
擦写禁止	1	00	$00\times\times\times\times$		高阻	
片写	1	00	$10\times\times\times\times$	$D7\sim D0$	RDY/BSY	
片擦除	1	00	$01\times\times\times\times$		RDY/BSY	

　　指令的最高位（起始位，第 8 位）恒为 1，作为控制指令的起始值，接下来是 2 位操作代码，最后是 6 位地址码。只要 94C63 写入控制指令，便可进行相应操作。

　　93C46 在 SPI 系统中作为从器件。其 DI 引脚用于接收以串行格式发来的命令、地址和数据信息，信息的每一位均在 CLK 的上升沿写入 93C46。不论 93C46 进行什么操作，必须首先将 CS 置高电平，接着在时钟同步下把 9 位串行指令依次写入片内。在未完成这条指令所必需的操作之前，芯片拒绝接收新的指令。

　　在不对芯片操作时，最好将 CS 置为低电平，使芯片处于等待状态，以降低功耗。

　　1）读指令（READ）

　　读指令的功能是从 93C46 的单元中读取数据。该指令的机器码是"$110A_5\sim A_0$"，$A_5\sim A_0$ 是被读取单元的地址。93C46 接收指令之后，在 DO 引脚先输出一个低电平"虚拟"读脉冲，之后从时钟 CLK 的上升沿开始，DO 引脚连续输出 8 位或 16 位串行数据。当 CS 保持为高电平时，允许连续读，即存储器中的数据将自动地周期性地输出下一个地址单元的数据。读指令的时序如图 2-12 所示。

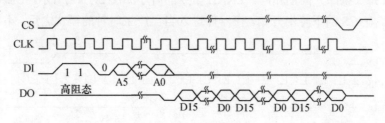

图 2-12　读指令的时序

　　2）写指令（WRITE）

　　写指令的功能是向 93C46 的指定单元中写入数据。该指令的机器码是"$101A_5\sim A_0$ $D_{15}\sim D_0$"，指令的时序如图 2-13 所示。

　　写指令中，指定了单元地址后输出 8 位或 16 位数据。在最后一个数据位加在 DI 端后，在 CLK 的下一个上升沿以前，CS 必须为低。CS 的下降沿启动定时自动擦除和编程周期。在 CS 低电平约 250ns 之后恢复为高电平，DO 端指示器件的 READY/$\overline{\text{BUSY}}$ 状态。DO 端为 0 时，指示编程仍在进行；DO 端为 1 时，表示指定的数据已经写入指定的地址单元，并且器件已准备好接收下一条指令，写周期每字需 4ms。

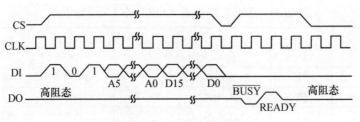

图 2-13　写指令的时序

3）擦除指令（ERASE）

擦除指令的功能是将指定单元的内容擦除，即强迫指定地址单元中的所有数据位为逻辑"1"状态。这条指令的机器码是"$111A_5 \sim A_0$"，指令的时序图如图 2-14 所示。

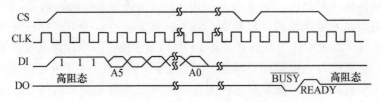

图 2-14　擦除指令的时序

装载最后的地址位以后，CS 为低电平。CS 的下降沿启动自定时编程周期。在 CS 约 250ns 的低电平之后，恢复为高电平。DO 端指示器件的 READY/$\overline{BUSY}$ 状态：DO 端为 0 时，指示编程仍在进行；DO 端为 1 时，表示指定的地址单元已被擦除，并且器件已准备好接收下一条指令。擦除周期每字需 4ms。

4）擦除整个存储器指令（ERAL）

该指令的功能是将整个存储器阵列强迫为逻辑"1"状态。除了操作码不同外，ERAL 周期与 ERASE（擦除）周期相同。ERAL 指令的时序如图 2-15(a)所示，ERAL 周期完成自定时，并且在 CS 的下降沿开始。在器件进入自己产生时钟的模式之后，不再需要 CLK

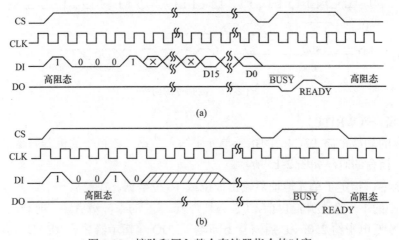

(a)

(b)

图 2-15　擦除和写入整个存储器指令的时序

(a) 擦除整个存储器指令的时序；(b) 写整个存储器指令的时序。

端的驱动时钟。在 CS 约 250ns 的低电平之后，恢复为高电平，DO 端指示器件的 READY/$\overline{BUSY}$ 状态。

5）写整个存储器指令（WRAL）

写整个存储器指令的功能是将命令中指定的数据写入整个存储器阵列中。除了操作码不同之外，WRAL 周期与 WRITE 周期相同。WRAL 指令的时序如图 2-15(b)所示。WRAL 周期完成自定时，并且在 CS 的下降沿开始。在器件进入自己产生时钟的模式之后，不再需要 CLK 端的驱动时钟。WRAL 指令不包括对器件的自动 ERAL 周期。因此，WRAL 指令不要求一条 ERAL 指令，但是芯片必须进入 EWEN（擦写允许）状态。在 CS 约 250ns 的低电平之后，恢复为高，DO 端指示器件的 READY/$\overline{BUSY}$ 状态。WRAL 周期最大需 30ms。

6）擦/写允许指令（EWEN）和擦/写禁止指令（EWDS）

擦/写允许指令的功能是使芯片处于允许擦/写状态。一旦 EWEN 指令执行，编程保持允许直至执行了 EWDS 指令或者电源关闭为止。

擦/写禁止指令的功能是禁止对芯片的所有擦除和写操作，包括整个芯片和单个单元的擦除和写入。在上电复位后，芯片处于擦/写禁止状态。执行 EWDS 指令禁止所有擦/写功能，一般可跟在所有的编程操作之后，主要是为了防止偶然的数据干扰。

EWEN 指令与 EWDS 指令操作码不同，但周期相同。它们的时序如图 2-16 所示。读指令的执行与 EWEN 和 EWDS 指令无关。

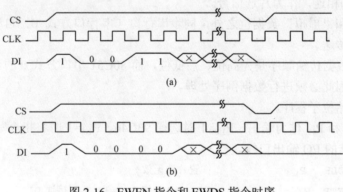

图 2-16 EWEN 指令和 EWDS 指令时序

(a) EWEN 指令时序；(b) EWDS 指令时序。

3. 93C46 与 80C51 单片机的接口与编程

在 80C51 系列单片机中，串行口的方式 0 提供了简化的 SPI 同步串行通信功能。其特点有以下几个方面：

（1）串行时钟（SCLK）极性和相位之间的关系是固定的，串行传送速率也是固定的，不能编程改变。

（2）无从机选择输入（$\overline{SS}$）端。

（3）串行数据输入、输出线不是隔离的，而是同一根线用软件设置数据传送方向。

（4）串行数据线上传送数据位的顺序为先 LSB、后 MSB。

因此，在 80C51 系列单片机中，SPI 只有两个引脚：RXD（$P_{3.1}$）——MOSI/MISO；

TXD（$P_{3.0}$）——SCLK。

1）利用 80C51 单片机的串行口实现的接口

由于 80C51 单片机串行口方式 0 只提供了简化的 SPI，因此它与 93C46 接口时，还需要适当的硬件、软件配合，图 2-17 是利用 80C51 串行口方式 0 实现的接口。图中 80C51 的 TXD 脚为 93C46 提供 CLK 信号，而 RXD 作为双向串行口送出命令和读入数据。

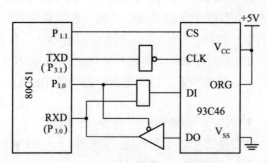

图 2-17　93C46 与 80C51 单片机的接口之一

该电路需要注意两点：一是必须将 TXD 信号反相，以适应 E^2PROM 的时序需要；二是 93C46 的 DI、DO 引脚须通过一个与门和一个三态门与 80C51 的 RXD 及 $P_{1.0}$ 引脚相连接，以使其能在它们之间双向传送数据。$P_{1.0}$ 作为 93C46 的读/写控制信号，当 $P_{1.0}=1$ 时，操作码、地址和数据从 DI 端进入 93C46；当 $P_{1.0}=0$ 时 80C51 读入数据。这里 $P_{1.1}$ 与 93C46 的 CS 脚相连，作为片选信号。

除起始位和"虚拟"数据位之外，同步串行口（串行口方式 0）自动进行操作码、地址及数据的传送。

93C46 的数据传输顺序是先高位、后低位，而 80C51 串口方式 0 的数据传送是先低位、后高位，因此必须进行数据倒序处理。

（1）送起始位子程序。

此时，$P_{1.0}$ 和 $P_{1.1}$ 作为输出，$P_{1.0}=1$ 时选通 93C46，$P_{1.1}=1$ 时将指令写入 93C46。$P_{3.0}$ 和 $P_{3.1}$ 作为标准的 I/O 输出口线。

```
INSB:   CLR   P1.1            ; 置片选无效
        SETB  P1.0            ; P1.0=1，使 P3.0=1，P3.0 接通 DI
        SETB  P3.0            ; 置位 DI
        NOP
        NOP
        SETB  P1.1            ; 置片选有效
        NOP
        NOP
        SETB  P3.1            ; 时钟置高
        NOP
        NOP
        CLR   P3.1            ; 时钟置低
        RET
```

（2）数据倒序处理子程序。

```
ASMB:   MOV   R6, #0          ; 工作单元 R6 清 0
        MOV   R7, #08H        ; 计数器初值
        CLR   C
ALO:    RLC   A
        XCH   A, A6
        RRC   A
        XCH   A, R6
        DJNZ  R7, ALO
        XCH   A, A6
        RET
```

（3）读数据子程序。

```
READ:   MOV   SCON, #00H        ; 置串行口为方式 0 输出
        ACALL INSB              ; 送起始位
        MOV   A, #10001111B     ; 送命令和地址, 读（操作码为 10）命令
        ACALL ASMB              ; 数据倒序处理
        MOV   SBUF, A
        JNB   TI, $             ; 等待发送完毕
        CLR   TI
        MOV   SCON , #10H       ; 设为输入, REN=1
        MOV   R0, #BUF          ; 指向数据缓冲区
        CLR   P1.0              ; 准备读入数据
        JNB   RI, $             ; 等待接收数据
        CLR   RI
        MOV   A, SBUF
        ACALL ASMB
        MOV   @R0, A
        INC   R0
        JNB   RI , $
        CLR   RI
        MOV   A, SBUF
        ACALL ASMB
        MOV   @R0 , A
        CLR   P1.1             ; 置片选无效
        NOP
        NOP
        SETB  P1.1             ; 置片选有效
        RET
```

（4）写数据子程序。

```
WRITE:  MOV   SCON, #00H        ; 置串行口为方式 0
        ACALL INSB              ; 送起始位
```

```
MOV  A, #01001111B    ；送命令和地址，写（操作码为 01）命令
ACALL  ASMB
MOV  SBUF，A
JNB  TI，$            ；等待发送完毕
CLR  TI
MOV  R₀，#BUF          ；指向数据缓冲区
SETB  P₁.₀            ；准备写入数据
MOV  A，@ R₀
 ACALL  ASMB
MOV  SUBF，A
JNB  TI，$            ；等待发送完数据
CLR  TI
INC  R₀
MOV  A，@ R₀
ACALL  ASMB
MOV  SUBF，A
JNB  TI，$
CLR  TI
CLR  P₁.₁            ；置片选无效
RET
```

2）利用软件仿真 SPI 实现的接口

在某些应用系统中，如果 80C51 的串行口已经被占用，或者用户认为串行口方式 0 使用不方便时，则可以用软件来模拟仿真 SPI 操作，包括串行时钟的产生、串行数据的输入/输出等。

此时的硬件电路原理图如图 2-18 所示。电路中使用斯密特触发器 74HC14 是为了对时钟脉冲整形，提高抗噪声干扰的能力。

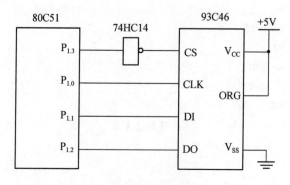

图 2-18　93C46 与 80C51 单片机的接口之二

下面列出用软件仿真 SPI 接口时常用的几种操作子程序。

（1）送起始位 "1" 子程序 INSB。

功能：80C51 向 93C46 送出 "1"

```
INSB:    SETB    P₁.₃              ; 置片选无效
         CLR     P₁.₀              ; 时钟置低
         SETB    P₁.₁              ; 置位 DI
         NOP
         NOP
         CLR     P₁.₃              ; 置片选有效
         NOP
         NOP
         SETB    P₁.₀              ; 时钟置高，移入数据
         NOP
         NOP
         CLR     P₁.₀              ; 时钟置低
         RET
```

（2）写入 8 位数据子程序 WRI。

功能：80C51 向 93C46 送出 8 位数据，这 8 位数据可能是 2 位操作码和 6 位地址码，也可能是 8 位数据。若是 16 位数据，可分两次传送。

入口参数：8 位数据在 A 中。

程序如下：

```
WRI:    MOV    R₄, #8             ; 写入数据的位数
W10:    RLC    A
        MOV    P₁.₁, C            ; 将 CY 送 DI
        NOP
        NOP
        SETB   P₁.₀              ; 时钟置高，移入数据
        NOP
        NOP
        CLR    P₁.₀              ; 时钟置低
        DJNZ   R₄, W10           ; 未完，继续
        RET
```

（3）读取 8 位数据子程序 RDI。

功能：80C51 从 93C46 的 DO 引脚读取 8 位数据。

入口参数：无。

出口参数：读出的 8 位数据在 A 中。

```
RDI:   MOV   R₄, #8             ; 读取的数据位数
R10:   NOP
       NOP
       SETB   P₁.₀             ; 时钟置高，移出数据
       NOP
       NOP
```

```
           CLR  P1.0         ; 时钟置低
           MOV  C, P1.2      ; 数据从 DO 读入 CY
           RLC  A
           DJNZ R4, R10      ; 未完, 继续
           RET
```

（4）向 93C46 写入 16 位数据。

功能：80C51 向 93C46 写入 16 位数据。

入口参数：

B 寄存器：存放要写入的 8 位指令，2 位操作码，6 位地址码（$A_5 \sim A_0$）。

R2：存放要写入的数据的高 8 位。

R3：存放要写入的数据的低 8 位。

出口参数：无。

程序如下：

```
WRITE:  LCALL INSB        ; 送起始位 "1"
        MOV A, #30H       ; 擦/写允许指令
        LCALL WRI
        LCALL INSB
        MOV A, B          ; 写入指令
        LCALL WRI
        MOV A, R2         ; 写入高 8 位
        LCALL WRI
        MOV A, R3         ; 写入低 8 位
        LCALL WRI
        SETB P1.3         ; 置片选为无效
        NOP
        NOP
        CLR P1.3          ; 片选有效
WAIT:   JNB P1.2, WAIT    ; 编程未完, 等待
        LCALL INSB
        MOV A, #00H       ; 擦/写禁止指令
        LCALL WRI
        SETB P1.3         ; 置片选为无效
        RET               ; 返回
```

（5）从 93C46 读取 16 位数据。

功能：80C51 从 93C46 读取 16 位数据。

入口参数：B 寄存器：存放要写入的 8 位指令，2 位操作码，6 位地址码（$A_5 \sim A_0$）。

出口参数：R2：存放要读出的数据高 8 位。

           R3：存放要读出的数据低 8 位。

程序如下：

```
READ:    LCALL  INSB        ;送起始位"1"
         MOV  A, B          ;写读出指令
         LCALL  WRI
         NOP
         NOP
         LCALL  RDI
         MOV  R_2, A        ;读出高 8 位
         LCALL  RDI
         MOV  R_3, A        ;读出低 8 位
         SETB  P_{1.3}      ;置片选为无效
         RET
```

2.3 I²C 标准总线

2.3.1 I²C 标准总线介绍

在器件 IC 芯片之间，用两根信号线 SDA 和 SCL 以串行方式进行信息传送并允许若干兼容器件共享的双线总线，称为 I²C 总线。

SDA 线称为串行数据线，其上传输双向的数据；SCL 线称为串行时钟线，其上传输时钟信号，用来同步串行数据线上的数据。

对于 I²C 总线上的器件，其 SDA 和 SCL 引脚都是一个开漏极端。因此，在 I²C 总线上的所有器件的 SDA 引脚需连接在一起，并通过电阻与电源连接；SCL 引脚也连接在一起，并通过电阻与电源连接。I²C 总线系统的示意图如图 2-19 所示。

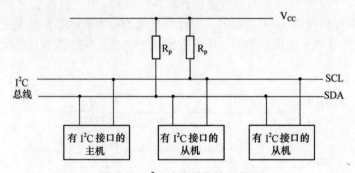

图 2-19 I²C 总线系统的示意图

挂接在 I²C 总线上的器件（或 IC），根据其功能可分为两种，即主器件和从器件。

主器件：控制总线存取，产生串行时钟（SCL）信号，并产生启动传送及结束传送信号，总线必须是由一个主器件控制的。

从器件：在总线上被主器件寻址的器件，它们根据主器件的命令来接收和发送数据。

在由若干器件所组成的 I²C 总线系统中，可能存在多个主器件。因此，I²C 总线系统是一个允许多主的系统。对于系统中的某一器件来说，有 4 种可能的工作方式，即主发送方式、主接收方式、从发送方式和从接收方式。

在 I^2C 总线上的所有器件是按照如下的数据传输协议协调工作的：只有当总线不忙时，数据传输才能开始；数据传送期间，无论何时，若串行时钟线为高电平，则串行数据线必须保持稳定；当串行时钟线为高电平时，串行数据线的变化将认为是传送的开始或停止。

据此定义以下总线条件。

（1）总线不忙（空闲）。

串行时钟线 SCL 和串行数据线 SDA 保持高电平。

（2）数据传送开始。

在串行时钟线 SCL 保持高电平的情况下，串行数据线 SDA 上发生一个由高电平到低电平的变化决定起始条件，或称起始信号 START，如图 2-20 所示。

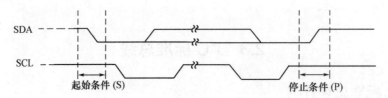

图 2-20　起始条件和停止条件

总线上所有命令必须在起始条件以后进行。

（3）数据传送停止。

在串行时钟线 SCL 保持高电平的情况下，串行数据线 SDA 上发生一个由低电平到高电平的过程，称为停止条件，或称停止信号 STOP，如图 2-20 所示。

总线上所有操作必须在停止条件以前结束。

（4）数据有效。

图 2-21 所示为 I^2C 总线上的位传输在开始条件以后，串行时钟线 SCL 保持高电平的周期期间，当串行数据线 SDA 稳定时，串行数据线的状态表示数据线是有效的。在串行时钟线 SCL 保持低电平的周期期间，串行数据线上的数据应该改变，每位数据需要一个时钟脉冲。

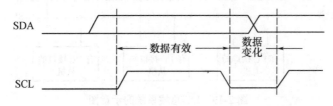

图 2-21　I^2C 总线上的位传输

每次数据传送在起始信号 START 下启动，在停止信号 STOP 下结束。重复的起始信号 START 将结束前一个传送过程，但不释放 I^2C 总线 ，可接着进行下一个传送过程。

在 I^2C 总线上数据传送有两种方式，它们由起始信号 START 后的第一个字节的最低位（即方向位 R/$\overline{W}$）决定。

（1）主发送到从接收。主器件产生起始信号 START 后，发送的第一个字节为从地址（该字节的高 7 位为从器件的地址信号，最低位为决定数据传送方向的方向位 R/$\overline{W}$，此时该位为 0），在第 9 个时钟脉冲期间，从器件（接收器）返回一个答信号 A（低电频）随后再发送数据字节，如图 2-22 所示。随后再发送数据字节，发送的数据可以是单字节，发送的数据可以是单字节，也可以是一串数据，由主器件决定。

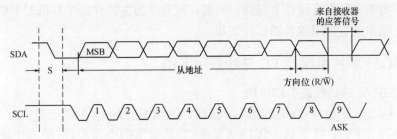

图 2-22　主发送到从接收的寻址字节格式

从器件每接收一个数据字节后，都返回一个应答信号 ASK=0，即第 9 个时钟脉冲对应于应答位，相应数据线上的低电平为应答信号 A，高电平为非应答信号 $\overline{A}$。

主发送到从接收的数据操作格式如下：

S	SLAW	A	data1	A	data2	A	…	dataN−1	A	dataN	A	P

其中，□　　　：主节点发送、从节点接收。

　　　□　　　：主节点接收、从节点发送。

SLAW　　　：寻址字节（写）

Data1～dataN：写入从节点的 N 个数据。

（2）从发送到主接收。从器件在接收到主器件发送的从地址和值为 1 的方向位后，返回一个应答信号（ASK=0），接着由从器件发送数据到主器件上，主器件每接收一个数据字节后，都返回一个应答信号。

在接收从器件最后一个字节后，主器件发送一个"非应答信号 $\overline{A}$"，即终止从器件继续发送。从器件发送的数据可以是单字节，也可以是一串数据。

主节点要求被寻址的外围器件节点发送 N 个字节数据，数据操作格式如下：

S	SLAR	A	data1	A	data2	A	…	dataN−1	A	dataN	$\overline{A}$	P

其中，SLAR：寻址字节（读），

在主接收中第一个应答位是从节点接收到寻址字节 SLAR 后发回的应答位，其余的应答位都是由主控器在接受到数据字节后向从节点发出的应答位。

I^2C 总线主要功能有以下几个方面：

① 在主器件和从器件之间双向传送数据。

② 无中间主器件的多主总线。

③ 多主传送时不发生错误。

④ 可以使用不同的位速率。

⑤ 串行时钟作为交接信号。

⑥ 可用于测试和诊断目的。

在有 I^2C 总线的单片机中，可以直接用 I^2C 总线来进行系统的串行扩展；对于 80C51

系列单片机，大多数没有 I^2C 总线接口功能，而是采用软件模拟双向数据传送协议的方法来实现系统的串行扩展。

在单片机应用系统中，单主结构占绝大多数。在单主系统中，I^2C 总线的数据传送状态要简单得多，没有总线竞争与同步问题，只有作为主器件的单片机对 I^2C 总线的读/写操作。这就简化了模拟软件的设计工作。

2.3.2　80C51 单片机模拟 I^2C 总线应用实例

1. PCF8574 的特性及引脚说明

PCF8574 是一种单片 CMOS 电路，具有 I^2C 接口总线的 8 位准双向口。

PCF8574 在 I^2C 总线系统中仅作从器件。它具有低的电流损耗，静态电流为 10 μA；能输出大的电流，并有锁存功能，可直接驱动 LED 发光管，还有中断逻辑线；3 根硬件地址引脚使 I^2C 总线系统可挂接 8 片 PCF8574。器件的串行时钟的最高频率为 400kHz。

PCF8574 引脚如图 2-23 所示。引脚功能如下：

SDA：串行数据线，双向。

SCL：串行时钟线，输入。

$P_7 \sim P_0$：8 位准双向输入/输出口。准双向口的每一位可作输入或输出。上电复位时，准双向口的每一位均为高电平，某位在作输入前，应置为高电平。

$A_2 \sim A_0$：地址输入线。

$\overline{INT}$：中断输出线，低电平有效。

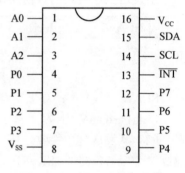

图 2-23　PCF8574 外部引脚

2. PCF8574 的寻址方式及操作

1）控制字节和器件寻址

控制字节的配置见图 2-24。控制字节是跟随在主器件发出的开始条件后面，器件首先接收到的字节。控制字节的前 4 位为控制码，该控制码规定寻址的器件的型号。当控制码为 0100 时，表示对 PCF8574 的读和写操作，如图 2-24(a) 所示；当控制码为 0111 时，表示对 PCF8574A 的读和写操作，如图 2-24(b) 所示。接下来 3 位 A_2、A_1、A_0 指明同一种器件的不同芯片，与芯片引脚接法对应。3 个地址引脚说明可接 8 个同一种器件。

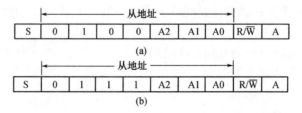

图 2-24　PCF8574 及 PCF8574A 控制字节的配置

2）读操作

读操作将 PCF8574 口的数据传给控制器（主器件）。读操作的时序如图 2-25 所示。

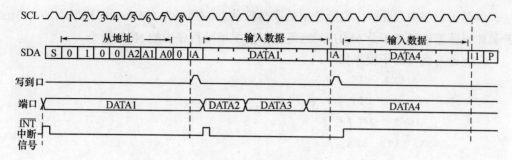

图 2-25　读操作的时序

3）写操作

写操作将控制器（主器件）中的数据传给 PCF8574 口。写操作的时序如图 2-26 所示。

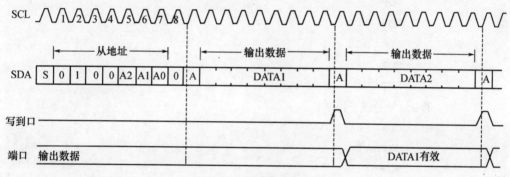

图 2-26　写操作的时序

3. PCF8574 应用和编程

1）PCF8574 作扩展 8 位输入口

模拟 I^2C 总线时，一般需用两根 I/O 口线。图 2-27 中，$P_{1.6}$ 用作 SCL 线，$P_{1.7}$ 用作 SDA 线。利用模拟仿真的方法，通常先编写一些通用子程序，包括启动、停止、发送应答位及非应答位、应答位检查、单字节数据接收与发送等。

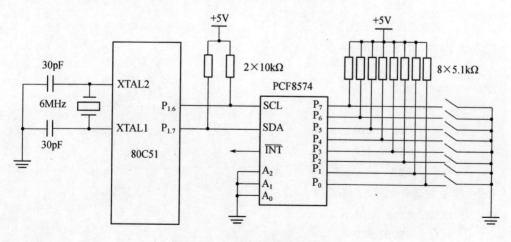

图 2-27　PCF8574 读方式的连接

以下子程序中，设单片机所使用的晶体振荡器的频率为 6MHz，即机器周期为 $2\,\mu s$。若晶体振荡器的频率不是 6MHz，则可根据情况增减程序中的 NOP 指令。

汇编语言编写的子程序如下：

```
            SDA   BIT   P1.7
            SCL   BIT   P1.6
; 启动 I²C 总线子程序
STA:  SETB  SDA
      SETB  SCL
      NOP
      NOP
      CLR   SDA
      NOP
      NOP
      CLR   SCL
      NOP
      RET
; 停止 I²C 总线子程序
STOP: CLR   SDA
      SETB  SCL
      NOP
      NOP
      SETB  SDA
      NOP
      NOP
      CLR SCL
      NOP
      RET
; 发送应答位子程序
MACK: CLR   SDA
      SETB  SCL
      NOP
      NOP
      CLR   SCL
      SETB  SDA
      RET
; 发送非应答位子程序
MACK: SETB  SDA
      SETB  SCL
      NOP
```

```
            NOP
            CLR  SCL
            CLR  SDA
            RET
```

；应答位检查子程序。子程序出口时，SDA 线的状态存入标志位 FO 中。若有 ACK，则 FO=0，否则 FO=1

```
    CACK: SETB  SDA              ；SDA 为输入状态
          SETB  SCL              ；第 9 个时钟脉冲开始
          NOP
          MOV  C , SDA           ；读 SDA 线
          MOV  FO, C             ；存入 FO 中
          CLR  SCL               ；第 9 个时钟脉冲结束
          NOP
          RET
```

；发送一个字节数据子程序。将累加器 Acc 中的待发送数据送入 SDA 线

```
  WRBYT:  MOV  R7 , #8           ；发送 8 位
  WRBYT1: RLC  A                 ；将发送位移入 C 中
          JC  WRBYT2             ；此位为 1，转 WRBYT2
          CLR  SDA               ；此位为 0，发送 0
          SETB  SCL              ；时钟脉冲开始
          NOP
          NOP
          CLR  SCL               ；时钟脉冲结束
          DJNZ  R7 , WRBYT1      ；未发送完，转 WRBYT1
          RET
  WRBYT2: SETB SDA               ；此位为 1，发送 1
          SETB  SCL              ；时钟脉冲开始
          NOP
          NOP
          CLR  SCL               ；时钟脉冲结束
          CLR  SDA
          DJNZ  R7 , WRBYT1      ；未发送完，转 WRBYT1
          RET
```

；接收一个字节子程序。从 SDA 线上读一个字节的数据，存入累加器 ACC 中

```
  RDBYT:  MOV  R7 , #8           ；接收 8 位
  RDBYT1: SETB  SDA              ；SDA 为输入状态
          SETB  SCL              ；时钟脉冲开始
          NOP
          MOV  C , SDA           ；读 SDA 线
```

RLC A	；移入新接收位
CLR SCL	；时钟脉冲结束
DJNZ R_7，RDBYT1	；未读完 8 位，转 RDBYT1
RET	；读完 8 位，返回

PCF8574 作扩展 8 位输入口的程序如下：

RD8：ACALL STA	；开始条件
MOV A，#41H	；PCF8574 为读方式
ACALL WRBYT	
ACALL CACK	；检查 ACK 信号
JB FO，$	
ACALL RDBYT	；读数据
MOV 30H，A	
ACALL CACK	
JB FO，$	
ACALL STOP	
SJMP $	

2）PCF8574 作扩展 8 位输出口

PCF8574 作扩展 8 位输出口的连接如图 2-28 所示。

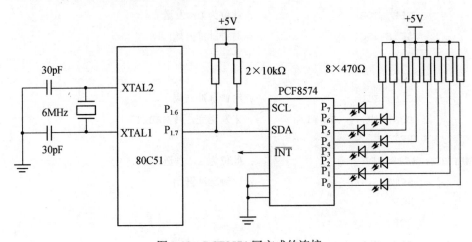

图 2-28   PCF8574 写方式的连接

程序如下：

WR8：ACALL STA	；开始条件
MOV A，#40H	；PCF8574 为写方式
ACALL WRBYT	
ACALL CACK	；检查 ACK 信号
JB FO，$	
MOV A，#0FFH	；改用不同的立即数，指示灯亮、暗相应改变
ACALL WRBYT	

```
          ACALL  CACK              ；检查 ACK 信号
          JB  FO , $
          ACALL  STOP              ；停止条件
          AJMP  $
```

3）PCF8574 作扩展 4 位输入口和 4 位输出口

PCF8574 作扩展 4 位输入口和 4 位输出口的连接如图 2-29 所示。

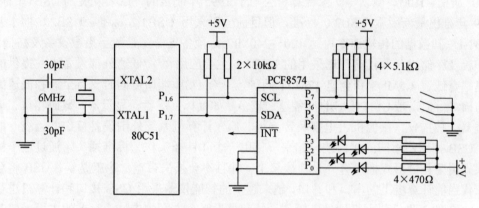

图 2-29　PCF8574 高 4 位输入、低 4 位输出的连接

程序如下：

```
    START: ACALL  STA            ；开始条件
           MOV  A,#41H           ；PCF8574 为读方式
           ACALL  WRBYT
           ACALL  CACK           ；检查 ACK 信号
           JB  FO , $
           ACALL  RDBYT          ；读数据
           SWAP  A
           CPL  A
           MOV  30H , A
           ACALL   STOP
           ACALL   STA           ；开始条件
           MOV  A , #40H         ；PCF8574 为写方式
           ACALL   WRBYT
           ACALL   CACK          ；检查 ACK 信号
           JB  FO, $
           MOV  A,30H
           ACALL   WRBYT
           ACALL   DELAY         ；延时子程序
           ACALL   STO P         ；停止条件
           AJMP START
```

2.4 USB 总线标准

2.4.1 USB 总线标准介绍

通用串行总线 USB 是应用在 PC 领域的新型接口技术。USB 接口技术标准起初是由 Intel、康柏、IBM、微软等 7 家计算机公司于 1995 年制定的，后来发展到 USB1.1 标准，1999 年推出最新版本 USB2.0 标准，但目前一般采用 USB1.1 标准。USB2.0 向下兼容 USB1.1，其数据的传输速率可达 120～240Mb/s，预备支持宽带数字摄像设备及扫描仪、打印机及存储设备。目前普遍采用的 USB1.1 主要应用在中/低速外部设备上，提供的传输速率有低速 1.5Mb/s 和全速 12Mb/s 两种，一个 USB 端口可同时支持全速和低速的设备访问。目前，带 USB 接口的设备越来越多，如鼠标、键盘、显示器、数码相机、调制解调器、扫描仪、摄像机、电视及音响等。原先计算机系统外围设备接口并无统一的标准，USB 把这些不同的接口统一起来，使用一个 4 针插头作为标准插头。通过这个标准插头采用菊花链形式把所有外设连接起来，并且不会损失带宽。也就是说，USB 将会逐步取代当前计算机上的串口和并口，越来越多的智能仪器采用 USB 接口和计算机进行通信。USB 的工作需要主机硬件、操作系统和外设 3 个方面的支持。目前的主板一般都采用支持 USB 功能的控制芯片组，主板上也安装有 USB 接口插座。

1. 特点

（1）使用方便：同一个 USB 接口可以连接多个不同的设备，而且支持热插拔。

（2）速度快：USB1.1 接口的最高传输速率可达 12 Mb/s，USB2.0 标准支持的最高传输速率可达 480 Mb/s。由于 USB 接口传输速度快，因此能支持对带宽要求高的设备。

（3）连接灵活：USB 接口支持多个不同设备的串列连接，一个 USB 接口理论上可以连接 127 个 USB 设备。连接的方式也十分灵活，既可以使用串行连接，也可以使用集线器（Hub）把多个设备连接在一起，再与 PC 的 USB 接口相接。

（4）独立供电：USB 接口提供了 5V 的内置电池，总共可提供 500mA 的负载电流。如果外设的耗电量在此范围之内，就不需要专门的交流电源，从而降低了外设的成本并缩小了体积。

（5）支持多媒体：USB 提供了对两路电话数据的支持。它可支持异步以及等时数据传输，使电话可与计算机集成，共享语音邮件及其他特性。USB 还具有高保真音频特性。

2. 系统结构

USB 采用 4 线电缆：两根用来传送数据的串行通道；另外两根为下游设备提供电源。对于高速且需要高带宽的外设，USB 以 12 Mb/s 的传输速率传输数据；对于低速外设，USB 则以 1.5 Mb/s 的传输速率来传输数据。USB 总线会根据外设情况在两种传输模式中自动切换。USB 是基于令牌的总线，其主控制器广播令牌，总线上的 USB 设备检测令牌中的地址是否与自身相符，通过接收或发送数据给主机来响应。USB 通过支持悬挂/恢复操作来管理 USB 总线电源。USB 系统采用级联星形拓扑，该拓扑由 3 个基本部分组成：主机（Host）、集线器（Hub）和功能设备。主机包含有主控制器和根集线器（Root Hub），控制 USB 总线上的数据和控制信息的流动，每个 USB 系统只能有一个根集线器，它连接在主控制器上。集线器是 USB 结构中的特定成分，它提供叫做端口（**Port**）的点将设备连接到 USB 总线上，同时检测连接在总线上的设备，并为这些设备提供电源管理，负责总线的故障检测和恢复。

每个 USB 系统只有一个主机，在软件系统中包括以下几层：

（1）USB 总线接口：处理电气层与协议层的互联。

（2）USB 系统：用主控制器管理主机与 USB 设备间的数据传输。

（3）USB 客户软件：位于软件结构的最高层，负责处理特定 USB 设备驱动器。

3. 数据流传输方式

主控制器负责主机和 USB 设备间数据流的传输，这些传输数据被当作连续的比特流。根据设备对系统资源需求的差异，在 USB 规范中规定了下列 4 种不同的数据传输方式：

（1）等时传输方式：用来连接需要连续传输数据且对数据的正确性要求不高而对时间极为敏感的外部设备，如麦克风、喇叭及电话等。等时传输方式以固定的传输速率连续不断地在主机与 USB 设备之间传输数据，在传送数据发生错误时并不处理这些错误，而是继续传送新的数据。

（2）中断传输方式：传送的数据量很小，但这些数据需要及时处理，以达到实时效果。此方式主要用在键盘、鼠标以及操纵杆等设备上。

（3）控制传输方式：用来处理主机到 USB 设备的数据传输，包括设备控制指令、设备状态查询及确认命令。当 USB 设备收到这些数据和命令后，将依据先进先出的原则处理到达的数据。

（4）批传输方式：用来传输要求正确无误的数据。通常打印机、扫描仪和数字相机均以这种方式与主机连接。

4. USB 交换的包格式

USB 总线的数据传输交换是通过包来实现的，包是组成 USB 交换的基本单位。USB 总线的每一次交换至少需要 3 个包才能完成。USB 设备之间的问题首先由主机发出标志（令牌）包开始。标志包中含有设备地址码、端点号、传输方向和传输类型等信息。其次是数据源向数据目的地发送数据包或者发送无数据传送的指示信息。在一次交换中，数据包可以携带的数据最多为 1024bit。最后是数据接收方向数据发送方回送一个握手包，提供数据是否正常发送出去的反馈信息，如果有错误，则重发。除了等时传输外，其他传输类型都需要握手包。可见，包就是用来产生所有的 USB 交换的机制，也是 USB 数据传输的基本方式。在这种传输方式下，几个不同目标的包可以组合在一起，共享总线，且不占用 IRQ 线，也不需要占用 I/O 地址空间，节约了系统资源，提高了性能又减小了开销。

包的类型如表 2-4 所列。

表 2-4　包的类型

类　型	PID 名称	$PID_3 \sim PID_0$	描　述
Token（标志）	OUT	0001	主机到设备传输的地址+端点号
	IN	1001	设备到主机传输的地址+端点号
	SOF	0101	帧开始标志与帧编号
	Setup	1101	主机到设备 Setup 传输的地址+端点号

类　型	PID 名称	PID$_3$~PID$_0$	描　　述
Data（数据）	DATA$_0$	0011	有偶同步位的数据包
	DATA$_1$	1011	有奇同步位的数据包
	DATA$_2$	0111	高带宽同步传输，数据包高速 PID
	MDATA	1111	分流传输与高带宽同步传输，数据包高速 PID
Handshake（握手）	ACK	0010	接收器接收数据正确
	NAK	1010	接收设备不能接收数据或发送设备不能发送数据
	STALL	1110	端点暂停或控制请求不支持
	NYET	0110	接收设备还没有响应
Special（特殊）	PRE	1100	主机希望在低速方式下与低速设备通信时，主机发送预告
	ERR	1100	分流传输错误标志（与 PRE 重用）
	SPLIT	1000	高速分流传输标志
	PING	0100	高速传输空间大小和控制检测
	RESERVED	0000	保留

表中包的分类由 PID 表示。8 位 PID 中只有高 4 位用于包的分类编码，低 4 位供校验用，其含义如图 2-30 所示。

PID$_0$	PID$_1$	PID$_2$	PID$_3$	$\overline{PDI}$	$\overline{PDI}$	$\overline{PDI}$	$\overline{PDI}$

图 2-30　PID 域的格式

包的种类及格式如下：

（1）标志包。USB 总线是一种基于标志的总线协议，所有的交换都以标志包（Token）为首部。标志包定义了要传输交换的类型，包含包类型域（PID）、地址域（ADDR）、端点域（ENDP）和检查域（CRC），其格式如图 2-31 所示。

8 位	8 位	7 位	4 位	5 位
SYNC	PID	ADDR	ENDP	CRC

图 2-31　标志包的格式

SYNC：所有包的开始都是同步（SYNC）域，输入电路利用它来同步，以便有效数据到来时进行识别，长度为 8 位。

PID：包类型域，标志包有 4 种类型，它们是起始包（SOF）、发送包（OUT）、接收包（IN）和设置包（Setup）。

ADDR：设备地址域，确定包的传输目的地。7 位长度，可有 128 个地址。

ENDP：端点域，确定包传输到设备的哪个端点。4 位长度，一个设备可以有 16 个端点号。

CRC：检查域，5 位长度，用于 ADDR 域和 ENDP 域的校验。

（2）数据包。若主机请求设备发送数据，则送 IN Token 到设备某一端点，设备将以数据包（Data）形式加以响应;若主机请求目标设备接收数据，则送 OUT Token 到目标设备的某一端点，设备将接收数据包。一个数据包包含 PID 域、数据域和 CRC 域 3 个部分，其格式如图 2-32 所示。通过数据包的 PID 域即能识别 DATA0 和 DATA1 两种数据包。

（3）握手包。设备使用握手（Handshake）包来报告交换的状态，通过不同类型的握手包可以传送不同的结果报告。握手包由数据的接收方（可能是目标设备，也可能是 Hub）发往数据的发送方。等时传输没有握手包。握手包只有一个 PID 域，其格式如图 2-33 所示。握手包有 ACK（应答包）、NAK（无应答包）、STALL（挂起包）和 NYET（接收设备还没有响应）4 种类型。

8位	8位	0～0023位	5位
SYNC	PID	DATA	CRC

图 2-32 数据包格式

8位	8位
SYNC	PID

图 2-33 握手包格式

（4）预告包。当主机希望在低速方式下与低速设备通信时，主机将送预告包作为开始包，然后与低速设备通信。预告包由一个同步序列和一个全速的 PID 域组成。PID 之后，主机必须在低速包传送前延迟 4 个全速字节时间，以便主 Hub 打开低速端口并准备接收低速信号。低速设备只支持控制和中断传输，而且交换中携带的数据仅限于 8 字节。

2.4.2 应用实例

随着 USB 技术的不断发展，许多大的芯片制造商都相继推出了符合各类 USB 协议的接口芯片。这里选用 Philips 的 PDIUSBD12 作为接口芯片。

1. PDIUSBD12 芯片概述

1）D12 芯片简介

PDIUSBD12 是一款性价比很高的 USB 器件，它通常用作微控制器系统中实现与微控制器进行通信的高速通用并行接口。它还支持本地的 DMA 传输。

PDIUSBD12 完全符合 USB1.1 版的规范，适用于许多外设，例如打印机、扫描仪和数码相机等。

D12 芯片中通过 Philips SIE （串行接口引擎）来实现全部的 USB 协议层，完全由硬件实现而不需要固件的参与。该模块的功能包括：同步模式的识别、并行/串行转换、位填充/解除填充、CRC 校验/产生、PID 校验/产生、地址识别和握手评估/产生。

PDIUSBD12 的端点适用于不同类型的设备，例如图像打印机、海量存储器和通信设备。端点可通过 Set Mode 命令，配置为 4 种不同的模式：模式 0 为非同步传输、模式 1 为同步输出传输、模式 2 为同步输入传输、模式 3 为同步输入输出传输。本例采用模式 0，所以下面详细介绍一下模式 0 的端点分配，如表 2-5 所列。

表 2-5 模式 0（非同步模式）

端点数	端点索引	传输类型	端点类型	方向	最大信息包规格/字节
0	0	控制输出	默认	输出	16
	1	控制输入		输入	16
1	2	普通输出	普通	输出	16
	3	普通输入	普通	输入	16
2	4	普通输出	普通	输出	64
	5	普通输入	普通	输入	64

2）芯片引脚说明

PDIUSBD12 芯片的引脚安排如图 2-34 所示，引脚说明如表 2-6 所列。

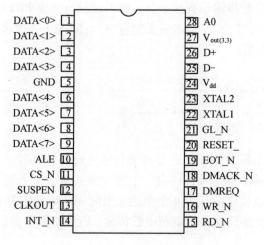

图 2-34　PDIUSBD12 引脚排列

表 2-6　PDIUSBD12 引脚说明

管 脚	符 号	类 型	描 述
1	DATA<0>	IO2	双向数据位 0
2	DATA<1>	IO2	双向数据位 1
3	DATA<2>	IO2	双向数据位 2
4	DATA<3>	IO2	双向数据位 3
5	GND	P	地
6	DATA<4>	IO2	双向数据位 4
7	DATA<5>	IO2	双向数据位 5
8	DATA<6>	IO2	双向数据位 6
9	DATA<7>	IO2	双向数据位 7
10	ALE	I	地址锁存使能。在多路地址/数据总线中，下降沿关闭地址信息锁存。将其固定位低电平用于单地址/数据总线配置
11	CS_N	I	片选（低有效）
12	SUSPEND	I, OD4	器件处于挂起状态
13	CLKOUT	O2	可编程时钟输出
14	INT_N	OD4	中断（低有效）
15	RD_N	I	读选通（低有效）
16	WR_N	I	写选通（低有效）
17	DMREQ	O4	DMA 请求
18	DMACK_N	I	DMA 应答（低有效）
19	EOT_N	I	DMA 传输结束（低有效）。EOT_N 仅当 DMACK_N 和 RD_N 或 WR_N 一起激活时才有效

管脚	符 号	类 型	描 述
20	RESET_N	I	复位（低有效且不同步）。片内上电复位电路，该引脚可固定接 V_{CC}
21	GL_N	OD8	GoodLink LED 指示器（低有效）
22	XTAL1	I	晶振连接端 1（6MHz）
23	XTAL2	O	晶振连接端 2（6MHz）。如果采用外部时钟信号取代晶振，可连接 XTAL1，XTAL2 应当悬空
24	V_{CC}	P	电源电压（4.0～5.5V），要使器件工作在 3.3V，对 V_{CC} 和 $V_{OUT3.3}$ 脚都提供 3.3V
25	D-	A	USB D-数据线
26	D+	A	USB D+数据线
27	$V_{out3.3}$	P	3.3V 调整输出。要使器件工作在 3.3V 对 V_{CC} 和 $V_{OUT3.3}$ 脚都提供 3.3V
28	A_0	I	地址位 $A_0=1$ 选择命令指令：$A_0=0$ 选择数据。在多路地址/数据总线配置时可忽略，应将其接高电平

注：1. O2——2mA 驱动输出；2. OD4——4mA 驱动开漏输出；

　3. OD8——8mA 驱动开漏输出；4. IO2——4mA 输出

3）D12 芯片操作指令简介

D12 主要的操作指令如表 2-7 所列。

表 2-7　D12 主要的操作指令

命令名	接收者	编码	数据
初始化命令			
设置地址使能	器件	D0h	写 1 字节
设置端点使能	器件	D8h	写 1 字节
设置模式	器件	F3h	写 2 字节
设置 DMA	器件	F8h	写/读 1 字节
数据流命令			
读中断寄存器	器件	F4h	读 2 字节
选择端点	控制输出	00h	读 1 字节（可选）
	控制输入	01h	读 1 字节（可选）
	端点 1 输出	02h	读 1 字节（可选）
	端点 1 输入	03h	读 1 字节（可选）
	端点 2 输出	04h	读 1 字节（可选）
	端点 2 输入	05h	读 1 字节（可选）
读最后处理状态	控制输出	40h	读 1 字节
	控制输入	41h	读 1 字节

命令名	接收者	编码	数据
	端点 1 输出	42h	读 1 字节
	端点 1 输入	43h	读 1 字节
	端点 2 输出	44h	读 1 字节
	端点 2 输入	45h	读 1 字节
读缓冲区	选择的端点	F0h	读 n 字节
写缓冲区	选择的端点	F0h	写 n 字节
设置端点状态	控制输出	40h	写 1 字节
	控制输入	41h	写 1 字节
	端点 1 输出	42h	写 1 字节
	端点 1 输入	43h	写 1 字节
	端点 2 输出	44h	写 1 字节
	端点 2 输入	45h	写 1 字节
应答设置	选择的端点	F1h	无
缓冲区清零	选择的端点	F2h	无
使缓冲区有效	选择的端点	F4h	无
普通指令			
发送恢复		F6h	无
读当前帧数目		F5h	读 1 或 2 字节

2. D12 芯片与单片机的连接

8051 可以用地址数据总线复用/非复用两种连接方式。

1）地址数据总线非复用

由于 D12 既接收来自 8051 的命令，又要与 8051 进行数据通信，而它们使用共同的接口信号线 $DATA_0 \sim DATA_7$，D12 的直接含义是对命令和数据的选择，那么只需一位地址，用 D12 的 A_0 脚作为地址位：$A_0 = 1$，表示命令；$A_0 = 0$，读/写数据，可与 8051 的任意一个 I/O 口相连。

在发送命令（数据）前，先对 A_0 进行置 1（0），然后再把命令（数据）的内容送到数据总线上。此时 D12 的 ALE 脚未使用，可直接接地。

8051 的 P_1 口是内部上拉的双向 I/O 口，向 P_1 口写 1 时，内部上拉为高电平，并且可以用作输入口；当作为输入时，P_1 口引脚可被外部拉低，因为外部下拉而产生电流。在这里，A_0 是与 $P_{1.7}$ 相连，A_0 为高电平时，表示 $DATA_0 \sim DATA_7$ 上收到的是命令字；A_0 为低电平时，表明接收到的是数据。

D12 的 V_{dd} 工作在 5V，此时 $V_{out3.3}$ 会输出 3.3V 的电压，用于提供给 D+作参考电压。DMACK_N 接高电平，CS_N 接低电平作为片选，GL_N 接发光二极管后经电阻接高电平，它的亮暗将反映 USB 芯片的工作状态。

虽然 D12 可以编程输出时钟，但由于 D12 上电复位时默认时钟频率为 4MHz，欲让 MCU 工作在 12MHz/24MHz，必须通过软件编程来实现，而单片机在程序执行过程中无法改变时钟频率。为解决这一问题，在设计中需加入选频电路，当 CLKOUT 输出在软件编程下改为 12MHz/24MHz 时，选频电路脉冲触发单稳态电路，产生单片机复位脉冲，此脉冲持续时间应大于 CLKOUT 脚输出信号不稳定期（通过调整单稳电路中的电容电阻值来实现），复位后可运行在新的时钟下，但这增加了电路的复杂性，而且这种方式也增加了电路的不稳定性。尤其当 MCU 的外围设备很多时，更不宜用单一时钟方式。设计中采用了独立时钟方式，即 D12 与 MCU 各用一个时钟。

USB 协议规定，当总线上 3μs 内没有活动时，外设将进入挂起状态。此时，D12 的 SUSPEND 引脚输出高电平。将此引脚与 MCU 的某个 I/O 脚相连，当 MCU 检测到 D12 进入挂起状态，且它也没有其他待处理事务时，也进入休眠状态。

另外，D+ 与主机端口的连接也需注意。D12 提供了以下两种连接方式：

（1）用内部上拉电阻与软件编程。此方式下通过向某一特定寄存器位写 1 来实现与主机连接，断开连接只需向相应位写 0。

（2）直接在 D+ 线外接上拉电阻，用插拔电缆实现连接与断开。

对于总线供电设备，两种方式都可用；对于自供电设备，建议用前者，因为对于自供电设备，若用方式二，插上电缆后，经常会出现系统检测不到设备或主机读取描述符不成功的情况，这与 D+ 的上拉电阻有关。D+ 上的外接上拉电阻若由 Hub 的本地电源供电，则可能没有 V_{CC}，此时检测不到设备；若上拉电阻采用总线供电，而 Hub 的主控制器用本地电源供电，则可检测到设备连接，但读取描述符会出错。若不加相应电路或软件修改，在操作中必须先拔电缆，再断/接外设电源，操作较麻烦，所以电路连接图如图 2-35 所示。

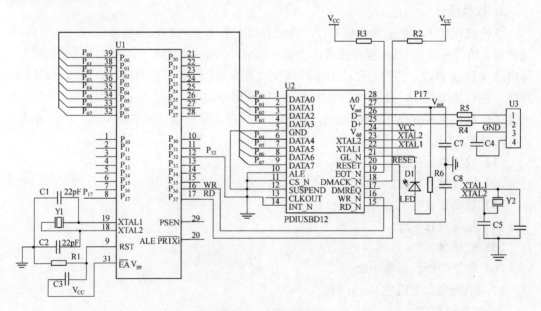

图 2-35　电路连接图

2）地址数据总线复用

地址数据总线复用的电路图如图 2-36 所示。命令和数据采用不同的地址，地址字节中仅 LSB 位具有实际意义。对偶数地址赋值，表示返往 D12 的是读/写数据；对奇数地址赋值，表示往 D12 写入一个命令。其中 D12 的 ALE 与 8051 的 ALE 连接，ALE 的时序关系与 8051 跟一般的存储器连接时相同，在下降沿对地址锁存，此时 A$_0$ 不使用，应接高电平。8051 的 P$_0$ 口直接与 D12 的数据总线相连，作为并行数据和命令传输通道。其时钟可直接从 D12 的 CLKOUT 接入，而无须外接晶振。

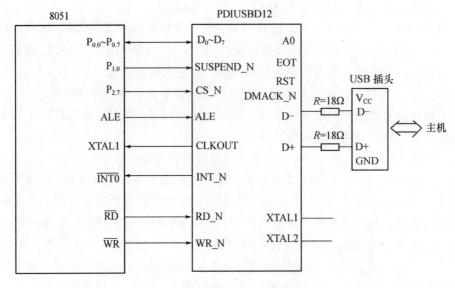

图 2-36　8051 与 PDIUSBD12 的连接图

3. 软件设计

下位机程序主要包括初始化 D12，通过 D12 进行数据传输以及按协议对数据进行格式转换。单片机控制 USB 程序通常由 3 部分组成：初始化部分，完成单片机和所有的外围电路（包括 D12）的初始化；主循环部分，等待来自上位机的数据，并启动格式转换程序，进行数据通信，是固件的主体部分；中断服务程序，由上位机触发，能够进行一些低工作量的实时处理（如置相应标志位），然后在主循环部分对数据作进一步的处理。

1）D12 的初始化过程

（1）设置地址使能。

（2）设置端点使能。

（3）软断开。

（4）延时（1s～2s）。

（5）软连接。

（6）使能中断，等待中断。

（7）响应来自主机的 Setup 包。

2）程序流程图

下位机数据上传子程序流程图如图 2-37 所示。

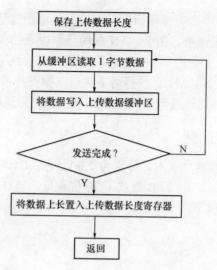

图 2-37　下位机数据上传子程序流程图

下位机中断服务程序流程图如图 2-38 所示。

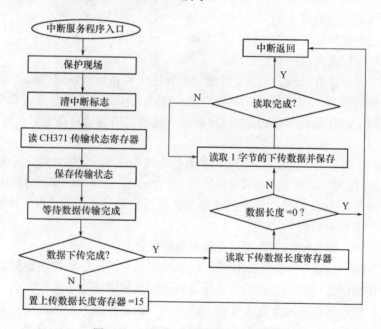

图 2-38　下位机中断服务程序流程图

2.5　CAN 总线

CAN 全称为"Controller Area Network"，即控制器局域网，是国际上应用最广泛的现场总线之一。最初 CAN 被设计为汽车环境中的微控制器通信，在车载各电子控制装置 ECU 之间交换信息，形成汽车电子控制网络。比如：发动机管理系统、变速箱控制器、仪表装备和电子主干系统中均嵌入 CAN 控制装置。

CAN 是一种多主方式的串行通信总线，基本设计规范要求有高的位速率、高抗电磁干扰性，而且能够检测出产生的任何错误。当信号传输距离达到 10km 时，CAN 仍可提供高达 50Kb/s 的数据传输速率。由于 CAN 总线具有很高的实时性能，因此，CAN 已经在汽车工业、航空工业、工业控制、安全防护等领域中得到了广泛的应用。

相对于 485 总线来说，CAN 总线有诸多优点（如支持错误检测等），现在在广大的工业控制场合，CAN 总线已经逐渐取代了 485 总线，成为现场总线技术的主流。

2.5.1 CAN 通信总线原理

CAN 总线协议现在有两个版本，分别为 2.0A 和 2.0B。它们的差别只是在地址位数上，2.0A 提供了 11 位地址，而 2.0B 提供了 29 位地址。现在一般都采用 2.0B 协议。

协议中将 CAN 分为以下 3 个层次：

（1）CAN 对象层。

（2）CAN 传输层。

（3）物理层。

对象层和传输层包括所有由 ISO/OSI 模型定义的数据链路层的服务和功能。对象层的作用范围包括以下几个方面：

（1）查找被发送的报文。

（2）确定由实际要使用的传输层接收哪一个报文。

（3）为应用层相关硬件提供接口。

在这里定义对象处理较为灵活。传输层的作用主要是传输规则，也就是控制帧结构、执行仲裁、错误检测、出错标定、故障界定。总线上什么时候开始发送新报文及什么时候开始接收报文均在传输层里确定。位定时的一些普通功能也可以看做传输层的一部分。理所当然，传输层的修改是受到限制的。

物理层的作用是在不同节点之间根据所有的电气属性进行位信息的实际传输。当然，同一网络内，物理层对于所有节点必须是相同的。尽管如此，在选择物理层方面还是很自由的。

协议中规定，CAN 总线上的数据传输都是以报文形式传送的。报文传输由以下 4 个不同的帧类型来表示和控制：

（1）数据帧：数据帧携带数据从发送器至接收器。

（2）远程帧：总线单元发出远程帧，请求发送具有同一标识符的数据帧。

（3）错误帧：任何单元检测到一总线错误就发出错误帧。

（4）过载帧：过载帧用于在连续两个数据帧（或远程帧）之间提供一附加的延迟。

每个类型的帧数据都包含了若干个位场，代表了这个帧不同的意义。

1. 数据帧

数据帧由 7 个不同的位场组成：帧起始、仲裁场、控制场、数据场、CRC 场、应答场、帧结束。数据场的长度可以为 0。数据帧结构如图 2-39 所示。

图 2-39　数据帧组成

1）帧起始

它标志数据帧和远程帧的起始，由一个单独的"显性"位组成。只在总线空闲时，才允许站开始发送。所有的站必须同步于首先开始发送信息的站的帧起始前沿。

2）仲裁场

仲裁场包括标识符和远程发送请求（RTR）位，仲裁场结构如图 2-40 所示。

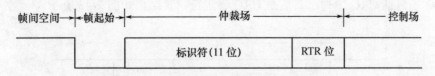

图 2-40　仲裁场结构

（1）标识符：标识符的长度为 11 位。发送顺序是从 ID_{10} 到 ID_0。最低位是 ID_0，最高的 7 位（ID_{10} 到 ID_4）必须不能全是"隐性"。

（2）RTR 位：该位在数据帧里必须为"显性"，而在远程帧里必须为"隐性"。

3）控制场

控制场由 6 位组成，包括数据长度代码和两个将来作为扩展用的保留位，所发送的保留位必须为"显性"。接收器接收所有由"显性"和"隐性"组合在一起的位。控制场结构如图 2-41 所示。

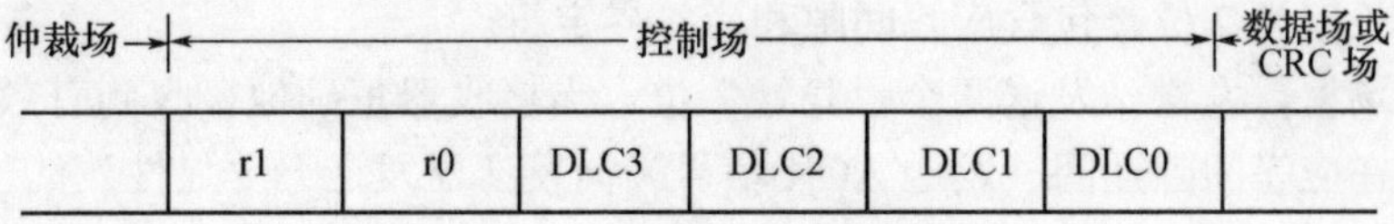

仲裁场→		控制场			数据场或CRC场
r1	r0	DLC3	DLC2	DLC1	DLC0

图 2-41　控制场结构

数据长度代码：数据长度代码指示了数据场中的字节数量。数据长度代码为 4 位，在控制场里被发送。

数据长度代码中数据字节数的编码（缩写 d 表示"显性"，r 表示"隐性"），如图 2-42 所示。

数据字节编号	数据字节的编码			
	DLC3	DLC2	DLC1	DLC0
0	d	d	d	d
1	d	d	d	r
2	d	d	r	d
3	d	d	r	r
4	d	r	d	d
5	d	r	d	r
6	d	r	r	d
7	d	r	r	r
8	r	d	d	d

图 2-42　数据字节数编码

数据帧允许的数据字节数为{0，1，…，7，8}，其他的数值不允许使用。

4）数据场

数据场由数据帧中的发送数据组成。它可以为0～8个字节，每字节在传送过程中首先发送 MSB。

5）CRC 场

CRC 场包括 CRC 序列，其后是 CRC 界定符，其结构如图2-43所示。

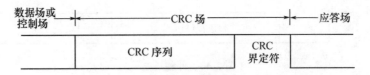

图 2-43　CRC 场结构

CRC 序列是由循环冗余码求得的帧检查序列，最适用于位数低于127位（BCH 码）的帧。为进行 CRC 计算，被除的多项式系数由无填充位流给定，组成这些位流的成分是帧起始、仲裁场、控制场、数据场（假如有），而15个最低位的系数是0。

在传送/接收到数据场的最后一位后，就出现 CRC 场，CRC 场包含 CRC 序列，而 CRC 序列之后是 CRC 界定符，它包含了一个单独的"隐性"位。

6）应答场

应答场长度为2位，包含应答间隙和应答界定符。

在应答场里，发送站发送两个"隐性"位。当接收器正确地接收到有效的报文时，接收器就会在应答间隙期间（发送 ACK 信号）向发送器发送一"显性"的位以示应答，如图2-44所示。

图 2-44　应答场结构

7）帧结束

每一个数据帧和远程帧均由一标志序列界定，这个标志序列由7个"隐性"位组成。

2. 远程帧

通过发送远程帧，使作为数据接收器的站可以通过其资源节点对不同的数据传送进行初始化设置。

远程帧由6个不同的位场组成，即帧起始、仲裁场、控制场、CRC 场、应答场和帧结束，其结构如图2-45所示。

图 2-45　远程帧结构

与数据帧相反，远程帧的 RTR 位是"隐性"的。它没有数据场，数据长度代码的数值是不受制约的（可以标注为允许范围里 0～8 的任何数值）。RTR 位的极性表示了所发送的帧是一数据帧（RTR 位"显性"时）还是一远程帧（RTR 位"隐性"时）。

3. 错误帧

错误帧由两个不同的位场组成，第一个场由来自不同节点的错误标志叠加而成，第二个场为错误界定符。错误帧结构如图 2-46 所示。

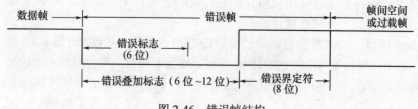

图 2-46　错误帧结构

为进行错误界定，每个 CAN 控制器均设有两个错误计数器：发送错误计数器（TEC）和接收错误计数器（REC）。CAN 总线上的所有节点按其错误计数器数值情况可分为 3 种状态：错误活动状态、错误认可状态和总线关闭状态。

上电复位后，两个错误计数器的数值都为 0，节点处于活动状态，可正常参与总线通信。当检测到错误时，发送活动错误标志。当错误计数器中任一计数器数值超过 127 时，节点进入错误认可状态。处于错误状态的节点可参与总线通信，但出错后，发送认可错误标志并在开始进一步发送数据之前将等待一段附加时间。当发送错误计数器和接收错误计数器均小于或等于 127 时，节点从错误认可状态再次变为错误活动状态。若发送错误计数器数值超过 255 后，节点进入总线关闭状态，既不能向总线发送数据，也不能从总线接收数据。当软件执行操作模式请求命令并等待 128 次总线释放系列（11 位连续隐性位）后，节点从总线关闭状态重新回到错误活动状态。

4. 过载帧

过载帧包括两个位场：过载标志和过载界定符，如图 2-47 所示。

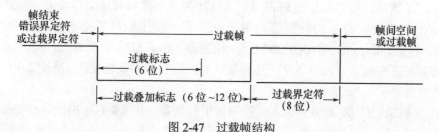

图 2-47　过载帧结构

有两种过载条件都会导致过载标志的传送：

（1）接收器的内部条件（此接收器对于下一个数据帧或远程帧需要有一延迟）。

（2）间歇场期间检测到一"显性"位。

由过载条件 1 而引发的过载帧只允许起始于所期望的间歇场的第一个位时间开始，而由过载条件 2 引发的过载帧应起始于所检测到"显性"位之后的位。

CAN 协议中对检测的错误类型及解决方法也做了规定，主要有以下 5 种不同的错误类型（这 5 种错误可能会同时出现）：

（1）位错误：站单元在发送位的同时也对总线进行监视。如果所发送的位值与所监视的位值不符合，则在此位时间里检测到一个位错误。但是在仲裁场的填充位流期间或 ACK 间隙发送一"隐性"位的情况是例外的。当监视到一"显性"位时，不会发出位错误；当发送器发送一个被动错误标志但检测到"显性"位时，也不视为位错误。

（2）填充错误：如果在使用位填充法进行编码的信息中，出现了第 6 个连续相同的位电平时，将检测到一个填充错误。

（3）CRC 错误：CRC 序列包括发送器的 CRC 计算结果。接收器计算 CRC 的方法与发送器相同。如果计算结果与接收到的 CRC 序列的结果不相符，则检测到一个 CRC 错误。

（4）形式错误：当一个固定形式的位场含有 1 个或多个非法位时，则检测到一个形式错误。

（5）应答错误：只要在 ACK 间隙期间所监视的位不为"显性"，则发送器会检测到一个应答错误。

在标准 CAN 协议（2.0A）的基础上还有一个扩展协议（2.0B）。标准 CAN 的标识符长度是 11 位，而扩展格式 CAN 的标识符长度可达 29 位。CAN 协议的 2.0A 版本规定 CAN 控制器必须有一个 11 位的标识符。同时，在 2.0B 版本中规定 CAN 控制器的标识符长度可以是 11 位或 29 位。遵循 CAN 2.0B 协议的 CAN 控制器可以发送和接收 11 位标识符的标准格式报文或 29 位标识符的扩展格式报文。如果禁止 CAN 2.0B，则 CAN 控制器只能发送和接收 11 位标识符的标准格式报文，而忽略扩展格式的报文结构，但不会出现错误。

2.5.2　常用的 CAN 通信总线芯片

一般来说，CAN 总线控制器集成了 CAN 总线协议的全部功能。常见的 CAN 总线控制器有 Intel 公司的 82526/527，Philips 的 SJA1000 以及集成了 CAN 总线接口的单片机 P87C591，Motorola 的 MC33388/389/989 等。

比较广泛使用的接口芯片是 Philips 的 SJA1000。下面将对这个芯片做一些介绍。

SJA1000 是一款独立的控制器，用于汽车和一般工业环境中的控制器局域网络（CAN）。它是 Philips 的 PCA82C200 CAN 控制器（BasicCAN）的替代产品，而且它增加了一种新的工作模式（PeliCAN），这种模式支持具有很多新特性的 CAN 2.0B 协议。其主要特性如下：

（1）和 PCA82C200 独立的 CAN 控制器引脚兼容，电气兼容；用默认的 BasicCAN 模式。

（2）扩展的接收缓冲器（64 字节，先进先出 FIFO）。

（3）和 CAN 2.0B 协议兼容（PCA82C200 兼容模式中的无源扩展帧）。

（4）同时支持 11 位和 29 位识别码。

（5）位速率可达 1Mb/s。

（6）PeliCAN 模式扩展功能：可读/写访问的错误计数器；可编程的错误报警限制；有最近一次错误代码寄存器；对每一个 CAN 总线错误的中断；具体控制位控制的仲裁丢

失中断；单次发送（无重发）；只听模式（无应答、无主动的出错标志）；支持热插拔（软件实现的位速率检测）；验收滤波器扩展（4 字节代码，4 字节屏蔽）；自身信息接收（自接收请求）。

（7）24MHz 时钟频率。

（8）具有对不同微处理器的接口。

（9）可编程的 CAN 输出驱动器配置。

（10）增强的环境温度范围（-40～+125℃）。

2.5.3 CAN 通信总线硬件设计

SJA1000 的寄存器和引脚配置使它可以使用各种各样集成或分立的 CAN 收发器。由于有微控制器接口，所以在应用中可以使用不同的微控制器，如图 2-48 所示为 SJA1000 的内部原理图。

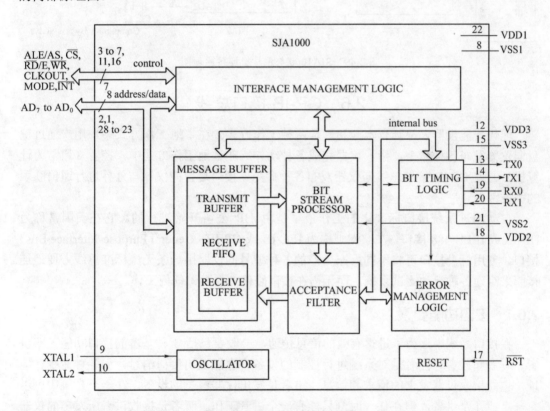

图 2-48　STA1000 内部原理图

为了连接到主控制器，SJA1000 提供一个复用的地址/数据总线和附加的读/写控制信号，SJA1000 可以作为主控制器外围存储器映射的 I/O 器件。

图 2-49 所示是一个包括 8051 单片机和 PCA82C250 收发器的典型 SJA1000 应用，CAN 控制器功能像是一个时钟源，复位信号由外部复位电路产生。在这个例子里，SJA1000 的片选由微控制器的 $P_{2.7}$ 口控制，也可以将片选输入接到 VSS，当然也可以通过地址译码器来控制片选。

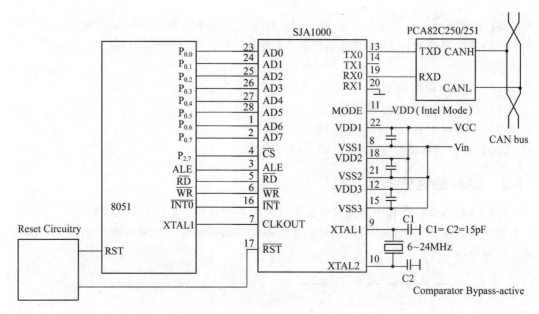

图 2-49　SJA1000 与单片机连接原理图

2.6　GP-IB 接口总线

现代智能仪器大都具有本地和远地两种工作方式。在本地工作方式中，用户通过键盘向仪器发布各种命令，指示仪器完成各种动作。在远地工作方式中，控者（通常为计算机）通过 GP-IB 接口总线向仪器发布各种命令。接口是智能仪器与外界进行通信联系的关键部件。

自动测试系统接口标准化的工作最早是由 HP 公司开始进行的。它在美国常称为HP-IB 或 IEEE-488 接口，在欧洲则称为 IEC-IB 或 GP-IB（General Purpose-Interface Bus）接口。使用标准接口可将不同厂家生产的各种型号的仪器用一条无源标准总线方便地连接起来组建各种自动测试系统，而无需在接口硬件方面再做任何工作。

2.6.1　接口功能要素

在接口系统中，为了进行有效的信息传递，一般要包括 3 种基本的接口功能，即讲者、听者和控者。控者是对系统进行控制的设备，它能发出接口消息，如各种命令、地址，也能接收仪器发来的请求和信息。讲者是发出仪器消息的设备。在一个系统中可以有一个或几个讲者，但在任一时刻只能有一个讲者工作。听者是接收讲者所发出的仪器消息的设备。在一个系统中可以有几个听者，且可以有一个以上的听者同时工作。在一个 GP-IB 系统中至少应具有一个讲者功能和一个听者功能以便传递信息。在自动测试系统中还应具备控者功能。一台仪器可具备 1、2 或 3 个功能。

所谓接口消息是指用于管理接口系统的消息，它只能在接口功能及总线之间传递，并为接口功能所利用和处理，而绝不允许传送到仪器功能部分去。仪器消息在仪器功能间传输，并由仪器功能所利用和处理。它不改变接口功能的状态。接口消息和仪器消息的传递范围如图 2-50 所示。

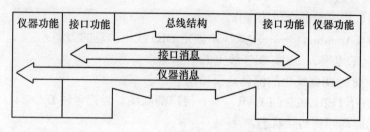

图 2-50　接口消息和仪器消息

2.6.2　接口的基本特性

GP-IB 接口系统的基本特性包括以下几方面：

（1）接口功能：共有 10 种，见下述。

（2）仪器容量：由于受发送器负载能力的限制，系统内仪器最多不得超过 15 台。

（3）连接方式：总线式连接，仪器直接并联在总线上，相互可以直接通信而无需通过中介单元，如计算机等。

（4）总线构成：由 16 条信号线构成，其中 8 条为数据线，3 条挂钩（Handshake）线，5 条管理线。

（5）地址容量：听地址 31 个，讲地址 31 个，地址容量可扩展到 961 个。

（6）数传方式：位并行，字节串行，双向异步传输。

（7）数传距离：最大传输距离为 20m，或者仪器数乘分段电缆长度总和不超过 20m。

（8）数传速度：一般可达 250～500KB/s，最高达 lMB/s（当采用三态发送器时）。

（9）控制转移：若系统中有多个控者，则可根据测试要求，在某一时间内选择某个控制器起作用。

（10）消息逻辑：在总线上采用负逻辑。

2.6.3　总线结构

总线共有 16 条信号线，按其功能可分别讨论如下：

1）数据总线

由 8 条 DIO 线构成，用来传递各种多线消息。

2）挂钩线

共有 3 条，用以保证信息的可靠传输。

（1）DAV（DATA VALID）——数据有效线。当 DAV 线的逻辑状态为"1"（低电平）时，表示 DIO 线上的消息是有效的；当 DAV=0 时表示 DIO 线上即使有信息也是无效的。

（2）NRFD（NOT READY FOR DATA）——未准备好接收数据线。当 NRFD=1（低电平）时，表示系统中至少有一个听者未准备好接收数据；当 NRFD=0 时，表示全部听者均已做好接收数据的准备。

（3）NDAC（NOT DATA ACCEPT）——数据未收到线。当 NDAC=1（低电平）时，表示系统中至少有一个听者未完成接收数据；当 NDAC=0（高电平）时，表示全部听者均已完成接收数据。

3）接口管理线

共有 5 条，用以管理接口的工作。

（1）ATN（Attention）——注意线，规定 DIO 线上消息的类型：

ATN＝1（低电平），规定 DIO 线上的消息是接口消息。

ATN＝0，规定 DIO 线上的消息是仪器消息。

（2）IFC（INTERFACE CLEAR）——接口清除线。当控者使 IFC＝1（低电平）时，有关的接口功能均回到初始状态。

（3）REN（REMOTE ENABLE）——远地可能线。当控者使 REN＝1（低电平）时，被受命为听者的仪器有可能处于远地方式；当 REN＝0 时，仪器必定处于本地方式。

（4）SRQ（SERVICE REQUEST）——服务请求线。任何一个具有服务请求功能的仪器可以发出 SRQ=1（低电平）信号，向控者提出服务请求，要求控者对各种异常事件进行处理。

（5）EOI（END OR IDENTIFY）——结束或识别线。该线与 ATN 线配合使用，起下列两种作用：

① 当 EOI＝1、ATN＝0 时，表示讲者已传递完一组字节消息。

② 当 EOI＝1、ATN＝1 时，表示控者执行并行点名识别操作。

2.6.4　消息及其编码

如前所述，按用途来分，消息可分为接口消息和仪器消息两大类。若按来源来分，消息又可分为远地消息和本地消息两种。远地消息是经总线传递的消息，它可以是接口消息也可以是仪器消息，用 3 个大写字母来表示，如 MLA（我的听地址）、LLO（本地封锁）等；本地消息是由仪器本身产生且只能在仪器内部传递的消息，用 3 个小写字母来表示，如 lon（只听）、pon（电源开）等。本地消息不能传递到总线上。

若按消息传递所需的信号线数目来分，则可分为多线消息和单线消息两种。多线消息是由多条信号线编码传递的消息，如各种通用命令、寻址命令、地址等。单线消息是由一条信号线传递的消息，例如 IFC、DAV 等。

多线仪器消息与仪器特性密切相关，因而难于做出统一的规定，由设计者自己选择，只要求其编号格式能被有关仪器识别。但对多线接口消息的编码格式应做统一规定，以确保接口的通用性。

多线接口消息采用 ISO—646《信号处理与交换用的 7 比特编码字符组》编码，相当于我国的 SJ—939—75《信号处理交换用 7 单位字符码组》，或美国的 ASC II 码。

多线接口消息分为通用命令、寻址命令和地址三大类。

（1）通用命令（UC）。它是由控者发布的命令，一切仪器必须听，并遵照执行。其编码格式为 X001XXXX，共有 5 条通用命令。

（2）寻址命令（AC）。它也是由控者发布的命令，但只有被寻址的仪器才能听，例如 SDC（选择仪器清除）。指令的编码格式为 X00XXXX，共有 5 条指令。

（3）地址。它分为听地址、讲地址和副地址，其编码格式分别为：

听地址：$X01L_5L_4L_3L_2L_1$

讲地址：$X10T_5T_4T_3T_2T_1$

副地址或副指令：$X11S_5S_4S_3S_2S_1$

对既有听功能又有讲功能的仪器，可以采用同一地址码。例如听地址为 0100101，讲地址为 1000101。

表 2-8 列出了通用命令、寻址命令、副令及其编码。

表 2-8　多线接口消息

	名　称	代　号	编　码
通用命令	本地封锁	LLO	X001 0001
	仪器清除	DCL	X001 0100
	串行点名可能	SPE	X001 1000
	串行点名不可能	SPD	X001 1000
	并行点名不编组	PPU	X001 0101
寻址命令	群执行触发	GET	X000 1000
	进入本地	GTL	X000 0001
	并行点名编组	PPC	X000 0101
	选择仪器清除	SCD	X000 0100
	取控	TCT	X000 1001
地址	听者地址	LAD（MLA）	$X01L_5L_4L_3L_2L_1$
	讲者地址	TAD（MTA）	$X10T_5T_4T_3T_2T_1$
高地址和副令	副地址	SAD	$X11S_5S_4S_3S_2S_1$
	并行点名不可能	PPD	$X111D_4D_3D_2D_1$
	并行点名可能	PPE	$X110SP_3P_2P_1$

2.6.5　三线挂钩过程

为保证消息可靠地异步传递，在 GP-IB 接口系统中，每传递一个数据字节，不管它是仪器消息还是接口消息，在源方（讲者或控者）与受方（听者）之间必须进行一次三线挂钩过程。图 2-51 表示在一个听者与一个讲者之间传送数据的三线挂钩时序。

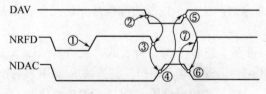

图 2-51　三线挂钩的简单时序

假定地址已发送，听者和讲者均已受命，讲者正要讲，听者即将听。听者通过 NRFD 线发出高电平①，表示做好接收数据的准备。于是讲者把数据放在数据总线（DIO）上，在经过一定的延时以使总线上的数据稳定后，讲者把 DAV 线变为低电平②，向听者表示数据已有效。

一旦听者检出 DAV=1（低电平），就准备接收数据，同时把 NRFD 线变为低电平③

以示响应。当听者已把数据选通到它的内部缓冲器后，把 NDAC 线变为高电平④，表示已接收数据。

当讲者检出 NDAC=0（高电平）后，发出 DAV=0 （高电平）⑤，向听者指出总线上的数据不再有效。当听者检出 DAV=0 后，发出 NDAC=1（低电平）⑥，表示知道数据已从总线上移开。然后听者又发出 NFRD=0（高电平）⑦，准备接收下一个数据，一次三线挂钩完成。

2.6.6　接口功能设置

前面已述一个自动测试系统必须具备控者、讲者和听者功能。同时为使信息可靠传递，每传递一个数据字节必须进行一次三线挂钩，因此必须设置源挂钩（SH）功能和受者挂钩（AH）功能。源挂钩功能为讲者功能和控者功能服务，受者挂钩功能主要为听者功能服务。源挂钩功能利用 DAV 线向受者挂钩功能表示数据是否有效；而受者挂钩功能则利用 NRFD 线和 NDAC 线表示是否已经准备好接收数据和是否已经接收到数据。

在测试过程中还可能出现种种事先不能估计的问题，如量程溢出、振荡器停振等。出现问题的仪器必须主动向控者提出请求以进行相应处理。为此增设了第 6 种功能，称为"服务请求功能"（SR 功能）。

当控者收到服务请求后，知道系统中至少有一台仪器因某种原因而需要服务，但还不能确定为哪台仪器进行何种服务，为此可进行"串行点名"。串行点名的过程是控者对仪器逐台进行查询。首先询问仪器 1 是否需要服务；若仪器 1 回答否，则询问仪器 2；若仪器 2 回答否，则询问仪器 3；……。如此继续下去，直到查出要求服务的仪器及故障内容为止。

串行点名的缺点是由于逐台查询因而速度比较慢，为此增设了第 7 种功能——并行点名功能（PP 功能）。这时控者可同时查询 8 台仪器，因而速度较快。

第 8 种接口功能是"远地/本地功能"（RL 功能）。RL 功能使仪器能根据远地或本地消息来选择远地或本地工作方式。

第 9 种功能是仪器触发功能（DT 功能），该功能在仪器收到"群执行触发"（GET）命令后，产生一个内部触发信号，以启动有关的仪器功能进行工作。

第 10 种功能是仪器清除功能（DC 功能）。当仪器收到"仪器清除"（DCL）或"选择仪器清除"（SDC）命令时产生一个内部清除信号，使某些仪器功能受到清除，回到初始状态。

总之，GP-IB 接口设置了控者（C）、听者或扩展听者（L 或 LE）、讲者或扩展讲者（T 或 TE）、受挂钩（AH）、源挂钩（SH）、服务请求（SR）、并行点名（PP）、远地 / 本地（RL）、仪器触发（DT）和仪器清除（DC）等 10 种功能。

2.7　无线数据传输和 PTR2000 的应用

无线数据传输是数据通信系统中经常采用的另一种数传方式。在某些应用场合，利用无线技术更方便。例如对于运动构件上的传感器信号的采集，由于传感器空间位置不固定，使得通过电缆引出信号变得很不可靠，甚至根本不可能。在这种情况下，比较好的解决方案就是采用无线数据传输技术。

2.7.1　调制解调器技术简介

无线数据传输的核心技术就是调制解调技术。所谓调制就是使代表信息的原始信号经过一种变换来进行传输，以使所传信息的原始信号（基带信号）能利用现有的传输模拟信号为主体的通信网进行传输，这种变换就是调制。由于调制信号的 3 个参量（幅度、频率和相位）都能携带信息，因此有相应的调幅、调频和调相 3 种基本的调制形式。实现上述调制过程的设备叫调制器；从已调波中恢复调制信号的过程叫解调。一般将调制器和解调器做成双向设备，称为调制解调器。

1. 调制解调器的功能

微机之间进行的通信必须借助于传输媒介，即传输信道。当前普遍存在的电话通信网是模拟信道，传输的是模拟信号，呈带通或频带受限的低通特性。而微机输出的数字信号所包含的频率成分较多、频带较宽并且含有直流和大量的低频成分而不能直接通过电话信道传输。若要通过电话信道传输数字信号，必须采取一定的措施，方法是调制和解调。具体地说，调制过程是在发送端把数字信号变换成能被模拟信道传输的模拟信号，这是一种 D/A 变换过程，完成调制功能的设备是调制器；解调过程是在接收端再把接收到的模拟信号转换成数字信号，这是一种 A/D 变换过程，完成解调功能的设备是解调器。调制和解调是一个事物的两个方面，缺一不可，因而把能实现信号调制和解调双重功能的设备称为调制解调器（MODEM）。

2. 调制解调器的构成

调制解调器的构成框图如图 2-52 所示。

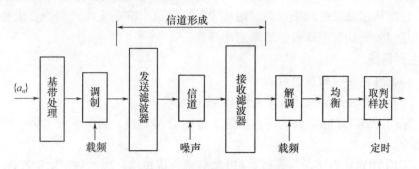

图 2-52　调制解调器的构成框图

调制解调器主要由基带处理、调制解调和信道形成三大部分组成。调制解调是调制解调器的核心，此外还有均衡和取样判决两部分。下面简单加以说明。

（1）基带处理是在调制之前对数字信号进行的一些处理，用于消除码间干扰和适应不同调制方式的需要（如调相方式需要双极性码）。基带处理实际上是一种码型变换，因而也叫做基带波形形成。

（2）信道形成是滤波器取出信号调制频谱并形成系统所要求的调制波形的过程，主要由收发滤波器完成。其中发送滤波器取出适合信道传输的调制频谱，该频谱经信道传输后，接收滤波器从中取出有用频谱并滤除噪声。

（3）调制解调由乘法器实现，基本过程是：数据信号与载波相乘（调制），送入信道传输，接收端接收后还原出原数据信号（解调）。

（4）均衡设备用于消除因信道特性不理想而造成的失真，取样判决器用于正确恢复出原来的数据信号。

2.7.2　PTR2000 无线收发 MODEM 的应用

调制解调器的模块种类很多，下面仅以 PTR2000 为例做一简要的介绍。

PTR2000 是一种新型的单片无线收发数传 MODEM 模块，该器件为超小型模块器件，具有超低功耗、高速率（19.2Kb/s）无线收发数传功能，且性能优异、使用方便，可广泛应用于无线数传产品的设计领域。本节介绍 PTR2000 的主要特点、引脚功能、软件设计及具体的应用电路。

1．概述

无线收发一体数传 MODEM 模块 PTR2000 芯片性能优异，在业界居领先水平，它的显著特点是所需外围元件少，因而设计非常方便。该模块在内部集成了高频接收、PLL 合成、FSK 调制/解调、参量放大、功率放大、频道切换等功能，因而是目前集成度较高的无线数传产品。

以往设计无线数传产品常需要相当的无线电专业知识和昂贵的专业设备，而且传统的电路方案不是电路太复杂就是调试困难而令人望而却步，以致影响了用户的使用和新产品的开发研制工作。PTR2000 的出现使人们摆脱了传统无线产品设计的困扰。PTR2000 采用抗干扰能力较强的 FSK 调制/解调方式，其工作频率稳定可靠、外围元件少、功耗极低且便于设计生产，这些优异特性使得 PTR2000 非常适合于便携及手持产品的设计。另外，由于它采用了低发射功率、高灵敏度设计，因而可满足无线管制的要求且无需使用许可证，是目前低功率无线数传的理想选择。

2．主要特征

（1）该器件将接收和发射合为一体。

（2）工作频率为国际通用的数传频段 433MHz。

（3）采用 FSK 调制/解调，可直接进入数据输入/输出，抗干扰能力强，特别适合工业控制场合。

（4）采用 DDS（直接数字合成）+PLL 频率合成技术，因而频率稳定性极好。

（5）灵敏度高达-105dBm，开阔地时的使用距离最远可达 1000m。

（6）工作电压低（2.7V），功耗小，接收状态电流 250μA，待机状态电流仅为 8μA。

（7）具有两个频道，可满足需要多信道工作的场合。

（8）工作速率最高达 20Kb/s（也可在较低速率下工作，如 9600b/s）。

（9）超小体积，约 40mm×27mm×5mm。

（10）可直接与 CPU（如 8031）的串口进行连接，也可以用 RS-232 与计算机接口，软件编程非常方便。

（11）标准的 DIP 引脚间距，更适合于嵌入式设备。

（12）由于采用了低发射功率、高接收灵敏的设计，因此使用时无需申请许可证。

3. 引脚排列及功能

PTR2000 模块的引脚排列如图 2-53 所示。各引脚的功能说明如下：

VCC：电源输入端，电压范围为 2.7～5.25V。

CS：频道选择端。CS=0 时，选择工作频道 1，即 433.92MHz；CS=1 时选择工作频道 2，即 434.33 MHz。

DO：数据输出端。

DI：数据输入端。

GND：电源地。

PWR：节能控制端。当 PWR=1 时，模块处于正常工作状态，PWR=0 时，模块处于待机微功耗状态。

TXTN：发射/接收控制端。当 TXTN=1 时，模块为发射状态；当 TXTN=0 时，模块被设置为接收状态。

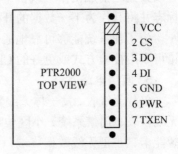

图 2-53　PRT2000 的引脚排列

PTR2000 可与所有单片机（如 80C31、2051、68HC08、PIC、Z8 等）配合使用，可直接接单片机的串口或 I/O 口，也可与计算机串口进行通信，此时需要在中间简单地接一个 RS-232 电平转换芯片，如 MAX232 等。

4. 软件编程注意事项

在软件编程过程中，对 PTR2000 的工作模式和工作频道的选择尤为重要，表 2-9 列出了该模块的工作模式控制及工作频道的选择方式。

表 2-9　模块工作模式控制及工作频道选择方式表

模块接脚输入电平			模块状态	
TXEN	CS	PWR	工作频道号	器件状态
0	0	1	1	接收
0	1	1	2	接收
1	0	1	1	发射
1	1	1	2	发射
x	x	0		待机

1）发送

PTR2000 的通信速率最高为 20Kb/s，也可工作在其他速率如 4800b/s、9600b/s 下。

在发送数据之前，应将模块先置于发射模式，即 TXEN=1。然后在等待至少 5ms 后（接收到发射的转换时间）才可以发送任意长度的数据。发送结束后应将模块置于接收状态，即 TXEN=0。发射到接收的转换时间为 5ms。

2）接收

接收时应将 PTR2000 置于接收状态，即 TXEN=0。然后将接收到的数据直接送到单片机串口或经电平转换后送到计算机。

3）待机

当 PWR=0 时，PTR2000 进入节电待机模式，此时的功耗大约为 8μA，但在待机模式下不能接收和发射数据。

PTR2000 除了应注意在发送、接收和待机模式下的编程外，还需注意在无信号时，PTR2000 的串口输出的是随机数据，此时可定义一个简单的通信协议。如在发送时，在有效数据之前加两个（或多个）字节的固定标志，以便在接收一方的软件中检测该固定标志并将其作为下一数据的开始。

为了使系统能够可靠地通信，在编程时应设计通信协议，并应考虑数据的纠错，检错可采用校验方式或更好的 CRC 校验方式。

5. 应用电路

单片无线收、发一体无线数传模块 PTR2000 可广泛用于遥控、遥测、小型无线网络、无线抄表、门禁系统、小区传呼、工业数据采集系统、无线标签、身份识别、非接触 RF 智能卡、小型无线数据终端、安全防火系统、无线遥控系统、生物信号采集、水文气象控制、机器人控制、无线 232/422/485 数据通信、数字音频、数字图像传输等系统。

图 2-54 是 PTR2000 的一种具体应用框图。图中 MCU 可以是 8031、2051、68HC08、PIC16C、Z8 等，连接时应将 PTR2000 无线 MODEM 的 DI 端接单片机串口的发送端，DO 接单片机串口的接收端。

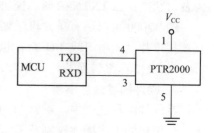

图 2-54　PTR2000 典型应用之一

利用单片机的 I/O 可以控制模块的发射、频道转换和低功耗模式。

如果直接将 PTR2000 与计算机串口连接，则可用 RTS 来控制 PTR2000 无线 MODEM 模块的收/发状态转换（RTS 需经电平转换）。

图 2-55 的接收和发射系统可完成数据采集的点对点传输，适用于工业控制、数据采集、无线键盘、无线标签、身份识别等系统中。

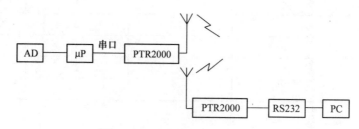

图 2-55　PTR2000 典型应用之二

利用图 2-56 所示电路可以构成点对多点的双向数据传输通道，该系统可用于无线抄表、无线数传等。

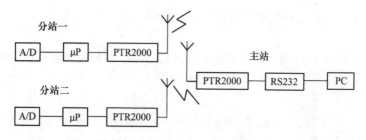

图 2-56　PTR2000 典型应用之三

习题与思考题

1. RS-232C 的逻辑 1 与逻辑 0 的电平范围是多少？如何实现与 TTL 电平的转换？

2. RS-232C 和 RS-485 标准的接口信号线有哪几类？其中主要信号线是什么？

3. I^2C 总线、USB 总线、SPI 总线有什么异同？

4. 简述 USB 总线的特点及优越性。

5. 简述 CAN 总线的基本特性。

6. GP-IB 总线总共有多少条数据线？它们又可分为哪几类？

7. 什么是三线挂钩？试说明三线挂钩的过程。

8. GP-IB 总线共设置了哪几种接口功能？

9. 某系统包含两片 89C51 单片机，它们之间通过 P_1 口进行通信。借鉴 GP-IB 总线中的三线挂钩原理，设计一个简单的并行通信接口和相关的通信子程序。

10. 简述无线数据传输的原理及特点。

11. 利用 PTR2000 设计一分布式测控系统的无线数据采集-传输模块。数据采集模块的数据通过无线方式传输后，最终要通过 RS-232 口传输到微机中。

第3章　预处理电路及数据采集

3.1　概　　述

智能仪器内含微机或单片机，它是一种典型的微机应用系统或嵌入式系统。众所周知，电子计算机只能处理数字信号，而实际世界存在大量的模拟信号，如温度、压力、语音、图像亮点的亮度等。因此，用计算机对模拟世界实行控制时，首先必须把模拟信号转换为数字信号，然后经计算机对数字信号进行种种处理后，最后把数字信号还原成模拟信号，输出到模拟世界。

图 3-1 表示一个以微型机为基础的数据采集和处理系统的框图，其中各部分的作用说明如下。

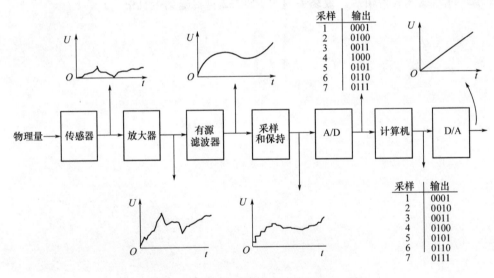

图 3-1　微型机控制的数据采集和处理系统

传感器将非电量转换为电量。若电信号太小，则用放大器进行放大。滤波器将信号中不希望的频率分量滤除。采样电路在指定时刻对输入信号进行采样，并由保持电路将采样电平保持下来成为时间离散信号。A/D 转换器对时间离散信号的幅度进行量化，输出幅度和时间均离散的数字信号，存储于计算机的存储器中。至此，系统已完成了从实际世界获得模拟量、对它们进行预处理、转换成数字量并存于存储器等一系列操作。这一全过程称为数据采集或数据获取（Data Acquisition）。计算机将获取的数据进行种种处理后，由 D/A 转换器将数字信号转换成模拟信号，并输出到实际世界进行各种控制，或者将数字信号进行显示、记录等。由此可见，A/D 和 D/A 转换器是计算机和模拟世界进行联系的关键部件。A/D 转换器对智能仪器的重要性还有另一个原因，这就是有一类重要的电子仪器——数字电压表其本身就是 A/D 转换器，而通过 D/A 转换器可以设计出各种任意波形信号发生器。因此，本章先简要介绍传感器及其应用，模拟通道中小信号放大电路，接着主要介绍 A/D、D/A 转换器与单片机的接口技术，最后介绍数据采集技术。

3.2 传感器及其应用

3.2.1 传感器基础知识

1. 传感器概述

传感器技术与现代化生产和科学技术紧密相关，几乎渗透到人类活动的各种领域，发挥着越来越重要的作用。尤其是在世界信息技术第三次浪潮——物联网汹涌掀起的今天，更凸显出其重要地位。它是物联网的基础技术之一，处于物联网构架的感知层，在物联网时代它的踪影随处可见。

传感器是一种能把特定的被测信号，按一定规律转换成某种"可用信号"输出的器件或装置，以满足信息的传输、处理、记录、显示和控制等要求。这里的"可用信号"是指便于处理、传输的信号，一般为电信号，如电压、电流、电阻、电容、频率等。我们生活中经常使用各种各样的传感器，它们是利用各种物理、化学、生物效应等，实现对被测信号的测量。因此传感器中包含两个不同的概念，一是检测信号；二是能把检测的信号转换成一种与被测信号有对应的函数关系且便于传输和处理的物理量。所以，传感器也经常称为变换器、转换器、换能器等。在物联网中，传感器处于研究对象与检测系统的接口位置，是感知、获取与检测信息的窗口，它提供物联网系统赖以进行决策和处理所必需的原始数据。

传感器的基本特性有静态特性和动态特性。静态特性是指被测量的值处于稳定状态时的输出和输入关系。衡量静态特性的重要指标是线性度、灵敏度、迟滞和重复性等。动态特性是指输出对随时间变化的输入量的响应特性。一个动态特性好的传感器，其输出将再现输入量的变化规律，即具有相同（理想化的情况）的时间函数。

2. 传感器的组成

传感器的作用主要是感受和响应规定的被测量，并按一定规律将其转换成有用输出，特别是完成从非电量到电量的转换。传感器的组成并无严格的规定。一般说来，可以把传感器看作由敏感元件和变换器两部分组成，如图 3-2 所示。

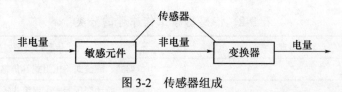

图 3-2　传感器组成

1）敏感元件

并非所有的非电量都能利用现有的技术手段直接变换为电量，有的必须将待测的非电量变为易于转换成电量的另一种非电量。这种能完成预变换的器件称为敏感元件。

2）变换器

能将感受到的非电量变换为电量的器件称为变换器。例如，可以将位移量直接变换为电容、电阻及电感的变换器，能直接把温度变换为电势的热电偶变换器。显然，变换器是传感器不可缺少的重要组成部分。

实际上，由于有一些敏感元件直接就可以输出变换后的电信号，而一些传感器又不包括敏感元件在内，故常常无法将敏感元件与变换器严格加以区别。

如果把传感器看作一个二端口网络，则其输入信号主要是被测的物理量（如长度、压力等）时，必然还会有一些难以避免的干扰信号（如温度、电磁信号等）输入。严格地说，传感器的输出信号可能为上述各种输入的复杂函数。就传感器设计来说，希望尽可能做到输出信号仅仅是（或分别是）某一被测信号的确定性单值函数，且最好呈线性关系。对使用者来说，则要选择合适的传感器及相应的电路以保证整个测量设备输出信号的唯一性，从而正确地反映某一被测量的大小，并且对其他干扰信号能加以抑制或对其不良影响能设法加以修正。

传感器可以是无源的网络，也可以是有源的系统；可以是带反馈的闭环系统，也可以是不带反馈的开环系统；也可能包含变换后信号的处理及传输电路甚至包括微处理器CPU。

3. 传感器的分类

传感器的分类方法很多，国内外尚无统一的分类方法，一般按如下几种方法进行分类。

1）按输入被测量分类

这种方法是根据输入物理量的性质进行分类的。表 3-1 给出了传感器输入的基本被测量和由此派生的其他量，较明确地表达了传感器的用途，便于使用者根据不同的用途加以选用。

表 3-1　传感器按输入被测量的分类

基本被测量	派生的被测量	基本被测量	派生的被测量
热工量	温度、热量、比热、压力、压差、流量、流速、风速、真空度	物理量、化学量	气体（液体）化学成分、浓度、盐度、黏度、湿度、密度、比重
机械量	位移、尺寸、形状、应力、力矩、振动、加速度、噪声	生物量、医学量	心音、血压、体温、气流量、心电流、眼压、脑电波

2）按工作原理分类

这种分类方法以传感器的工作原理作为分类依据，比较清楚地表达了传感器的工作原理，如表 3-2 所列。

表 3-2　传感器按工作原理的分类

工作原理	传感器举例
变电阻	电位器式、应变式、压阻式等传感器
变磁阻	电感式、差动变压器式、涡流式等传感器
变电容	电容式、温敏式等传感器
变谐振频率	振动膜（筒弦、梁）式等传感器
变电荷	压电式传感器
变电势	霍耳式、热电偶式传感器

3）按输出信号形式分类

这种分类方法是根据传感器输出信号的不同来进行分类的，如图 3-3 所示。

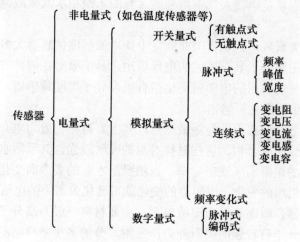

图 3-3　传感器按输出信号形式的分类

3.2.2　几种常用或新型传感器简介

1. 温度传感器

温度是表征物体冷热程度的物理量，温度传感器可用于家电产品中、汽车发动机和各种工业控制中。但是温度不能直接测量，只能通过物体随温度变化的某些特性来间接测量。

用来度量物体温度数值的标尺叫温标。它规定了温度的读数起点和测量温度的基本单位。目前国际上用得较多的温标有华氏温标、摄氏温标。温度传感器有各种类型，根据材料及电子元件特性，可分为热电阻和热电偶；根据敏感元件与被测介质接触与否，可分为接触式和非接触式两大类。

接触式温度传感器的检测部分与被测对象良好接触，又称温度计。温度计通过传导或对流达到平衡，从而使温度计的示值能直接表示被测对象的温度。一般测量精度较高。在一定的温度范围内，温度计也可测量物体内部的温度分布。但对于运动物体、小目标或热容量很小的对象，则会产生较大的测量误差。

非接触式温度传感器的敏感元件与被测对象互不接触，又称非接触式温度仪表，它可用来测量运动物体、小目标和热容量小或温度变化迅速对象的表面温度，也可测量温度场的温度分布。常用的非接触式温度仪表，基于黑体辐射的基本定律，称为辐射测温仪表。各类辐射测温方法只能测出对应的光度温度、辐射温度或比色温度，只有对黑体（吸收全部辐射并不反射的物体）所测温度才是真实温度，常用的温度传感器有 DS18B20 数字温度传感器、AD590 温度传感器等。

2. 湿度传感器

湿度是表征大气的干湿程度，通常用绝对湿度和相对湿度来表示。绝对湿度是指大气中水汽的密度，即单位大气中所含水汽的质量。由于直接测量水汽的密度比较复杂，而在一般情况下，水汽的密度与大气中水汽的压强数值十分接近，所以，通常大气的绝对湿度用大气的压强来表示。相对湿度是指空气中水汽压与饱和水汽压的百分比，即湿空气的绝对湿度与相同温度下可能达到的最大绝对湿度之比。降低湿度可使未饱和水汽变成饱和水汽，露点就是指使大气中原来所含有的未饱和水汽变成饱和水汽所必须降低的温度值。

湿度传感器种类繁多，在现代工业测量中使用的湿度传感器大多是水分子亲和力型传感器，它们是利用水分子具有较大的电偶极矩，易于吸附在固体表面并渗透到固体内部的特性制成的，目前常用的电学量变化型有机高分子湿度传感器，它们将温度的变化转换成阻抗或电容值的变化后输出。

电阻湿度传感器：敏感元件为湿敏电阻，其主要材料一般为电介质、半导体、多孔陶瓷、有机物及高分子聚合物。这些材料对水的吸附较强，其吸附水分的多少随环境湿度而变化。而材料的电阻率（或电导率）也随吸附水分的多少而变化。这样，湿度的变化可导致湿敏电阻组织的变化，电阻值的变化就可转化为需要的电信号。

电容湿度传感器：敏感元件为湿敏电容，主要材料一般为高分子聚合物、金属氧化物。这些材料对水分子有较强的吸附能力，吸附水分的多少随环境湿度而变化。由于水分子有较大的电偶极矩，吸水后材料的电容率发生变化，电容器的电容值也发生变化。同样，把电容值的变化转变为电信号，就可以对湿度进行测量。

常用的湿度传感器有线性电压输出式集成湿度传感器，典型产品为 HIH3605/3610、HM1500/1520 型湿度传感器；线性频率输出集成湿度传感器，典型产品为 HF3223 型湿度传感器；频率/温度输出式/集成湿度传感器，典型产品为 HTF3223 型湿度传感器。

3. 超声波传感器

声波是一种机械波，是机械振动在介质中的传播过程。频率在 20Hz～20kHz 之间能为人耳所听见的，称为可听声波；低于 20Hz 的称为次声波；高于 20kHz 称为超声波。即超声波是一种振动频率高于声波的机械波。它具有频率高、波长短、绕射现象小等特点，特别是方向性好、能够成为射线而定向传播。它对液体、固体的穿透本领很大，尤其是在阳光不透明的固体中可穿透几十米的深度。超声波碰到杂质或分界面，会产生显著反射，形成反射成回波，碰到活动物体能产生多普勒效应。利用超声波的特性可做成各种超声波传感器，在配上不同的电路，可制成各种超声仪器及装置，并在通信、医疗、家电等方面得到广泛应用。

超声波传感器主要材料有压电晶体及镍铁铝合金两类。压电晶体组成的超声波传感器，是一种可逆传感器，它可以将电能转变成机械振荡而产生超声波，同时它也能将接收到的超声波转变成电能，所以它可以分成发送器或接收器。有的超声波传感器既作发送也能作接收。

4. 气敏传感器

气敏传感器是指将被测气体浓度转换为与其成一定关系的电量输出的装置或器件。被测气体的种类繁多，它们的性质也各不相同。所以不可能用一种方法来检测各种气体，其分析方法也随气体的种类、浓度、成分和用途而异。现在实际使用最多的是半导体气敏传感器。

气敏传感器的主要参数与特性：

(1) 灵敏度：气敏元件对气体的敏感程度。

(2) 响应时间：气敏元件的反应速度。

(3) 选择性：气敏元件对不同的气体有不同的灵敏度。

(4) 稳定性：气敏元件的输出特性保持不变的能力。

(5) 温度特性：随温度变化而发生变化的特性。

(6) 湿度特性：随环境变化而发生变化的特性。

(7) 电原电压特性：电源电压发生变化时气敏元件特性也会发生变化。

由于半导体气敏元件具有灵敏度高、响应时间长、恢复时间短、使用寿命长和成本低等特点，所以半导体气敏传感器有很广的应用。由于气敏传感器是暴露在各种成分的气体中使用的，而检测现场温度、湿度的变化很大，又存在大量粉尘和油雾等，所以对气敏传感器有下列要求：能够检测报警气体的允许浓度和其他标准数值的气体浓度，能长期稳定工作，重复性好、响应速度快、共存物质所产生的影响小等。

5.光纤传感器

这是近年出现的新型器件，可以测量多种物理量，如声场、电场、压力、温度、角速度、加速度等，目前已经使用的光纤传感器可以测量物理量达 70 多种。光纤传感器还可以在恶劣的环境中完成现有的测量技术难以完成的测量任务，如在狭小的空间里、在强电磁干扰下、在高电压的环境里，光纤传感器都显示出来独特的能力。

光纤传感器分为两大类：一类为传感型（功能型）传感器，是利用光纤本身的某种敏感特性或功能制成的。根据光纤对环境变化的敏感性，将输入物理量变换为调制的光信号。即基于光纤的光调制效应，在外界环境因素，如温度、压力、电场、磁场等改变时，其传光特性，如相位与光强会发生变化。因此，如果能测出通过光纤的光相位、光强变化，就可以知道被测物理量的变化。另一类为传光型（非功能型）传感器，其光纤仅仅起传输光波的作用，必须在光纤端面或中间加装其他敏感元件构成的。

光纤声传感器就是一种利用光纤自身特性的传感器，当光纤受到外界很微小的外力作用时，就会产生微弯曲，而其传光能力发生很大的变化。声音是一种机械波，它对光纤的作用就是使光纤受力并产生弯曲，通过弯曲就能够得到声音的强弱。

光纤具有很多优异的性能，如径细、质软、重量轻、绝缘、耐水、耐高温、耐腐蚀、抗辐射等，它能够在人达不到的地方或对人有害的地区，起到人的耳目的作用，而且还能超越人的生理极限，接收人的感官所感受不到的外界信息。光纤传感器凭借着光纤的优异性能而得到广泛的应用，成为传感器家族中的后起之秀，在各种不同的测量中发挥着独到的作用。

6. 红外传感器

红外传感器也是一种现代新型传感器，它是利用红外线为介质的测量系统，是将红外辐射能转换成电能的一种光敏器件，通常称为红外探测器。按照探测机理可分为光子探测器和热探测器。

光子探测器是利用某些半导体材料在红外辐射下产生光子效益，使材料电学性质发生变化，通过测量电学性质的变化就可以确定红外辐射的强弱。

热探测器是利用入射红外辐射会引起敏感元件的温度变化，进而使其有关物理参数发生相应的变化，通过测量有关物理参数的变化就可以确定探测器所吸收的红外辐射。由一种高热电系数的材料制成探测元件，在热释电红外探测器内装入一个或两个探测元件，并将探测元件以反极性方式串联，以抑制由于自身温度升高而产生的干扰。由探测元件将探测并接收到的红外辐射转变成微弱的电压信号，再经安装在探头内的场效应管放大后向外输出。即热释电红外传感器是利用温度变化的特征来探测红外线的辐射，采用双灵敏元互补的方法抑制温度变化产生的干扰提高了传感器工作的稳定性。其产品应用广泛，如保险装置、防盗报警器、感应门、自动灯具、智能玩具等。

人体都有恒定的体温，一般为37℃，所以会发出特定波长10μm左右的红外线，被动式红外探头就是靠探测人体发射的10μm左右的红外线而进行工作的。人体发射的10μm左右的红外线，通过菲涅耳滤光片增强后聚集到红外感应源上。红外感应源通常采用热释电元件，这种元件在接收到人体红外辐射温度发生变化时就会失去电荷平衡，向外释放电荷，经后续电路检测处理后就能产生报警信号。一旦有人进入探测区域内，人体红外辐射通过部分镜面聚焦，并被热释电元件接收，但是两片热释电元件接收到的热量不同，热释电也不同，不能抵消经信号处理而报警。

红外无损探伤仪可以在对部件结构无任何损伤前提下检查部件内部缺陷。例如利用红外辐射探伤仪能检查两块金属板的焊接质量；利用红外探伤仪可检测金属材料的内部裂缝。当红外辐射扫描器连续发射一定波长的红外光通过金属板时，在金属板另一侧的红外接收器也同时连续接收到经过金属板衰减的红外光；如果金属板内部无断裂，辐射扫描器在扫描过程中，红外接收器收到的是等量的红外辐射；如果金属板内部存在断裂，则红外接收器辐射扫描器在扫描到断裂处时所接收到的红外辐射值与其他地方不一致，利用图像处理技术，就可以显示出金属板内部缺陷的形状。

7. 智能传感器

智能传感器就是具有信息处理功能的传感器。它带有微处理机，具有采集、处理、交换信息的能力，是传感器集成化与微处理机相结合的产物。它具有三个突出优点：通过软件技术可实现高精度的信息采集，而且成本低；具有一定的编程自动化能力；功能多样化。

智能传感器的构成框图如下：

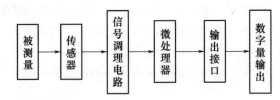

智能传感器的主要功能如下：

（1）自补偿和计算；

（2）自诊断功能；

（3）复合敏感功能；

（4）强大的通信接口功能；

（5）现场学习功能；

（6）提供模拟和数字输出；

（7）数值处理功能；

（8）掉电保护功能。

智能传感器的主要特点如下：

（1）一定程度的人工智能是硬件和软件的结合体，可实现学习功能，更能体现仪表在控制系统的作用。可以根据不同的测量要求，选择合适的方案，并能对信息进行综合处理，对系统状态进行检测。

（2）多敏感功能将原来分散的、各自独立的单敏传感器集成为具有多敏功能的传感器，能同时测量多种物理量和化学量，全面反映被测量的综合信息。

（3）精度高、测量范围宽，随时检测出被测量的变化对检测元件特性的影响，并完成各种运算，其输出信号更为精确，同时其量程比可达 100:1，最高达 400:1，可用一个智能传感器应付很宽的测量范围，特别适用要求量程比大的控制场合。

（4）通信功能可采用标准化总线接口，进行信息交换，这是智能传感器的标志之一。例如基于 IEEE 1451 的网络化智能传感器。

IEEE 1451 一种新的通用智能化传感器接口标准，它为即插即用智能传感器与现有的各种总线提供了通用的接口标准。

制定标准的目的：开发一种软硬件连接方案，将智能变送器连接到网络或直接支持现有的各种网络技术，包括各种现场总线、因特网等；为不同厂家生产的传感器提供具有即插即用功能的智能传感器接口。

智能传感器的标准体系构架：按照智能传感器的构成，标准体系构架可分为硬件系统、软件系统和产品技术要求。

硬件系统：包括敏感元件、网络接口规范、内部接口规范、供电标准、防爆要求、封装要求。其中，敏感元件按照其物理特性分为温度、湿度、压力、流量、加速度等，并对各种不同原理产品的特性指标、封装形式给出具体要求。网络接口规范分别规定了智能传感器的物理接口和数据接口要求。内部接口规范规定可智能传感器实现 IEEE 1451标准时的通信接口要求。

软件系统：包括系统软件规范和数据共享。其中，系统软件规范指智能传感器的编程规范等，数据共享指源数据和编码的格式要求、信息分类等，是与物联网衔接时的重要组成部分。

产品技术要求：按照被测参数不同，分为温度传感器、流量传感器、压力传感器、变送器等的具体技术要求，比如自校验、自诊断、信息决策等。

智能传感器发展趋势：

（1）向高精度发展；

（2）向高可靠性、宽温度范围发展；

（3）向微型化发展；

（4）向微功耗及无源化发展；

（5）向智能化数字化发展；

（6）向网络化发展。

3.2.3 传感器应用实例

1. AD590 电流输出式精密集成温度传感器

AD590 是由美国哈里斯（Harris）公司、模拟器件公司（ADI）等生产的恒流源式模拟温度传感器。它兼有集成恒流源和集成温度传感器的特点，具有测温误差小、动态阻抗高、响应速度快、传输距离远、体积小、微功耗等优点，适合远距离测温、控温，不需要进行非线性校准。

1）AD590 的性能特点与工作原理

AD590 属于采用激光修正的精密集成温度传感器。该产品有多种封装形式：TO-52 封装（测温范围-55～+150℃）、陶瓷封装（测温范围-55～+150℃）等。ADI 公司又于 2002 年推出 8 引脚的 SOIC 封装形式。不同公司产品的分挡情况及技术指标可能会有差异，例如由 ADI 公司生产的 AD590 就有 AD590 J/K/L/M 四挡。这类器件的外型与小功率晶体管相仿，共有 3 个引脚：1 脚为正极，2 脚为负极，3 脚接管壳。使用时将 3 脚接地可起到屏蔽作用。该系列产品以 AD590M 的性能为最佳，其测温范围是-55～+150℃，最大的非线性误差为±0.3℃，响应时间仅 20μs，重复性误差低至±0.05℃，功率约 2mW。AD590 的外形和电路符号如图 3-4 所示。

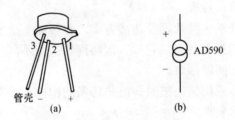

图 3-4　AD590 的外形及符号

(a) TO-52 封装的外形；(b) 符号。

2）AD590 远程测温电路

图 3-5 所示电路可以测量千米之外的温度。当温度为-55～+100℃时，电路的输出电压以 100mV/℃的规律变化，输出为-5.5～+10V。电路中测温元件采用 AD590，其温度变化的输出电流经屏蔽线，并通过屏蔽线两侧的 RC 环节滤除干扰，再流过 1kΩ 电阻，产生 1mV 的电压加在放大器的输入正端。AD590 直接输出的为绝对温度，为了以摄氏温度读出，需要在放大器的负端加上 273.2mV 电压，这一电压由 LM1403 经电阻分压产生。实际应用中屏蔽线只能一端接地，若两端同时接地，将形成噪声电流窜至芯线引起干扰。

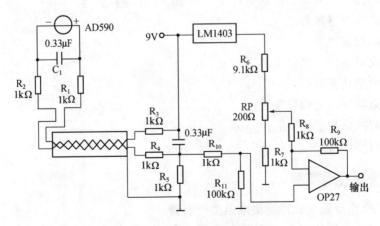

图 3-5　AD590 远程测温电路

2．LM35 系列电压输出式集成温度传感器

集成温度传感器 LM35 的灵敏度为 10mV/℃，即温度为 10℃时，输出电压为 100mV。常温下测温精度绝对值为 0.5℃以内，消耗电流最大也只有 70μA，自身发热对测量精度影响也只在 0.1℃以内。采用+4V 以上单电源供电时，测量温度范围为 2～150℃；而采用双电源供电时，测量温度范围为-55～150℃（金属壳封装）和-40～110℃（TO-92 封装）。外形如图 3-6 所示。

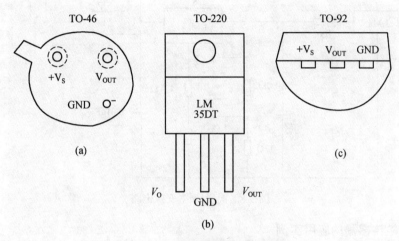

图 3-6　LM35 封装形式及引脚图

下面介绍两个应用电路。

1）-20～+100℃测温电路

利用 LM35 或 LM45 温度传感器及二极管 1N914 可以组成单电源供电的测温电路（一般需要正负电源）。输出电压 $V_o=10\text{mV}\times t$（t 为测量温度值），温度测量范围为-20～+100℃。电路如图 3-7 所示。

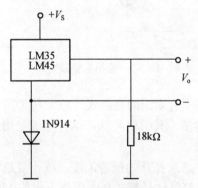

图 3-7　温度传感器测温电路

2）温度/频率变换电路

利用 V/F 变换器 LM131 芯片、集成温度传感器 LM35 或 LM45 及光电偶合器 4N128 组成输入输出隔离的温度/频率变换电路。其温度测量范围为 25～+100℃，响应的频率输

出为 25～1000Hz。由 5kΩ 电位器来调整，使 100℃时电路输出为 1000Hz。利用光电偶合器作为输入输出隔离，进行电平转换，电路如图 3-8 所示。

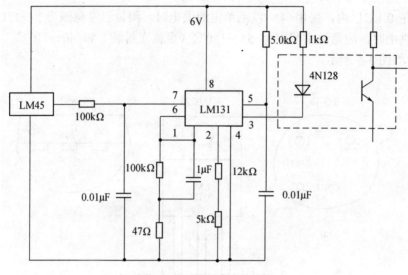

图 3-8　温度/频率变换电路

3．气敏传感器的应用实例

图 3-9 所示为一种简单的家用报警器电路。

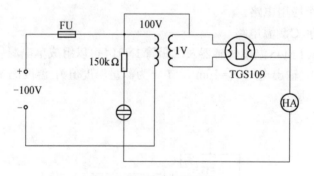

图 3-9　家用报警器电路

气敏元件采用测试电路中有高压的直热式气敏元件 TCS109。当室内气体增加时，由于气敏元件接触到可燃气体多，其阻值降低，这样电流就增加，便直接驱动蜂鸣器进行报警。

设计报警器时应十分注意选择开始报警浓度，既不要选得过高也不要选得过低。一般情况下，对于甲烷、丙烷等气体，都选择在爆炸下限的 1/10 在家庭用报警器中，考虑到温度、湿度和电源电压的影响，开始报警浓度应有一定的范围，出厂前按标准条件调整好，以确保环境条件变化时，不至于发生误报或漏报。使用气体报警器可根据使用气体的种类不同，分别安放在易检测气体泄漏的地方。这样就可以随时检测气体是否漏气，一旦泄漏的气体达到一定危险程度，便自动产生报警信号报警。

3.3 模拟信号放大电路

3.3.1 模拟信号放大及集成运放简介

被测物理量经传感器转换得到的电信号（如电流、电压等）的幅度往往很小，无法进行 A/D 转换，因此需对这些模拟电信号进行放大处理。为使电路简单，一般都采用集成运算放大器简称集成运放，它是一种高输入阻抗、低输出阻抗、高放大倍数且便于调试的优质放大器，如图 3-10 所示。

图 3-10　集成运放示意图

1. 集成运放简介

集成运放内部电路通常由偏置电路、差动输入电路、中间放大器级、输出及过载保护电路组成。运放的开环放大倍数可达 10^4；当它构成闭环负反馈放大电路时，其电压放大倍数只取决于外加电阻值的比值，与运放本身参数无关，安装调试十分简单。

在分析运放时，一般将它看成理想运放。通常认为理想运放的开环放大倍数为无穷大，输入偏置电流为零，输入电阻为无穷大 $(r_i \approx \infty)$，输出电阻为零 $(r_0 = 0)$，失调电压和失调电流及温漂为零。

μA741（相当于国产 F007）是一种通用、价廉的集成运放，在小信号（mV 级）放大中经常使用。另外还有 324、CA3140、LM347 等一般运放芯片都经常使用。

在数据采集系统中，来自传感器的微弱信号往往要用漂移和失调极小的高精度放大器进行放大。例如，0～20mV 的三位半数字电压表上的一个数字（20mV/1999）等效于 10μV，这就要求放大器的失调电压和全温度范围内温漂和时漂要小于 10μV，否则将无法测量。这种情况下就不能采用一般的通用型运算放大器（其失调电压达 1～10mV），而只能用诸如 OP07、ICL7650 这一类高精度、低温漂的运算放大器。

LM124/LM224/LM324 是一种单片高增益四运算放大器，在较宽电压范围内的单电源或双电源下工作，其电源电流很小且与电源电压无关。4 个运放一致性好，输入偏流电阻是温度补偿的，也不需外接频率补偿，可做到输出电平与数字电路兼容。LM124/LM224/LM324 这 3 种四运放的内部结构、封装形式及引脚排列完全相同。其中 LM124 为军品，工作温度范围为-55～125℃；LM224 为工业用品，工作温度范围为-25～85℃；LM324 为民用品，工作温度范围为 0～70℃，LM324 既可双电源供电（±1.5～±16V），也可单电源供电（+3～+32V），其器件引脚图如图 3-11 所示。

用运放接成简单的小信号放大电路有两种基本接法，其电路如图 3-12 所示。

这两种电路接法较简单，可完成一般小信号放大。但当有较强共模干扰信号时，被测信号与干扰信号同时被放大，在这种情况下可采用测量放大器电路。它以差动输入形式，共模抑制能力很强，干扰信号将被抑制。

2. 测量放大器

在许多检测技术应用场合中，传感器输出的信号往往较弱，而且其中还包含工频、静电和电磁耦合等共模干扰，对这种信号的放大就需要放大电路具有很高的共模抑制比

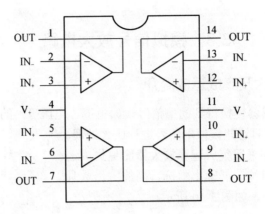

图 3-11　LM324 引脚图

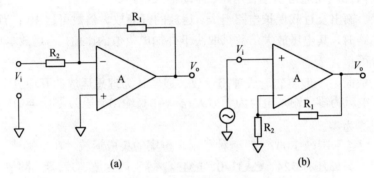

(a) 　　　　　　　　　　　(b)

图 3-12　用集成运放实现小信号放大电路

(a) 同相放大器；(b) 反相放大器。

以及高增益、低噪声和高输入阻抗。习惯上将具有这种特点的放大器称为测量放大器或仪表放大器。

图 3-13 为 3 个运放组成的测量放大器，差动输入端 V_1 和 V_2 分别是两个运算放大器（A_1、A_2）的同相输入端，因此输入阻抗很高。

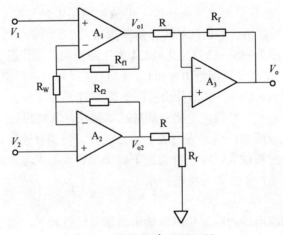

图 3-13　测量放大器原理图

由于采用对称电路结构，而且被测信号直接加入到输入端上，从而保证了较强的抑制共模信号的能力。A_3 实际上是一差动跟随器，其增益近似为 1。测量放大器的放大倍数由下式确定：

$$A_V = \frac{V_0}{V_2 - V_1}$$

$$A_V = \frac{R_f}{R}\left(1 + \frac{R_{f1} + R_{f2}}{R_w}\right)$$

在这种电路中，只要运放 A_1 和 A_2 性能对称（主要是输入阻抗和电压增益对称），其漂移将大大减小，具有高输入阻抗和高共模抑制比，对微小的差模电压很敏感，并适用于测量远距离传输过来的信号，因而十分适宜与微小信号输出的传感器配合使用。

R_w 是用来调整放大倍数的外接电阻，最好用多圈电位器。如果图 3-13 中左边两个运放采用 7650，这将是非常优质的放大器。

目前还有许多高性能的专用测量芯片出现，如 AD521/AD522 等也是一种运放，它具有比普通运放的性能优良、体积小、结构简单、成本低等优点。

3.3.2 放大电路实例

1. AD620 仪表放大器

AD620 是由典型的三运算放大器改进而成的一种单片仪表放大器，如图 3-14 所示。

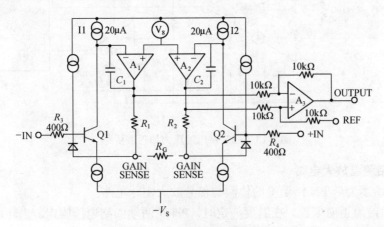

图 3-14 AD620 原理电路图

采用绝对值调整技术允许用户仅用一只电阻便可精确地设置增益（G=100 时增益精度达 0.15%）。单片结构和激光晶片修整技术允许电路元件紧密匹配和统调，从而保证了该电路固有的高性能。

为达到高精度，输入三极管 Q_1 和 Q_2 提供一个差分对双极性输入，超 β 工艺还提供低于 1/10 的输入偏置电流。通过 Q_1—A_1—R_1 环路和 Q_2—A_2—R_2 环路反馈保持输入器件 Q_1 和 Q_2 的集电极电流恒定，并且使输入电压加于外部增益设置电阻 R_G 上。从输入到 A_1/A_2 输出产生一差分增益，可以用 $G=(R_1+R_2)/R_G+1$ 表示。单位增益减法器 A_3 去除共模信号，并且相对参考电位产生单端输出。

R_G 值也决定前置放大级的跨导。R_G 减小，增益增大，跨导逐渐增加到输入三极管的值。它有 3 个主要优点：

（1）设置增益增加，开环增益随之增加，从而降低了增益的误差。

（2）增益带宽乘积（由 C_1、C_2 和前置放大器跨导决定）随设置增益而增加，因此优化了频率响应。

（3）输入电压噪声降低到 $9\text{nV}/\sqrt{\text{Hz}}$，主要由输入器件的集电极电流和基极电阻决定。

内部增益电阻 R_1 和 R_2 调整到绝对值为 $24.7\text{k}\Omega$，允许用一只外接电阻精确地设置增益。那么增益公式为

$$G = \frac{49.4\text{k}\Omega}{R_G} + 1 \quad \text{或} \quad R_G = \frac{49.4\text{k}\Omega}{G-1}$$

虽然 AD620 在许多桥路应用中都很适合，但它特别适宜于低电压供电的高阻抗压力传感器，其小尺寸、低功耗、低噪声、低漂移和低价格特性尤为突出，也适用于像诊断用的非侵入式血压测量。

图 3-15 示出一个 $3\text{k}\Omega$、$+5\text{V}$ 供电的压力传感器桥路。在这种电路中，桥路仅耗电 1.7mA。此外，AD620 和一缓冲分压信号调节，总供电电流仅需 3.7mA。

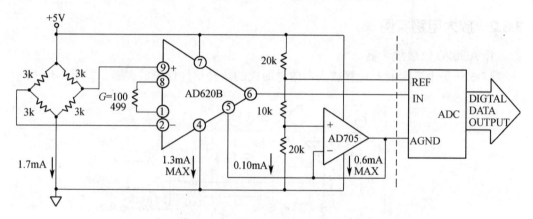

图 3-15　$+5\text{V}$ 供电的压力传感器桥路

2. PN 结测温放大电路

图 3-16 所示为硅 PN 结温度的检测与信号放大实际电路。

图中 PN 结为正向偏置，在温度一定时，PN 结两端的结电压固定。当环境温度变化时（$-30 \sim +150\text{℃}$），PN 结上电压降会随温度上升而线性下降 ΔV，ΔV 的大小与流过 PN 结的正向电流有关，当 $I_{\text{PN}} = 50\mu\text{A}$ 时，$\Delta V \approx -2\text{mV}/\text{℃}$，其实验特性如图 3-17 所示。

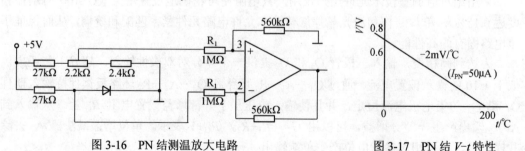

图 3-16　PN 结测温放大电路　　　　　图 3-17　PN 结 V-t 特性

PN 结结电压变化通过电桥输出给放大器，电桥输出为 mV 级信号，采用一般通用运放如 741、324、3140 等即可完成放大任务。

3. 热电偶测量放大电路

热电偶是一种高温测量传感器，它的种类很多，有 E、J、K、C、R、S、B 等型号。其中 S 型热电偶测温范围为 0～1500℃，可用于测量加热炉的温度，炉温变化 1℃可使热电偶两端有几十μV 的电压变化；K 型热电偶测温范围为 0～1700℃，温度变化 1℃，可产生 40μV 左右的电压变化。

图 3-18 所示为实际应用的热电偶测高温的检测放大电路。

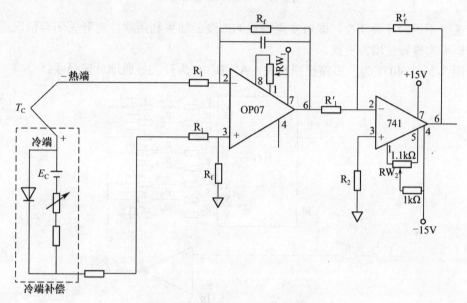

图 3-18　热电偶测高温放大电路

图 3-18 中 T_c 为热电偶，其电压输出决定于热端与冷端的温度差。理论上应使冷端温度为基点即 0℃，而实际上冷端温度通常为室温，所以图上加了一个冷端补偿电路，它利用 PN 结结电压随温度上升而线性下降的特性来进行补偿。

热端每变化 1℃，K 型热电偶有 40mV 的电位差输出，其灵敏度为微伏级。采用 OP07 运放组成低漂移高精度前置放大器，对几十 μV 变化信号测量比较精确，其放大倍数与 R_f/R_1 成正比，可根据需要设计。其中 OP07 的 1、7、8 端与 RW₂ 构成调零电路。

前置放大器的输出为毫伏级信号，再接一级由运放 741 构成的续接放大器就可将毫伏级信号放大到需要的幅度，如 0～5V；其放大倍数与 R_f'/R_1' 的比值成正比。741 的 1、4、5 端与 RW₂ 构成调零电路，741 的输出送给后面的多路开关及 A/D 转换电路。

4. 增益可编程放大电路

有些应用场合，放大器的放大倍数可以由软件控制，为此可用图 3-19 所示的增益可编程放大器电路，用改变反馈电阻的方法来控制放大倍数。

当开关 S_1 闭合，而其余两个开关断开时，其放大倍数为

$$A_{vf} = -R_1 / R$$

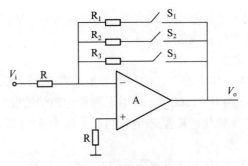

图 3-19　增益可编程放大器

选择不同的开关闭合，即可实现增益的改变。如果利用软件对开关闭合情况进行选择，即可实现程控增益变换。

图 3-20 中 4051 为一多路模拟开关，A、B、C 为开关导通地址选择线。

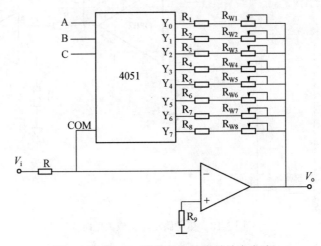

图 3-20　由 4051 组成的程控增益放大电路

当 A、B、C 输入数字信号 000 时，Y_0 端与 COM 接通，此时增益为

$$A_{vf} = -(R_1 + R_{W1})/R$$

而当 A、B、C 的输入为 001 时，Y_1 导通，此时增益为

$$A_{vf} = -(R_2 + R_{W2})/R$$

因此，输入不同数字信号即可实现增益控制。图中 $R_{W1} \sim R_{W8}$ 为可变电阻，主要是为抵消模拟开关导通电阻和反馈电阻的阻值与放大倍数不匹配，在有些情况下可以不设可变电阻。

5. 程控放大器量程自动切换

这是智能仪器中重要的应用技术。在智能仪器中，输入信号的种类多，信号范围也较大。大家知道，某一个测试仪器在一定的条件下只能有一定的量程范围，简单的测试装置可以采用设置诸如手动开关或旋钮一类的部件来实现量程切换，如万用表。但是这样做往往要求对信号的特性有准确的把握，并在装置的硬件电路、控制程序等不太复杂的情况下。所以对于测试装置而言，自动适应输入信号的变化，并保证相应的测量精度，就是非常有用的了。

使用程控放大器 PCA 的优越性之一就是能进行量程自动切换。当被测参数动态范围比较宽时，要想保证或提高测量精度，就必须进行量程的切换。例如，对于智能化数字电压表，其测量动态范围可以从几微伏到几百伏，由于采用程控测量放大器和微机，就可以很容易地实现量程的自动切换。

如果程控放大器 PCA 的增益为 1、10、100 三挡，A/D 转换器为 12 位双积分式，则可以用软件实现量程的自动切换，其程序框图如图 3-21 所示。

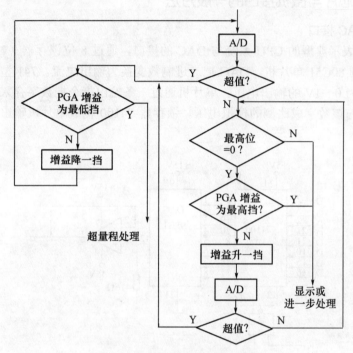

图 3-21 自动量程切换程序框图

量程自动切换过程：首先对被测量进行 A/D 转换，然后判断是否超值。如果超值，并且 PCA 的增益已经降到最低挡，则说明被测量超过了数字电压表的最大量程，此时就要转到超量程处理。如果不在最低挡的位置，则将 PCA 的增益降一挡，再进行 A/D 转换，并判断是否超值。如果仍然超值，则再重复做上面的处理。如不超值，则判断最高位是否为 0，若为 0，则再判断增益是否为最高挡。如不是最高挡，将增益升一级，再进行 A/D 转换，并判断最高位。若最高位为 1 或 PCA 已经升到最高挡，则说明量程已经切换到最合适挡，微机将对输入信号进行下一步的处理，如数字滤波、标度变换、数字显示等。通过上述自动量程切换的过程，可以知道系统选择了最合适的量程，同时也提高了测量的精度。

3.4 DAC 接 口

DAC（数模转换器）的功能是把数字量转换为与其成比例的模拟电压或电流信号。数字量可以是任何一种编码形式，如无符号二进制、2 补数、BCD 码等。DAC 的分辨率取决于位数，通常不超过 16 位。例如，一个输出 10V 的 16 位 DAC 的最低有效位每位能分辨 $153\mu V = 10V/(2^{16}-1)$，为总量的 0.00152%。

随着集成电路工艺的发展，DAC 也已集成化。单片 DAC 集成电路通常集成了控制开关、解码网络，有的也包括运算放大器，这时转换速度将受运算放大器的影响。

现在大量使用的混合式 DAC 把标准电压、运算放大器、开关和解码网络等组装在一起，封装在密封的双列直插式组件内部。它在价格和性能上都介于分立式和单片集成电路之间。

3.4.1 DAC 芯片与微机接口的一般方法

1. 8 位 DAC 接口

图 3-22(a)表示典型的 CPU 系统与 DAC 的接口，通过 8 位锁存器（74100 型）把 8 位 DAC 连接到 80C51 单片机。DAC 把二进制数变换为输出电流。741 型集成运算放大器把电流变换为 0～1V 的输出电压。单片机通过一条输出指令把数字存入锁存器，运算放大器就输出与该数字成比例的模拟电压。锁存器 74100 构成单片机输出口的地址设为17H。

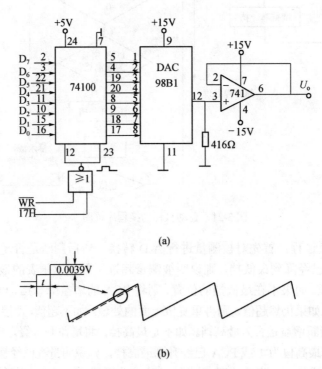

(a)

(b)

图 3-22　8 位 DAC 接口及产生的斜波电压波形

(a) 8 位 DAC 接口；(b) 斜波电压波形。

单片机执行以下程序，可以产生一个线性增加的斜波电压，如图 3-22(b) 所示。

```
START: MOV  SP,  #53H
       CLR  A
       MOV  R₁,  #17H
LOOP:  MOVX @R₁, A
       ACALL  DELAY
```

90

```
        INC  A
        AJMP LOOP
DELAY: ...                    ；延时子程序
      ...
```

该程序产生的每个斜波电压由 255 个阶梯组成。因为斜波电压的峰—峰值为 1V，所以阶梯间的电压增量为 IV/255＝0.0039V。每个阶梯的持续时间 t 取决于延时环 DELAY 的延迟时间。用以上接口电路经适当编程可以产生各种信号波形，如三角波、方波、矩形波、梯形波等，如用波形存储法可以产生任意信号波形。

2. 10 位 DAC 接口

如何把多于 8 位的 DAC 芯片接到 8 位单片机应用系统呢?图 3-23(a)为表示这种接口的一种安排，在 10 位 DAC（内部已包含运算放大器）与单片机之间接入两个锁存器，锁存器 A 锁存 10 位数据的低 8 位，锁存器 B 锁存 10 位数据的高 2 位。单片机分两次发出 10 位数据，先发低 8 位到锁存器 A，后发高 2 位到锁存器 B。设 DPTR 规定了待转换数据的存储单元的地址，单片机执行下面几条指令就完成了一次 D/A 转换。

```
        MOVX A ， @DPTR
        MOV  R₁， #2CH
        MOVX @R₁， A
        INC  DPTR
        INC  R₁
        MOVX A ， @DPTR
        MOVX @R₁，A
```

这种接口存在的问题是在输出低 8 位和高 2 位的中间，DAC 会产生"毛刺"，如图 3-23(b) 所示。假设两个锁存器原包含了数据 0001111000，现在要求转换的数据是 0100001011。新数据分两次输出，第一次输出低 8 位。这时 D/A 转换器将把新的低 8 位和原来的高 2 位合成的 10 位数据 0000001011 转换成电压，该电压是不需要的，因而称为毛刺。

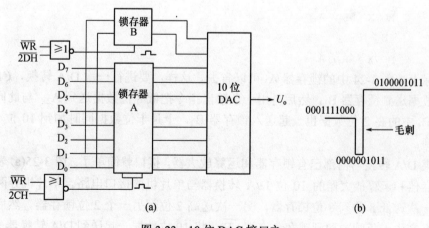

图 3-23 10 位 DAC 接口之一

避免产生毛刺的办法之一是采用双缓冲器结构，如图 3-24 所示。单片机先把低 8 位数据选通输入第一组的 74100 型 8 位锁存器，再把高 2 位数据选通输入第一组的 7475，最后同时把第一组两个锁存器内的 10 位数据选通输入第二级锁存器，并由 DAC 转换为电压。

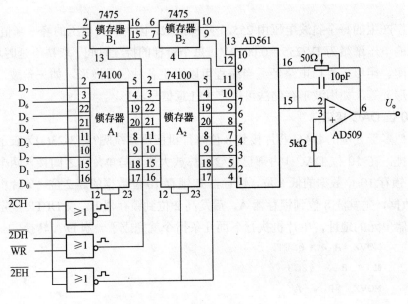

图 3-24 10 位 DAC 接口之二

假设数据指针 DPTR 规定了转换数据的地址，各锁存器的地址码示于图 3-24，则执行下述几条指令就完成一次 D/A 转换。

```
MOV   R₁, #2CH
MOVX  A, @DPTR
MOVX  @R₁, A
INC   DPTR
MOVX  A, @DPTR
INC   R₁
MOVX  @R₁, A
INC   R₁
MOVX  @R₁, A
```

实际上，图 3-24 中的锁存器 A₁ 可以省去。这样，要进行一次 D/A 转换，CPU 先将高 2 位数据送到锁存器 B₁，然后再用一条输出指令把低 8 位数据送到 A₂。与此同时，已锁存在 B₁ 中的高 2 位数据也一起送入锁存器 B₂，于是十位数据同时加到 10 位 DAC 去进行转换。

如果 D/A 转换器内部已有锁存器和运算放大器，接口就简单了。图 3-25(a) 表示内部具有锁存器和运算放大器的 10 位 D/A 转换器与单片机的接口电路。单片机分两次输出数据，一次送低 8 位到 8 位锁存器，另一次送高 2 位到另一个 2 位锁存器。然后又一条输出指令产生一负脉冲加到锁存允许端 $\overline{LE}$，将 10 位数据一起送到 D/A 转换器去转换。

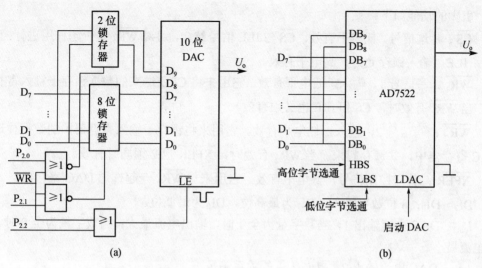

图 3-25 内部有锁存器和运放的 DAC 与单片机接口

美国模拟器件公司生产的 10 位 D/A 芯片 AD7522，其内部有一个 10 位锁存器，且数据可分为低 8 位和高 2 位两次输入锁存器，如图 3-25(b) 所示。数据线可直接挂在数据总线上，单片机先执行两条输出指令分别控制 HBS（高位字节选通）和 LBS（低位字节选通），然后再执行一条输出指令产生启动 DAC 的脉冲信号加到 LDAC 端。

3.4.2 DAC 芯片与 80C51 单片机接口举例

1. DAC0832 与 80C51 单片机接口

1）DAC0832 的结构原理

DAC0832 有一个 8 位输入寄存器和一个 8 位 DAC 寄存器，形成两级缓冲结构。这样可使 DAC 转换输出前一个数据的同时，将下一个数据传送到 8 位输入寄存器，以提高 D/A 转换的速度。DAC0832 的引脚配置和内部结构如图 3-26 所示。

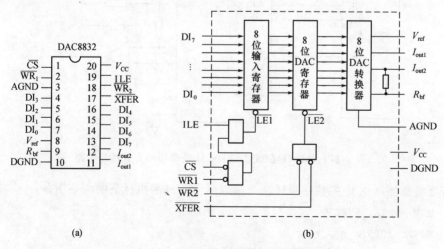

图 3-26 DAC0832 的引脚配置和内部结构

(a) 引脚配置；(b) 内部结构。

引脚的功能如下：

$\overline{\text{CS}}$：片选信号，低电平有效。$\overline{\text{CS}}$ 与 ILE 信号结合，可对 $\overline{\text{WR}_1}$ 是否起作用进行控制。

ILE：输入锁存允许，高电平有效。

$\overline{\text{WR}_1}$：写信号 1，输入，低电平有效。它用来将 CPU 送来的数据锁存于输入寄存器中。当 $\overline{\text{WR}_1}$ 有效时，$\overline{\text{CS}}$ 和 ILE 也必须有效。

$\overline{\text{WR}_2}$：写信号 2，输入，低电平有效。它用来将锁存于输入寄存器中的数据传送到 DAC 寄存器中，并锁存起来。当 $\overline{\text{WR}_2}$ 有效时，$\overline{\text{XFER}}$ 也必须同时有效。

$\overline{\text{XFER}}$：传送控制信号，低电平有效。它用来与 $\overline{\text{WR}_2}$ 一起选通 DAC 寄存器。

$DI_7 \sim DI_0$：8 位数字输入，DI_7 为最高位，DI_0 为最低位。

I_{out1}：DAC 电流输出 1，当数字量为全 1 时，输出电流最大；当数字量为全 0 时，输出电流最小。

I_{out2}：DAC 电流输出 2，其与 I_{out1} 的关系满足

$$I_{\text{out1}} + I_{\text{out2}} = \frac{V_{\text{out1}}}{R}\left(1 - \frac{1}{16}\right) = 常数$$

R_{bf}：反馈信号输入线，片内已有反馈电阻。

V_{ref}：参考电压输入，通过它将外加高精度电压源与内部的电阻网络相连接。V_{ref} 可在+10 至−10V 的范围内进行选择。

2）DAC0832 与 80C51 的单缓冲方式接口

DAC0832 与 80C51 的单缓冲方式接口电路如图 3-27 所示。80C51 的 P_0 口直接与 DAC0832 的数据输入线 $DI_7 \sim DI_0$ 相接，80C51 的 $\overline{\text{WR}}$ 与 DAC0832 的 $\overline{\text{WR}_1}$ 相接，$P_{2.7}$ 与片选端 $\overline{\text{CS}}$ 连接，$\overline{\text{WR}_2}$、$\overline{\text{XFER}}$ 直接接地，芯片采用的是单缓冲方式。

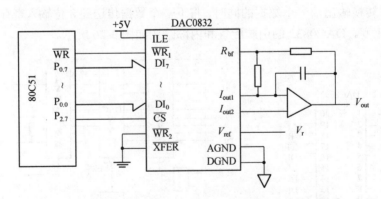

图 3-27　单片 DAC0832 与 80C51 的单缓冲方式接口电路

若要将累加器 A 中的数字量转换为模拟电压，只需执行下面两条指令：

```
MOV  DPTR, #7FFFH
MOVX @DPTR, A
```

3）DAC0832 与 80C51 的双缓冲方式接口

DAC0832 与 80C51 双缓冲方式接口电路如图 3-28 所示。

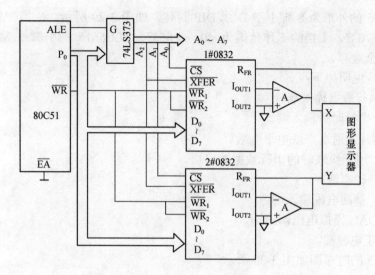

图 3-28　DAC0832 与 80C51 的双缓冲方式接口电路

为了使多片 DAC0832 达到同步输出的目的，可先将多路数据由不同的片选信号分别打入对应的 DAC0832 的输入寄存器，再将多片的 DAC0832 的 $\overline{XFER}$ 同时由一个片选信号控制即可。

程序如下：

```
MOV   R₁,  #0FEH
MOV   A,   #DATA1        ; 数据写入 1# 的输入寄存器
MOVX  @R₁, A
MOV   R₁,  #0FDH
MOV   A,   #DATA2        ; 数据写入 2# 的输入寄存器
MOVX  @R₁, A
MOV   R₁,  #0FBH          ; 选通 1# 和 2# 的 DAC 寄存器
MOVX  @R₁, A
```

2. 带串行口的 DAC TLC5615 与 80C51 单片机接口

1）TLC5615 性能与特性

TLC5615 为美国德州仪器公司的产品，是带有缓冲基准输入（高阻抗）的串行 10 位电压输出数/模转换器（DAC）。该产品具有基准电压两倍的输出电压范围，且 DAC 是单调变化的。TLC5615 可在单 5V 电源下工作且具有上电复位功能，以确保可重复启动，即把 DAC 寄存器复位至全零。TLC5615 性能价格比高，目前在国内市场很方便购买。

TLC5615 的数字控制通过 3 线串行总线完成，它与 CMOS 兼容且易于和工业标准的微处理器及单片机接口。TLC5615 接收 16 位数据字以产生模拟输出。TLC5615 的数字输入端带有施密特触发器，电路具有高的噪声抑制能力。TLC5615 使用的数字通信协议包括 SPI、QSP 以及 Microwire 标准。TLC5615 的功耗低，在 5V 供电时仅为 1.75mW；数据更新速率为 1.2MHz；典型的建立时间为 12.5μs。

TLC5615 可广泛应用于电池供电测试仪表、数字增益调整、电池远程工业控制和移动电话等领域。

TLC5615 的外形为 8 脚小型 D 或 DIP 封装，如图 3-29 所示。C 挡产品的工作温度范围为 0～+70℃，Ⅰ挡的工作范围为-40～＋85℃。TLC5615 的引脚与 Maxim 公司的 MAX515 完全兼容。

引脚功能说明如下：

DIN：串行数据输入端。

SCLK：串行时钟输入端。

$\overline{CS}$：芯片选通端，低电平有效。

DOUT：用于级联时的串行数据输出端。

AGND：模拟地。

REFIN：基准电压输入端。

OUT：DAC 模拟电压输出端。

VDD：正电源端。

TLC5615 的时序图如图 3-30 所示。

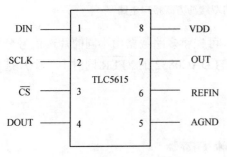

图 3-29　TLC5615 引脚排列图

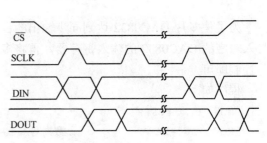

图 3-30　TLC5615 的时序图

由时序图可以看出，当片选 $\overline{CS}$ 为低电平时，输入数据从 DIN 端输入：由串行时钟信号 SCLK 同步，而且最高有效位在前，低有效位在后。输入时 SCLK 的上升沿把串行输入数据从 DIN 移入内部的 16 位移位寄存器，SCLK 的下降沿将串行数据从 DOUT 输出，片选 $\overline{CS}$ 的上升沿把数据传送至 DAC 寄存器。当片选 $\overline{CS}$ 为高电平时，串行数据输入不能从 DIN 由时钟同步送入移位寄存器；数据输出端 DOUT 保持最近的数值不变而不进入高阻状态。由此可知，要想串行输入数据和输出数据必须满足两个条件：一是时钟 SCLK 的有效跳变；二是片选 $\overline{CS}$ 为低电平。在这里，为了使时钟的内部馈通最小，当片选 $\overline{CS}$ 为高电平时，输入时钟 SCLK 应当为低电平。

串行数模转换器 TLC5615 的使用有两种方式，即级联方式和非级联方式。如不使用级联方式，DIN 只需输入 12 位数据。在 DIN 输入的 12 位数据中，前 10 位为 TLC5615 输入的 D/A 转换数据，且输入时高位在前、低位在后；后两位必须写入数值为零的低于 LSB 的位，因为 TLC5615 的 DAC 输入锁存器为 12 位。如果使用 TL5615 的级联功能，来自 DOUT 的数据需要输入 16 个时钟下降沿，因此完成一次数据输入需要 16 个时钟周期，输入的数据也应为 16 位。在输入的数据中，前 4 位为高虚拟位，中间 10 位为 D/A 转换数据，最后 2 位为低于 LSB 的位即零。

2）应用电路与接口程序实例

图 3-31 给出了在开关电源中，TLC5615 和 AT89C51 单片机的接口电路。在电路中，

AT89C51 单片机的 $P_{3.0} \sim P_{3.2}$ 分别控制 TLC5615 的片选 $\overline{CS}$、串行时钟输入 SCLK 和串行数据输入 DIN。电路的连接采用非级联方式。根据开关电源的设计要求，可变基准电压范围为 $0 \sim 4V$。因此，TLC5615 的基准电压选为 2.048V，其最大模拟输出电压为 4.096V，可满足开关电源的要求。

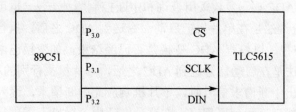

图 3-31 TLC5615 与 51 单片机接口电路

TLC5615 采用非级联方式，将要输入的 12 位数据存在 R_0、R_1 寄存器中，其中前 4 位数放在 R_0 中的低 4 位，后 8 位数放 R_1 中。其 D/A 转换程序如下：

```
        CLR  P3.0            ; 片选有效
        MOV  R2, #4          ; 将要送入的前 4 位数据位数
        MOV  A, R0           ; 前 4 位数据送累加器低 4 位
        SWAP A               ; A 中高 4 位与低 4 位互换
        LCALL  WR-Data       ; DIN 输入前 4 位数据
        MOV  R2, #8          ; 将要送入的后 8 位数据位数
        MOV  A, R1           ; 8 位数据送入累加器 A
        LCALL  WR-Data       ; DIN 输入后 8 位数据
        CLR  P3.1            ; 时钟低电平
        SETB P3.0            ; 片选高电平，输入的 12 位数据有效
        END
```

送数子程序如下：

```
WR-Data: NOP                 ; 空操作
LOOP:   CLR   P3.1           ; 时钟低电平
        RLC  A               ; 数据送入位标志位 CY
        MOV  P3.2, C         ; 数据输入有效
        SETB P3.1            ; 时钟高电平
        DJNZ R2, LOOP        ; 循环送数
        RET                  ; 返回
```

3.5 ADC 接 口

3.5.1 ADC 芯片与微机接口的一般方法

1. 概述

目前 ADC 芯片的型号很多，在精度、速度和价格方面千差万别，较为常见的 ADC 主要是双积分型和逐次逼近型，还有由电压-频率变换器构成的 ADC。

97

双积分型 ADC 一般精度高、对周期变化的干扰信号积分为零,因而具有抗干扰性好、价格便宜等优点,但转换速度较慢;逐次逼近型 ADC 在转换速度上同双积分型相比要快得多、精度较高(例如 12 位及 12 位以上的)、价格较高;V-F 变换型 ADC 的突出优点是高精度,其分辨率可达 16 位以上,价格低廉,但转换速度不高。

用单片机控制 ADC 时,多数采用查询和中断控制两种方法,也可用延时等待方式或 DMA 方式。所谓查询法是在单片机把启动命令送到 ADC 之后,执行别的程序,同时对 ADC 的状态进行监视,以检查 ADC 变换是否已经结束,如变换已结束,则读入变换数据。所谓中断控制法是在启动信号送到 ADC 之后,单片机执行别的程序,当 ADC 变换结束并向单片机发出中断请求信号时,单片机响应此中断请求,读入变换数据,并进行必要的数据处理,然后返回到原程序。在这种方法中,微机无需进行变换时间的管理,CPU 效率高,所以特别适合于变换时间较长的 ADC。

如果对转换速度要求比较高,采用上述两种 ADC 控制方式往往不能满足要求,所以可采用 DMA(直接存储器存取)方式,这时可在 ADC 与 CPU 之间插入一个 DMA 控制器(例如 Intel 公司的 8237)。传输一开始,A/D 转换的数据就可以从输出寄存器经过 DMAC 中的数据寄存器直接传输到主存储器,无需 CPU 的干预。

所谓延时等待方式就是单片机启动 ADC 后,延时等待一段时间(等于或略大于 A/D 转换所需的时间)后去读取转换结果。

2. ADC 的主要信号线

单片 ADC 主要信号线如图 3-32 所示。

START:启动信号,当该线上输入一个触发信号时,启动一次 A/D 转换。

DONE/$\overline{BUSY}$:状态线,任何一个 A/D 转换芯片的转换总是需要时间的。当转换正在进行时,DONE/$\overline{BUSY}$ 为低电平,转换结束时,DONE/$\overline{BUSY}$ 变为高电平。该状态信号线可供 CPU 查询,也可作为中断请求信号。

DB:数据输出线,用来传送 A/D 转换的结果,供 CPU 读取。

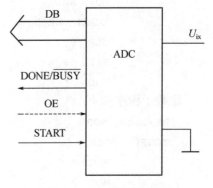

图 3-32　ADC 主要信号线

OE:当 A/D 转换器的数据是三态输出时,配置一个输出允许端 OE,这时它的数据输出引脚可直接与微机的数据总线相连。

但有些 ADC 的数据输出并非三态,这种情况下,ADC 的数据输出线与 CPU 数据总线之间应通过一个具有三态功能的并行接口连接。如果 ADC 是多于 8 位的,还得设置两个数据输入口,分别传送数据的高位和低位。

3. ADC 芯片与单片机接口

CPU 要读取 A/D 转换结果,首先要判断转换是否结束,通常有以下几种通信方式:

延时等待:以转换时间来判断转换结束与否。

查询方式:通过检测状态信号线的状态。

中断方式:以状态信号作为中断请求信号。

1）8 位 ADC 芯片与单片机接口

（1）带三态输出的 ADC 与单片机接口。由于 ADC 输出带三态功能，因此数据输出线 DB 可直接与 CPU 的数据总线相连，如图 3-33 所示。图中由 $\overline{RD}$ 和由地址信号经译码后的输出线经或非门后输出去控制 OE，只要单片机执行 MOVX A，@DPTR 指令即可由或非门输出一高电平加到 OE 端。

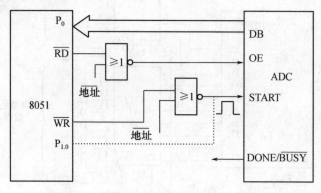

图 3-33　带三态输出的 ADC+与单片机接口

按图 3-33 中接法，只要让单片机执行一输出指令 MOVX @DPTR，A 即可产生一正脉冲加到 START 端，启动一次 A/D 转换。当然也可按图 3-32 中虚线所示，将 START 与单片机的一输出口 $P_{1.0}$ 相连，只要从 $P_{1.0}$ 输出一正脉冲即可启动 ADC。

而对于状态线 DONE/$\overline{BUSY}$ 的处理应视具体情况确定。对于延时等待方式，此脚悬空即可；对于查询方式，将 DONE/$\overline{BUSY}$ 连到单片机的某一输入端口，如 $P_{1.7}$。当然也可另设一个外部输入口；对于中断方式，可将 DONE/$\overline{BUSY}$ 经一反相器连到 8051 单片机的 $\overline{INT_1}$。

（2）不带三态输出的 ADC 与单片机接口。此时，ADC 不安排 OE 引脚，DB 线不能直接与单片机的数据总线相连，必须通过一个输入口才能与单片机连接，如图 3-34 所示。此时，同样让单片机执行一条输入指令 MOVX A，@DPTR 便可打开三态门，将转换结果读入。其他信号线的接法与带三态输出的 ADC 接法相同。

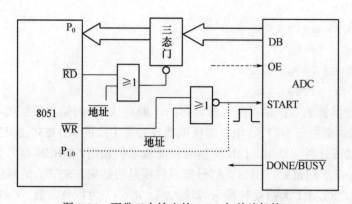

图 3-34　不带三态输出的 ADC 与单片机接口

2）多于 8 位 A/D 转换器与单片机接口

当 A/D 转换器的位数多于 8 时，就需要用两个数据口，一个用来传送低 8 位数据，另一个用来传送高位数据，当然多余的口线还可以用来传送状态信号，如图 3-35 所示。

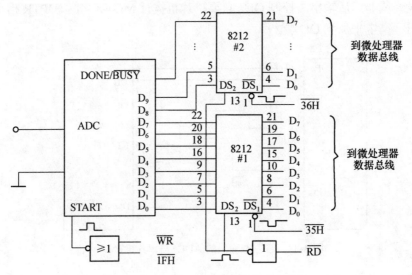

图 3-35　10 位 A/D 转换器与单片机接口

这种采用查询方式的 10 位 ADC 接口程序如下（设结果存在 DPTR 和 DPTR+1 所指的外 RAM 中）：

```
CONVRT: MOV  R₁ ，  #1FH
        MOVX @R₁ ， A
        MOV  R₀ ，  #36H
   CHK: MOVX A ，   @R₀
        JNB  A_CC.7， CHK
        ANL  A ，  #03H
        MOV  R₂ ，   A
        DEC  R₀
        MOVX A ，   @R₀
        MOVX @DPTR ， A
        INC  DPTR
        MOV  A ， R₂
        MOVX @DPTR ， A
```

如果 A/D 转换器的数据输出是三态锁存的，则在 ADC 的输出数据线与单片微机的数据总线之间就不必用三态门了。如美国模拟器件公司生产的 AD7550 是 13 位的 A/D 转换器。13 位数据可分两次输出，LBEN 信号使能低 8 位输出，HBEN 信号使能高 5 位输出，OVRG 信号指示超量程，BUSY 信号指示转换是否结束，STEN 信号使能 OVRG、BUSY 信号输出。START 为启动转换信号输入端。R_1、C_1 为积分常数，C_2 决定了时钟频率。图 3-36 表示 AD7550 与 80C51 单片机的接口电路。

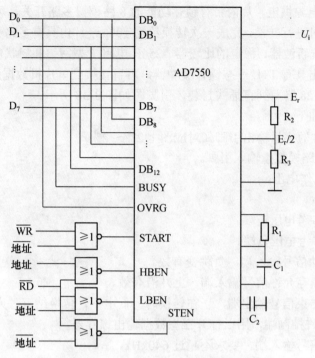

图 3-36　AD7550 与 80C51 的接口

3.5.2　常用的 ADC 芯片与 80C51 单片机接口举例

1. ADC0809 与 80C51 单片机的接口

1）ADC0809 简介

ADC0809 是 8 位的逐次逼近型 ADC，内部结构如图 3-37 所示。

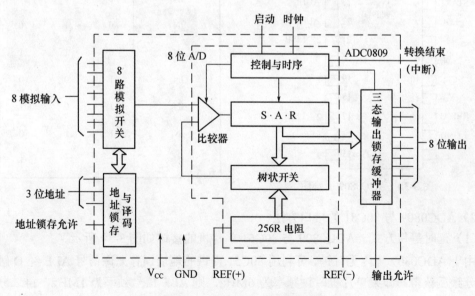

图 3-37　ADC0809 内部结构图

由单一+5V 电源供电，片内带有锁存功能的 8 路模拟多路开关，可对 8 路 0～5V 的输入模拟电压分时进行转换，完成一次转换约需 100μs；片内具有多路开关的地址译码和锁存电路、高阻抗斩波器、稳定的比较器、256R 电阻 T 型网络和树状电子开关以及逐次逼近寄存器。输出具有 TTL 三态锁存缓冲器，可直接接到单片机数据总线上。

ADC0809 是 28 脚双列直插式封装，引脚图如图 3-38 所示。

各引脚功能如下：

D_0～D_7：8 位数字量输出引脚（对应图上 2^{-8}～2^{-1}）。

IN_0～IN_7：8 路模拟量输入引脚。

V_{CC}：+5V 工作电压。

GND：地。

REF（+）：参考电压正端。

REF（−）：参考电压负端。

START：启动信号输入端，负跳变有效。

ALE：地址锁存允许信号输入端，上升沿有效。

EOC：转换结束信号输出端，正在转换时为低电平，转换结束时为高电平。

OE：输出允许控制端，用以打开三态数据输出锁存器。

CLK：时钟信号输入端，要求不超过 640kHz。

A、B、C：通道地址输入线，A、B、C 的输入与被选通的通道的关系如表 3-3 所列。

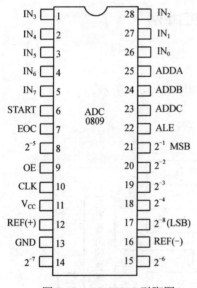

图 3-38　ADC0809 引脚图

表 3-3　输入与被选通的通道的关系

被选通的通道	C	B	A
IN_0	0	0	0
IN_1	0	0	1
IN_2	0	1	0
IN_3	0	1	1
IN_4	1	0	0
IN_5	1	0	1
IN_6	1	1	0
IN_7	1	1	1

2）ADC0809 与 80C51 的接口方法

（1）延时等待方式。ADC0809 与 80C51 单片机的接口如图 3-39 所示。

由于 ADC0809 片内无时钟，可利用 80C51 提供的地址锁存允许信号 ALE 经 D 触发器二分频后获得。如果单片机时钟频率为 6MHz，则 ALE 信号频率为 1MHz，再二分频后为 500kHz，恰好符合 ADC0809 对时钟频率的要求。由于 ADC0809 具有输出三态锁存器,其 8 位数据输出引脚可直接与数据总线相连。通道地址选择 A、B、C 分别与地址总线的低三位 A_0、A_1、A_2 相连,以选通 $IN_0 \sim IN_7$ 中的一个通路。将 $P_{2.7}$ 作为片选信号,$\overline{WR}$ 和 $P_{2.7}$ 控制 ADC 的地址锁存和转换启动。在读取转换结果时,用单片机的读信号 $\overline{RD}$ 和 $P_{2.7}$ 脚经一或非门后,产生的正脉冲作为 OE 信号,用以打开三态输出锁存器。

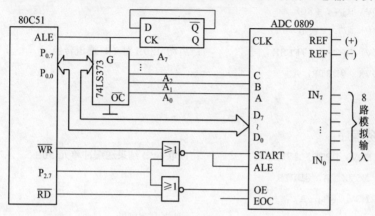

图 3-39　ADC0809 与 80C51 的延时等待方式接口

采用延时等待方式,转换结束信号可以悬空。

下面的程序是采用软件延时的方法,分别对 8 路模拟信号轮流采样一次,并依次把结果转储到数据存储区的采样转换程序。

```
MAIN: MOV   R1 , #data        ；置数据区首地址
      MOV   DPTR , #7FF8H      ；P2.7＝0,且指向通道 0
      MOV   R7, #08H           ；置通道数
LOOP: MOVX  @DPTR, A           ；启动 A/D 转换
      MOV   R6, #0AH           ；软件延时,等待转换结束
DLAY: NOP
      NOP
      NOP
      DJNZ  R6, DLAY
      MOVX  A, @DPTR           ；读取转换结果
      MOV   @R1, A             ；转储
      INC   DPTR              ；指向下一个通道
      INC   R1                ；修改数据区指针
      DJNZ  R7, LOOP          ；8 个通道是否全采样完
      ...
```

(2)中断方式。ADC0809 与 80C51 的中断方式接口电路只需将图 3-39 中 0809 的 EOC 脚经过一个非门连接到 80C51 的 $\overline{INT_1}$ 脚即可。采用中断方式可大大节省 CPU 的时间,当转换结束时,EOC 发出一个脉冲向单片机提出中断请求,单片机响应中断请求,由外部中断 1 的中断服务程序读取 A/D 结果,并启动 0809 的下一次转换,外部中断 1 采用边沿触发方式。下面的程序是对 0 通道采样 50 个数据,存放在内 RAM 30H 开始区域中。

```
MAIN: SETB IT₁                          ；外部中断 1 初始化编程
      SETB EA
      SETB EX₁
      MOV  SP , #70H
      MOV  R₀ , #30H
      MOV  R₇ , #50
      MOV  DPTR, #7FF8H                  ；启动 0809 对 IN₀ 通道转换
      MOVX @DPTR, A
      …
      …
```

中断服务程序：

```
PINT1: MOV DPTR, #7FF8H                  ；读取 A/D 结果送缓冲单元 30H
       MOVX A, @DPTR
       MOV @R₀, A
       INC R₀                           ；调整内存指针
       DJNZ R₇, NEXT
       CLR EX₁
       AJMP END
NEXT: MOVX @DPTR, A                      ；启动 0809 对 IN₀ 通道下一次转换
END: RETI
```

（3）查询方式。单片机可通过查询转换结束状态信号线 EOC 来判断一次 A/D 转换是否结束。ADC0809 与 80C51 的查询方式接口电路只需将图 3-38 中的 0809 的 EOC 脚通过一个输入口（如 $P_{1.0}$）与单片机连接即可。若要求单片机对 8 个通道轮流采样一遍的程序如下：

```
MAIN: MOV R₁, #DATA                     ；置数据区首地址
      MOV R₇, #08H                      ；置通道数
      MOV DPTR , #7FF8H                 ；P₂.₇＝0，且指向通道 0
LOOP: MOVX @DPTR , A                     ；启动 A/D 转换
HERE: JNB P₁.₀ , HERE                    ；转换是否结束未结束等待
      MOVX A , @DPTR                     ；读取转换结果
      MOV @R₁, A                         ；转储
      INC DPTR                           ；指向下一个通道
      INC R₁                             ；修改数据区指针
      DJNZ R₇, LOOP                      ；8 个通道是否全部采样完
      …
```

2. AD574 与 80C51 单片机的接口

1）AD574 的特性

AD574 是 12 位逐次逼近型 A/D 转换器。转换速度为 25μs，转换精度为 0.05%，由于芯片内有三态输出缓冲电路，因而可直接与各种 8 位或 16 位的微处理器相连，且能与 CMOS 及 TTL 兼容。

AD574 为 28 脚双列直插式封装，其引脚如图 3-40 所示。

AD574 的引脚功能简述如下：

$\overline{CS}$：片选信号。

CE：片启动信号。

$R/\overline{C}$：读出和转换控制信号，高电平为读出状态。

$12/\overline{8}$：数据输出格式选择信号。当 $12/\overline{8}=1$（5V）时，12 条数据线同时有效输出；当 $12/\overline{8}=0$（0V）时，只有高 8 位或低 4 位有效。

A_0：字节选择控制线。

在转换期间：当 $A_0=0$ 时，AD574 进行全 12 位转换，转换时间为 25μs；当 $A_0=1$ 时，进行 8 位转换，转换时间为 16μs。在读出期间：当 $A_0=0$ 时，高 8 位数据有效；当 $A_0=1$ 时，低 4 位数据有效，中间 4 位为 "0"，高 4 位为高阻态。

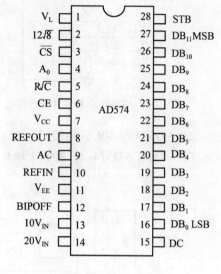

图 3-40　AD574 引脚

V_L：接+5V。

V_{CC}：接+12V/+15V，供参考电压源。

V_{EE}：接-12V/-15V。

REFIN、REFOUT：参考输入、输出。

AC、DC：模拟、数字公共端。

BIPOFF：双极性偏置。

$10V_{IN}$、$20V_{IN}$：10V/20V 档输入。

STS：输出状态信号。转换过程中保持高电平，转换完成时返回到低电平。它可以被 CPU 查询，也可以用来向 CPU 申请中断。

AD574 的控制信号真值表如表 3-4 所列。

表 3-4　AD574 控制信号真值表

CE	$\overline{CS}$	$R/\overline{C}$	$12/\overline{8}$	A_0	操　　作
0	×	×	×	×	无操作
×	1	×	×	×	无操作
1	0	0	×	0	初始化为 12 位转换器
1	0	0	×	1	初始化为 8 位转换器
1	0	1	接+5V	×	允许 12 位并行输出
1	0	1	接地	0	允许高 8 位输出
1	0	1	接地	1	允许低 4 位+4 位尾 0 输出

AD574 可进行单极性或双极性模拟信号的转换。图 3-41 为单极性转换电路，输入信号范围为 0～10V 或 0～20V。模拟地线应与引脚 9 相连，使其地线的接触电阻尽可能小。图 3-42 为双极性转换电路，输入信号范围为 -5～+5V 或 -10～+10V。

105

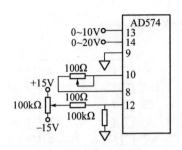

图 3-41　AD574 单极性转换电路

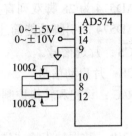

图 3-42　AD574 双极性转换电路

2）AD574 与 80C51 的接口

图 3-43 是 AD574 与 80C51 单片机的接口电路。

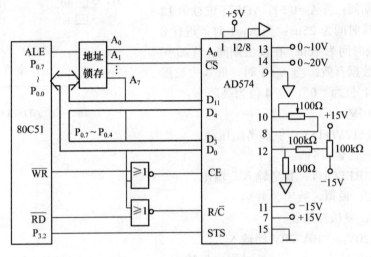

图 3-43　AD574 与 80C51 的接口

由于 AD574 片内有时钟，故无须外加时钟信号。该电路采用单极性输入方式，可对 0～10V 或 0～20V 模拟信号进行转换。转换结果的高 8 位从 D_{11}～D_4 输出，低 4 位从 D_3～D_0 输出，并直接和单片机的数据总线相连。为了实现启动 A/D 转换和转换结果的读出，AD574 的片选 $\overline{CS}$ 信号由地址总线的次低位 A_1 提供，在读写时，A_1 设置为低电平；AD574 的 CE 信号由单片机的 $\overline{WR}$ 和 A_7 经一级或非门提供，R/$\overline{C}$ 则由 $\overline{RD}$ 和 A_7 经一级或非门产生，可见在读写时，A_7 亦应为低电平。输出状态信号 STS 接 $P_{3.2}$ 端供单片机查询，以判断 A/D 转换是否结束。12/$\overline{8}$ 端接地，AD574 的 A_0 由地址总线最低位 A_0 控制，以实现 A/D 全 12 位转换，并将 12 位数据分两次送入数据总线上。

利用该接口电路完成一次 A/D 转换的程序如下（假定转换结果高 8 位在 R_2 中，低 4 位在 R_3 中）：

```
MAIN: MOV  R0 , #7CH      ；选择 AD574，并令 A0 = 0
      MOVX @R0 , A        ；启动 A/D 转换
LOOP: NOP
      JB  P3.2 , LOOP      ；查询转换是否结束
      MOVX A , @R0        ；读取高 8 位
```

```
MOV   R_2 , A           ; 存入 R_2 中
MOV   R_0 , #7DH        ; 令 A_0＝1
MOVX  A , @R_0          ; 读取低 4 位
MOV   R_3 , A           ; 存入 R_3 中
```

3. 5G14433 与 80C51 单片机的接口

1) 5G14433 A/D 转换器简介

5G14433 是国产的三位半双积分型 A/D 转换器，具有精度高（相当于 11 位二进制数）、抗干扰性能好等优点。其缺点是转换速度慢，为 1～10 次/s，在不要求高速转换的场合被广泛采用。5G14433 A/D 转换器与国外产品 MC14433 完全相同，可以互换。

5G14433 的转换电压量程为 199.9mV 或 1.999V。转换值以 BCD 码的形式分 4 批送出，最高位输出内容特殊，详细如表 3-5 所列。

表 3-5 最高位及 $Q_3 \sim Q_0$ 的含义

DS_1 选通时的高位含义			BCD 码			
			Q_3	Q_2	Q_1	Q_0
+	0		1	1	1	0
-	0		1	0	1	0
+	0	欠量程	1	1	1	1
-	0	欠量程	1	0	1	1
+	1		0	1	1	0
-	1		0	0	1	0
+	1	过量程	0	1	1	1
-	1	过量程	0	0	1	1

5G14433 的逻辑框图如图 3-44 所示，引脚如图 3-45 所示。

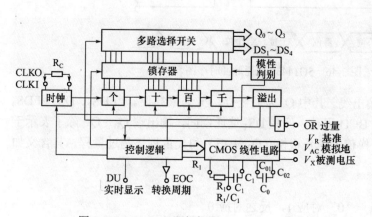

图 3-44 5G14433 逻辑框图

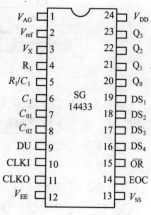

图 3-45 5G14433 引脚图

各引脚功能如下：

V_{DD}：正电源端。

V_{AG}：被测电压 V_x 和基准电压 V_{ref} 的接地端。

V_{ref}：外接基准电压（2V 或 200mV）的输入端。

V_X：被测电压输入端。

R_1、R_1/C_1、C_1：外接积分阻容元件端，外接元件典型值如下。

① 当量程为 2V 时，$C_1=0.1\mu F$，$R_1=470\,k\Omega$。

② 当量程为 200mV 时，$C_1=0.1\mu F$，$R_1=27\,k\Omega$。

C_{01}、C_{02}：外接失调补偿电容 C_0 端，C_0 的典型值为 $0.1\mu F$。

DU：更新转换结果输出的输入端。当 DU 和 EOC 连接时，每次 A/D 转换结果都被更新。

107

CLKI 和 CLKO：时钟振荡器外接电阻 R_C 连接端。R_C 的典型值为 470kΩ，时钟脉冲频率随着 R_C 增加而下降。

V_{EE}：模拟部分的负电源端，接-5V。

V_{SS}：除 CLKO 外，所有输出端的低电平基准（数字地）。

EOC：转换周期结束标志输出。每当转换周期结束，EOC 端输出一个宽度为时钟周期 1/2 的正脉冲。

$\overline{OR}$：过量程标志输出，当 $|V_X| > V_R$ 时，$\overline{OR}$ 端输出低电平。

$DS_1 \sim DS_4$：多路选通脉冲输出端。DS_1 对应千位，DS_4 对应个位。每个选通脉冲宽度为 18 个时钟脉冲周期，两个相邻脉冲之间间隔为 2 个时钟脉冲周期，如图 3-46 所示。

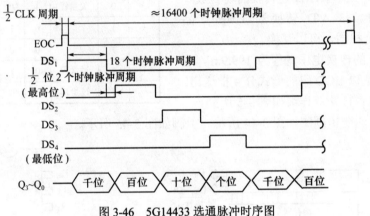

图 3-46　5G14433 选通脉冲时序图

$Q_0 \sim Q_3$：BCD 码数据输出线。其中 Q_0 为最低位，Q_3 为最高位。当 DS_2、DS_3 和 DS_4 选通期间，输出 3 位完整的 BCD 码数，但在 DS_1 选通期间，输出端 $Q_0 \sim Q_3$ 除了表示千位的 0 或 1 外，还表示了转换值的正负极性（Q_2=1 正）和欠量程还是过量程，其含义如表 3-5 所列。

由表 3-5 可知：

（1）Q_3 表示 1/2 位，Q_3 = "0" 对应 1，反之对应 0。

（2）Q_2 表示极性，Q_2 = "1" 为正极性，反之为负极性。

（3）Q_0= "1" 表示超欠量程；当 Q_3 = "0" 时，表示过量程；当 Q_3 = "1" 时，表示欠量程。

2）5G14433 和 80C51 单片机的接口

因为 5G14433 的结果输出是动态的，$Q_0 \sim Q_3$ 和 $DS_1 \sim DS_4$ 都不是总线式的，因此必须通过并行接口和 80C51 相连。对于 80C51 的应用系统来说，5G14433 可以接到 P_1 口或扩展 I/O 口（如 8155、8255 等）。图 3-47(a)为 5G14433 和 80C51 P_1 口相连的接口逻辑。图 3-47 中采用 5G1403 精密电源作为参考电源，DU 和 EOC 相连，选择连续转换方式，每次转换结果都打入输出寄存器。EOC 同时还接到 80C51 的 $P_{3.3}$（$\overline{INT_1}$）。80C51 读取 A/D 结果可以采用中断方式也可以采用查询方式。

若选用中断方式读取 5G14433 的 A/D 结果，应选用边沿触发方式，将 A/D 结果装配到 80C51 内部 RAM 的 20H、2lH，存放的格式如图 3-47(b)所示。

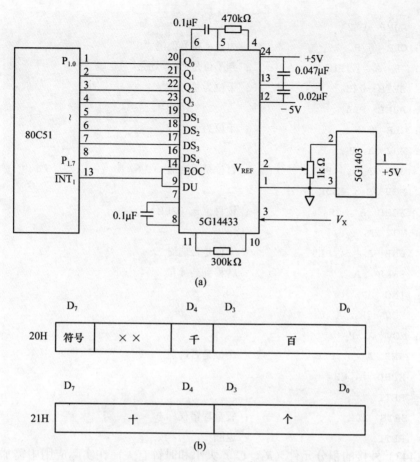

图 3-47　5G14433 和 80C51 的接口及 A/D 结果存放的格式

(a) 5G14433 和 80C51 的接口；(b) 结果存放的格式。

初始化程序中开放 CPU 中断，允许外部中断 1 中断请求，置外部中断 1 为边沿触发方式。每次 A/D 转换结束，都向 CPU 请求中断。CPU 响应中断，执行中断服务程序，读取 A/D 转换的结果。

程序清单如下。

主程序：

```
INITI: SETB  IT₁              ；与外部中断有关的初始化程序
       MOV   IE, #84H
       …
       …
```

中断服务程序：

```
PINT1: MOV  A , P₁           ；外部中断 1 服务程序
       JNB  Acc.₄, PINT1      ；千位选通？未选通等待
       JB   Acc.₀, PE         ；量程错误处理
       JB   Acc.₂, PL1        ；为正数，转
       SETB 07H               ；为负，符号位置"1"
```

```
        AJMP  PL2
PL1: CLR  07H                    ；为正，符号位清"0"
PL2: JB  A_cc.3，PL3             ；判千位是"0"还是"1"
     SETB  04H                   ；千位为 1
     AJMP  PL4
PL3: CLR  04H                    ；千位为 0
PL4: MOV  A，P_1
     JNB  A_cc.5，PL4            ；百位是否选通
     MOV  R_0，#20H
     XCHD  A，@R_0               ；读百位→（20H）.₀~₃
PL5: MOV  A，P_1
     JNB  A_cc.6，PL5            ；十位是否选通
     SWAP  A                     ；转移到高 4 位
     INC  R_0
     MOV  @R_0，A
PL6: MOV  A，P_1
     JNB  A_cc.7，PL6            ；个位是否选通
     XCHD  A，@R_0
     RETI
PE:  SETB  10H                   ；置量程错误标志
     RETI                        ；返回
```

$5G14433$ 外接的积分元件（R_1、C_1）大小和时钟有关，在实际应用中需加以调整，以得到正确的量程和线性度。积分电容也应选择聚丙烯电容器。

4．ICL7135 与 80C51 单片机的接口

1）ICL7135 简介

ICL7135 为 4 位半双积分式 A/D 转换器，其精度高（相当于 14 位二进制数）、价格低，且和 80C51 单片机连接方便。ICL7135 的引脚如图 3-48 所示。

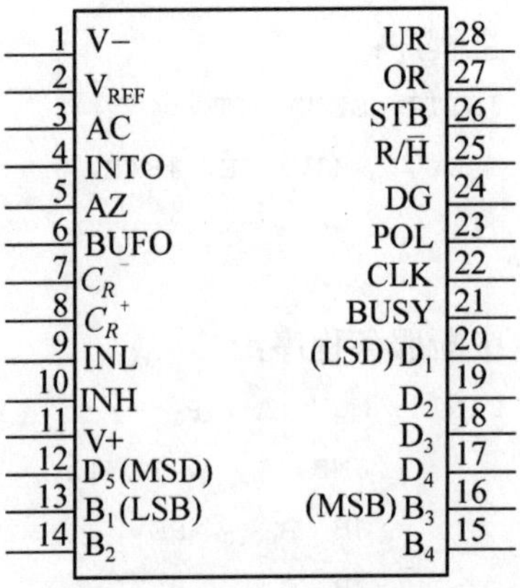

各引脚功能如下：

V-：负电源输入端。电压为-3～-7V，通常取-5V。

V_{REF}：基准电源输入端，基准电压为 1V，它的精度和稳定性将直接影响转换精度。

AC：模拟地。

DG：数字地。

INTO：积分器输出端。

AZ：调零输入端。

BUFO：缓冲放大器输出端。

C_R^- 及 C_R^+：外接基准电容 C_{REF}。

INL：信号输入端（低端）。

1 V-	UR 28
2 V_{REF}	OR 27
3 AC	STB 26
4 INTO	R/$\overline{H}$ 25
5 AZ	DG 24
6 BUFO	POL 23
7 C_R^-	CLK 22
8 C_R^+	BUSY 21
9 INL	(LSD)D_1 20
10 INH	D_2 19
11 V+	D_3 18
12 D_5(MSD)	D_4 17
13 B_1(LSB)	(MSB)B_3 16
14 B_2	B_4 15

图 3-48 ICL7135 的引脚

INH：信号输入端（高端）。

V+：正电源输入端，通常为+5V。

CLK：时钟输入端。工作于双极性情况下，时钟最高频率为 125kHz，这时转换速度为 3 次/s 左右；如果输入信号为单极性，则时钟频率可增加到 1MHz，这时转换速率为 25 次/s 左右。

BUSY：积分器在积分过程中（对信号积分和反向积分），BUSY 输出高电平，积分器反向积分过零后输出低电平。

POL：极性输出端。当输入信号为正时，POL 极性输出为高电平；输入信号为负时，POL 极性输出为低电平。

OR：过量程标志输出端。当输入信号超过转换器计数范围（20000）时，OR 输出高电平。

UR：欠量程标志输出端。当输入信号读数小于量程的 9% 或更小时，该端输出高电平。

STB：数据输出选通脉冲，宽度为时钟脉冲宽度的 1/2。一次 A/D 转换结束后，该端输出 5 个负脉冲，分别选通高位到低位的 BCD 码数据输出，可由该信号把数据打入到并行接口中，供 CPU 读取。

R/$\overline{H}$：启动 A/D 转换控制端。该端接高电平时，7135 为自动连续转换，每隔 40002 个时钟完成一次 A/D 转换；该端为低电平时，转换结束后保持转换结果，输入一个正脉冲后（大于 300ns）启动 7135 开始另一次转换。

B_8、B_4、B_2、B_1：BCD 码数据输出线。

D_5、D_4、D_3、D_2、D_1：BCD 码数据位驱动信号输出，分别选通万、千、百、十、个位。

7135 的输出时序如图 3-49 所示。

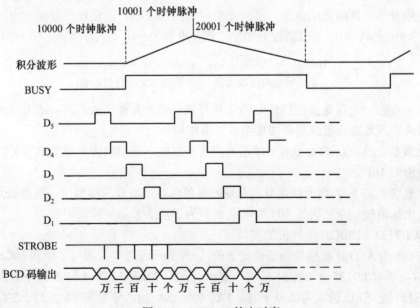

图 3-49　ICL7135 输出时序

111

为了使 7135 工作于最佳状态，获得最好的性能，必须注意对外接元器件的选择。典型的 7135 外部元件接法如图 3-50 所示。

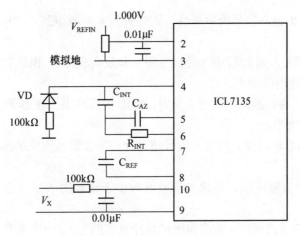

图 3-50　7135 外接元件图

V_{REFIN} 应为精密电源，通过电位器细调，得到 1V 的参考电源。基准电压的稳定性是影响转换精度的主要因素。

R_{INT} 为积分电阻，应选择精密电阻。积分电阻是由满量程输入电压和用来对积分电容充电的内部缓冲放大器的输出电流来定义的。充电电流的常规值为 20μA，积分电阻的精确值可由下式得到

$$R_{\text{INT}} = \frac{满量程电压}{20\mu A}$$

C_{INT} 为积分电容。积分电容和电阻的乘积由给定的最大电压波动选择，最大电压波动不超过积分器允许的波动范围（接近正负电源的 0.3V）。满量程积分输出电压波动值控制在 ±3.5～±4V 的电压范围较为理想。积分电容大小由下式计算：

$$C_{\text{INT}} = \frac{[10000 \times 时钟周期] \times I_{\text{INT}}}{积分输出电压波动值} = \frac{[10000 \times 时钟周期] \times 20\mu A}{积分输出电压波动值}$$

积分电容的一个很重要的特性是当它只有很小的介质吸收系数时，才可阻止过冲翻转。通常选聚丙烯电容器或聚碳酸酯电容器用作积分电容。

自动调零电容 C_{AZ} 的大小对系统的噪声有些影响，选用较大容量的电容可以减小噪声，典型值为 1μF。

基准电容 C_{REF} 应大到足以使节点对地的寄生电容可以被忽略为止，典型值为 1μF。积分器输出端串接一个二极管 VD 和电阻 R 是为了消除滚动误差。

2）ICL7135 和 80C51 单片机的接口

ICL7135 的 A/D 转换结果输出是动态的，因此必须通过并行接口才能和 80C51 连接，图 3-51 给出了 ICL7135 和 80C51 的接口逻辑，图中 74LS157 为 4 位 2 选 1 数据多路开关。74LS157 的 SEL 输入为低电平时，1A、2A、3A 输入信息在 1Y、2Y、3Y 输出；SEL 为高电平时，1B、2B、3B 输入信息在 1Y、2Y、3Y 输出。因此，当 7135 的高位选

通信号 D_5 输出为高时，万位数据 B_1 和极性、过量程、欠量程标志输入到 8155 的 $PA_0 \sim$ PA_3；当 D_5 为低电平时，7135 的 B_1、B_2、B_4、B_8 输出低位的 BCD 码，此时 BCD 码数据线 B_1、B_2、B_4、B_8 输入到 8155 的 $PA_0 \sim PA_3$。

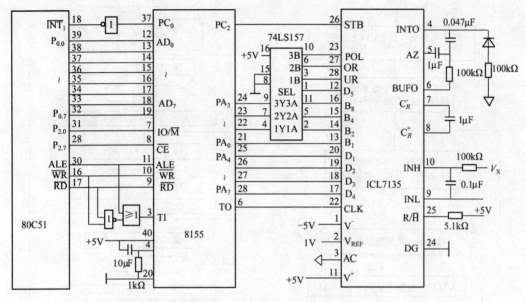

图 3-51　ICL7135 和 80C51 的接口

8155 的定时器作为方波发生器，80C51 的晶振频率取 12MHz。8155 定时器输入时钟频率为 2MHz，经 16 分频后，定时器输出为 125kHz 方波，作为 7135 的时钟脉冲。

8155 的 PA 口工作于选通输入方式，ICL7135 的数据输出选通脉冲线 STB 接到 8155 的 PA 口数据选通信号线 ASTB（PC_2），8155 PA 口中断请求线 AINTR（PC_0）反相后接 80C51 的 $\overline{INT_1}$ 脚。当 ICL7135 完成一次 A/D 转换后，产生 5 个数据选通脉冲，分别将各位的 BCD 结果和标志 $D_1 \sim D_4$ 打入 8155 的 PA 口。PA 口接收到一个数据，中断请求线 AINTR 升高，80C51 外部中断 $\overline{INT_1}$ 输入端变为低电平，向 CPU 请求中断。CPU 响应中断，读取 8155 PA 口的数据。设数据存放格式如下：

	D_7	D_6	D_5	D_4	D_3	D_2	D_1	D_0
20H	POL	OR	UR					万

	D_7			D_4	D_3			D_0
21H		千				百		

	D_7			D_4	D_3			D_0
22H		十				个		

主程序将 A/D 转换结果输送到 8155 的 RAM 存储器，其流程如图 3-52 所示。

由于 7135 的 A/D 转换是自动的。完成一次 A/D 转换后，选通脉冲的产生和 80C51 中断的开放是异步的。为了保证所采集的数据完整性，只对最高位（万位）中断请求作处理，低位数据输入采取查询的方法。A/D 中断 $(\overline{INT_1})$ 服务程序流程如图 3-53 所示。

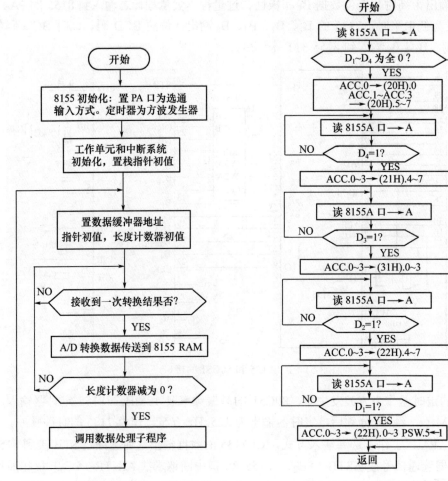

图 3-52 主程序（送转换结果）流程图　　　图 3-53 A/D 中断服务程序流程图

主程序清单：

```
MAIN: MOV  DPTR, #7F04H  ; 8155 定时器初始化

      MOV  A, #10H

      MOVX @DPTR, A

      INC  DPTR

      MOV  A, #40H

      MOVX @DPTR, A

      MOV  DPTR, # 7F00H          ; 控制字 D6H→8155 命令口

      MOV  A, #0D6H

      MOVX @DPTR, A

      MOV  SP, # 60H

      MOV  20H, #00H             ; 数据缓冲区清 0

      MOV  P₂, #7EH              ; 8155  RAM 缓冲器地址指针置初值

      MOV  R₀, #00H
```

114

```
        MOV   R7, #55H        ; 置长度计数器初值，一遍转换 55H
        MOV   IE, #84H         ; 开放外部中断 1
WDIN:   JBC   PSW.5, TRAN      ; 判断 A/D 结果缓冲器是否装满数据
        AJMP  WDIN             ; 检查中断服务程序中用的软标志
TRAN:   MOV   A, 20H           ; A/D 结果传送到外部 RAM
        MOVX  @R0, A
        INC   R0
        MOV   A, 21H
        MOVX  @R0, A
        INC   R0
        MOV   A, 22H
        MOVX  @R0, A
        INC   R0
        DJNZ  R7, WDIN
        ACALL PDATA            ; 调用数据处理子程序，
        MOV   R0, #00H         ; 重置 8155  RAM 首地址
        MOV   R7, #55H         ; 重置长度计数器
        AJMP  WDIN
```

A/D 中断服务程序：

```
PINT1:  MOV   DPTR, # 7F01H    ; 读 8155  PA 口的 A/D 结果
        MOVX  A, @DPTR
        MOV   R2, A            ; 暂存于 R2 中
        ANL   A, #0F0H
        JNZ   PR1              ; D5=0，返回（D1-D4 非全 0，说明 D5=0）
        MOV   R1, #20H         ; D1-D4 全 0，则 D5=1，选通万位
        MOV   A, R2
        ANL   A, #01H          ; 读取万位数据
        XCHD  A, @R1
        MOV   A, R2
        ANL   A, #0EH          ; 保留 POL、OR、UR 3 位
        SWAP  A
        XCHD  A, @R1
        MOV   @R1, A
        INC   R1
WD4:    MOVX  A, @DPTR         ; 读千位
        JNB   ACC.7, WD4
        SWAP  A
        MOV   @R1, A           ; 千位→（22H）.(4~7)
WD3:    MOVX  A, @DPTR         ; 读百位
```

115

```
        JNB  A_CC.6,  WD3
        XCHD  A, @R_1            ；百位→（22H）.(0~3)
        INC  R_1
WD2: MOVX  A, @DPTR
        JNB  A_CC.5,  WD2
        SWAP  A
        MOV  @R_1,  A            ；十位→（21H）.(4~7)
WD1: MOVX  A , @DPTR
        JNB  A_CC.4,  WD1
        XCHD  A, @R_1           ；个位→（21H）.(0~3)
        SETB  PSW.5             ；置一次 A/D 结果读出标志
   PR1：RETI
```

5. 用 V/F 变换器和 80C51 构成 ADC

由于当前 12 位以上的 A/D 转换器价格昂贵，人们正在寻找新的途径来取代它，用 V/F 变换器可以制成高精度、低价格的 A/D 转换器，其分辨率可达 16 位以上。在要求速度不太高的场合是很适用的，如用于称重、测压力等各种传感器信号的高精度测量系统中。

单片机直接与 V/F 变换器连接进行 A/D 转换，不需额外的硬件电路，完全利用单片机内部的硬件资源，简单方便，成本低。下面主要介绍用 V/F 变换器 ADVFC32 做高分辨率 A/D 转换时与 80C51 单片机接口方法。

1）硬件接口电路

硬件接口电路如图 3-54 所示。图 3-54 中是输入电压信号为正时的情况。在输入信号为负时，只要把电阻 R_1、R_3 接地，从第 14 脚直接输入即可。可见接口电路非常简单，只要把 V/F 变换器输出的频率信号直接送到 80C51 单片机的定时器 T_1 的输入端即可。

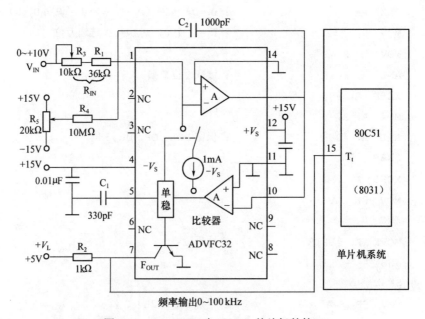

图 3-54 ADVFC32 与 80C51 单片机的接口

116

此电路的设计思想为：从传感器来的 mV 级电压信号经运算放大器放大到 0～10V 后加到 ADVFC32 的输入端，从频率输出端 F_{OUT} 输出的频率信号加到 80C51 单片机定时器 T_1 的输入端上。由定时器 T_0 作定时，由定时器 T_1 对输入脉冲计数。T_0 的定时时间由要求的 A/D 转换分辨率而定。若定时范围不够，可以多次定时实现。

80C51 的定时器 T_1 作计数器使用时，可计数的外部脉冲最高频率为单片机晶体振荡器振荡频率的 1/24，即

$$f_{max} = f_{oc}/24 = 12MHz/24 = 500kHz$$

因此值等于 ADVFC32 的最高允许工作频率，故单片机 80C51 的内部定时器 T_0 和 T_1 能满足对定时和计数的要求。

另外，单片机的定时器/计数器在作为计数器使用时，要求外部输入脉冲的宽度至少为一个机器周期的时间。80C51 的一个机器周期等于 12 个振荡周期，即 V/F 变换器输出信号的脉冲宽度为

$$T \geqslant 12 \times 1/f_{oc} = 12 \times 1/12 \times 10^6 = 1\mu s$$

而 ADVFC32 的输出脉冲宽度为（$0.1 \sim 0.15/f_{max}$）μs，其中 f_{max} 为满度时输出频率。

如 $f_{max} = 100kHz$，则输出脉冲宽度为

$$0.15/100 \times 10^3 = 1.5\mu s > 1\mu s$$

因此满足对脉冲宽度的要求。如 f_{max} 再提高，则脉冲宽度较小，需将脉冲展宽，如接一个 555 定时器等，然后再接到单片机上。

一次 A/D 转换所需计数的脉冲数和定时器的定时时间是由所要求的分辨率决定的。设分辨率为 12 位，则脉冲数 $= 2^{12} = 4096$ 个。ADVFC32 的最高工作频率 f_{max} 有 10kHz、100kHz 和 500kHz 三种，今取 $f_{max} = 100kHz$，则其脉冲周期为

$$T_{max} = 1/f_{max} = 1/100 \times 10^3 = 10\mu s$$

定时时间为

$$4096 \times T_{max} = 4096 \times 10\mu s = 40.96ms$$

类似地，对于其他分辨率，由计算得出以下各值：

分辨率为 13 位，脉冲数 $=8192$，定时时间 $=81.92ms$。

分辨率为 14 位，脉冲数 $=16384$，定时时间 $=163.84ms$。

分辨率为 15 位，脉冲数 $=32768$，定时时间 $=327.68ms$。

分辨率为 16 位，脉冲数 $=65536$，定时时间 $=655.36ms$。

分辨率为 16.6 位，脉冲数 $=100000$，定时时间 $=1s$。

所以在 $f_{max} = 100kHz$ 时，如定时时间为 1s，其 A/D 转换的分辨率超过 16 位。但实际上对分辨率的选取应按实际的需要而定，过高的分辨率使 A/D 转换的速度下降。

为便于计算，现以最大脉冲数为 20000 为例进行设计，则定时时间为 200ms，根据 $2^x = 20000$，可求出分辨率为

$$X = \log_2 20000 = 14.2877bit$$

即分辨率大于 14 位，满足一般对高分辨率的要求。定时时间为 200ms，每秒可转换 4～5 次，相当于双积分式 A/D 转换器的转换时间。

2）A/D 转换程序

定时器 T_0 的初值计算如下：

设定时器 T_0 工作在模式 1，为 16 位定时器。最大定时时间为

$$2^{16} \times 机器周期 = 65536 \times 1\mu s = 65.536ms$$

设 T_0 的定时时间为 50ms，则 T_0 溢出 4 次即为 200ms，可由软件计数 4 次即可。

$$(2^{16} - X) \times 1\mu s = 50 \times 10^3 \mu s$$

故定时器 T_0 的初值为

$$65536 - 50000 = 15536 = 3CB0H$$

设定时器 T_1 也工作在模式 1，为计数器方式，是 16 位计数器，最多可计 $2^{16} = 65536$ 个脉冲，而外部输入的最大脉冲数为 20000<65536，无溢出，故定时器 T_1 不必开中断。

根据以上分析，得出 A/D 转换的流程图如图 3-55 所示。在程序中，定时器 T_1 的低 8 位 TL_1 和高 8 位 TH_1 的值即为 A/D 转换的结果，分别送入单片机 80C51 的内部 RAM 单元 31H 和 32H 中暂存，然后进行必要的数据处理，如标度变换等，再输出显示。本程序为一次 A/D 转换的程序，如需多次 A/D 转换，只须稍加修改，使其重复运行，并将转换结果存入不同的 RAM 单元，然后再加入处理即可。在程序中以内部 RAM 的 30H 单元作为定时器 T_0 溢出次数的计数缓冲器，定时器 T_0 每溢出一次，30H 的内容在溢出中断服务程序中加 1。30H 的内容为 4 时，转换结束。

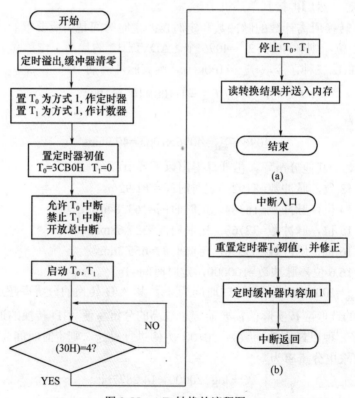

图 3-55 A/D 转换的流程图

(a) A/D 转换主程序；(b) 定时器 T_0 溢出中断服务程序。

118

因为在中断服务程序中没用到累加器及其他寄存器，所以不必进行保护现场和恢复现场等操作。

A/D 转换的程序如下。

A/D 转换主程序：

```
        ...
        MOV   30H, #00H           ; 定时器 T_0 溢出次数计数器清零
        MOV   TMOD, #51H          ; 置 T_0 为模式 1 定时, T_1 为模式 1 计数
        MOV   TL_0, #0B0H         ; 预置 T_0 初值为 3CB0H
        MOV   TH_0, #3CH
        MOV   TL_1, #00H          ; 预置 T_1 初值为 0
        MOV   TH_1, #00H
        SETB  ET_0                ; 允许 T_0 中断
        CLR   ET_1                ; 禁止 T_1 中断
        SETB  EA                  ; 开放总中断
        SETB  TR_0                ; 启动 T_0
        SETB  TR_1                ; 启动 T_1
LOOP:   MOV   A, 30H              ; 定时时间到
        CJNE  A, #04H, LOOP       ; No, 循环等待
        CLR   TR_1                ; Yes, 停止 T_1
        CLR   TR_0                ; 停止 T_0
        MOV   31H, TL_1           ; 转换结果送入 31H
        MOV   32H, TH_1           ; 和送入 32H 单元
        ...
```

定时器 T_0 溢出中断服务程序：

```
T0INT:  MOV   TL_0, #0B0H         ; 重置 T_0 初值
        MOV   TH_0, #3CH          ; 并加以修正
        INC   30H                 ; 溢出次数+1
        RETI                      ; 返回
```

6. 高精确度双斜式 A/D 转换电路

对于智能仪器仪表而言，测量精确度一般均高于 0.1%，要求 A/D 转换部分的分辨率应高于二进制的 11 位$\left(对应十进制显示为 3\dfrac{1}{2}位\right)$，对于精确度较高的仪器，A/D 转换的分辨率应高于二进制的 14 位$\left(对应十进制显示为 4\dfrac{1}{2}位\right)$。如果采用逐次逼近转换原理的集成芯片如 ADC0809，ADC0804 等，则仪器的精确度太低，采用较高精确度的芯片如 AD547，价格太贵，不宜在一般仪器仪表中使用。如果采用积分型 ADC 芯片如 5G14433，ICL7135 等，则往往转换速度不能满足设计要求。为解决测量精确度、测量速度和仪器成本之间的矛盾，介绍一种适合于智能仪器仪表使用的 A/D 转换电路，它采用 8253 定时器/计数器芯片以实现高精确度的双斜式 A/D 转换，图 3-56 所示为其原理图。

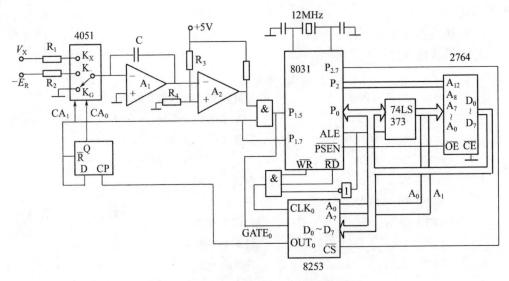

图 3-56 高精确度双斜式 A/D 转换原理图

8253 为可编程定时器/计数器接口芯片，它内部有 3 个 16 位定时器/计数器，它的数据总线 $D_0 \sim D_7$ 可直接与 8031 的 P_0 口相连接。地址线 A_0、A_1 接 8031 的地址锁存器 74LS373。片选端 $\overline{CS}$ 采用线选法寻址，接到 8031 的 $P_{2.7}$，故 8253 的口地址为 7FFCH~7FFFH。时钟 CLK_0 采用 8031 的 ALE 脉冲，为了防止 8031 执行 MOVX 命令时，丢失 ALE 脉冲的现象，将 $\overline{ALE}$、$\overline{WR}$、$\overline{RD}$ 进行逻辑与，然后接到 8253 的 CLK_0 输入端，保证在执行程序的过程中，ALE 脉冲频率为 2MHz。

$P_{1.7}$、$P_{1.6}$ 是 8031 P_1 口的两个 I/O 位，分别用作 A/D 转换的启动控制信号和转换结束状态信号。

8253 口地址分配为：计数器 0 的口地址为 7FFCH，计数器 1 的口地址为 7FFDH，计数器 2 的口地址为 7FFEH，命令口的地址为 7FFFH。现将计数器 0 作为双斜式 A/D 的积分时间控制和测量计数，其工作方式预置为具有门控功能的方式 0。

图 3-56 中，A_1 为高输入阻抗运算放大器 LF356 组成积分器，R_1、R_2 为积分电阻，C 为积分电容，其时间常数主要由定时积分时间 T_R 决定，也与被测电压大小有关。A_2 为高速电压比较器 LM311，R_3 和 R_4 设置比较器的比较电平，以保证在运放和比较器有零漂时，其输出仍为高电平。

在测量的初始阶段，$P_{1.7}=0$，使模拟切换开关 CD4051 的接地开关接通，积分器输入端接地，积分器输出为零，比较器输出高电平。此时，计数器 0 的门控端 $GATE_0=0$。

测量时，先向计数器 0 置入初值，初值决定于定时积分时间 T_R 的长短，也与 A/D 转换的精确度有关。若 16 位精确度，$T_R=32ms$；若 14 位精确度，$T_R=8ms$；若 12 位精确度，$T_R=2ms$。

当 $P_{1.7}$ 置为 "1" 时开始 A/D 转换。这时，计数器 0 的门控端 $GATE_0$ 变为 "1"，8253 开始减 1 计数。与此同时，模拟切换开关 4051 的信号输入端开关 K_x 接通，对被测电压 V_x 进行定时积分，开始了 A/D 转换的采样期。

当定时积分时间到（计数器 0 减到零），8253 计数器 0 的输出端 OUT_0 发出负脉冲，使 D 触发器翻转，切断 K_X，接通 K_-，对负基准电压 $-E_R$ 进行积分。此时，比较器输出仍为高电平，8253 计数器 0 从 0 开始继续减 1 计数，A/D 转换进入比较期，反向积分时间 t_X 与积分电容上电压成正比，也就是与被测电压 V_X 成正比。当积分器输出电压由负变正时，比较器翻转，输出低电平（$GATE_0=0$），使 8253 计数器 0 停止减 1 计数。此时，8031 的 $P_{1.6}=0$，A/D 转换结束。这时可读出 8253 计数器 0 的计数值，它即为 A/D 转换的转换结果。

下面列出 A/D 转换的程序清单：

初始化程序：

```
        MOV   DPTR, #7FFFH
        MOV   A, #30H
        MOVX  @DPTR, A          ; 置 8253 计数器 0 为方式 0
        CLR   P1.7              ; 置积分器的初始状态，将输入端接地
```

测量程序：

```
 ADC:   MOV   DPTR, #7FFCH      ; T0 的口地址送 DPTR
        MOV   A, #40H           ; 预置低 8 位初值
        MOVX  @DPTR, A
        MOV   A, #9CH           ; 20ms 定时值送计数器 0
        MOVX  @DPTR, A
        SETB  P1.7              ; 启动 A/D 转换
 HERE:  JB    P1.6, HERE        ; 等待转换结束
        CLR   P1.7
        MOVX  A, @DPTR          ; 读入计数器 0 的低 8 位
        CPL   A
        ADD   A, #1             ; 取补，在比较期计数器从 0 开始作减
                               ; 1 计数，所以结果应取补
        MOV   B, A
        MOVX  A, @DPTR          ; 读入计数器 0 的高 8 位
        CPL   A
        ADDC  A, #0             ; A 及 B 中为 16 位 A/D 转换的结果
        END
```

该转换电路有如下优点：

（1）转换精确度高，转换可达 16 位，超过绝大多数 A/D 转换芯片。

（2）转换速度较快，每秒钟可转换几十次到几百次，改变积分时间 T_R，可改变测量精确度和测量时间，灵活性强，可实现快速量程转换。

（3）价格低廉，适合于大批量生产的仪器仪表。

（4）抗干扰能力强，如取积分时间 T_R 为 20ms，可进一步提高抗工频干扰的能力。

7. 串行 A/D 转换器 MAX186 与单片机的接口

MAX186 是美国 MAXIM 公司设计的 12 位串行 A/D 转换器，其内部集成了大带宽

跟踪/保持电路和串行接口，还集成了 8 通道多路开关，转换速率高且功耗低，特别适用于对体积、功耗和精度有较严格要求的便携式智能仪器仪表等场合。

1）MAX186 的特点

（1）12 位分辨率。

（2）8 通道单端或 4 通道差分输入，输入极性可用软件设置。

（3）单一＋5V 工作电压，工作电流 1.5mA。

（4）内部跟踪/保持电路，133kps 采样速率。

（5）内部有 4.096V 基准电压，提供与 SPI、Microwire 和 TMS320 兼容的 4 线串行接口。

2）MAX186 的内部结构与工作原理

MAX186 内部结构如图 3-57 所示。

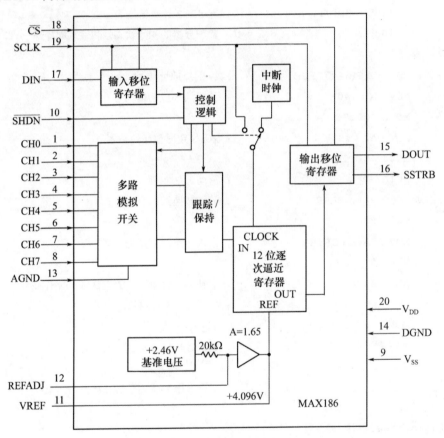

图 3-57　MAX186 内部结构

MAX186 用输入跟踪/保持（T/H）和 12 位逐次逼近寄存器（SAR）构成的电路系统将模拟信号转换成 12 位数字信号输出，T/H 不需要外部保持电容。

当 $\overline{CS}$ 有效时，在时钟 SCLK 的每一个上升沿把一个最高位为 "1" 的控制字节的各位送入输入移位寄存器，控制器收到控制字节后，选择控制字中给定的模拟通道并在 SCLK 的下降沿启动转换。在启动转换后 MAX186 可使用外部串行时钟或内部时钟来完

122

成逐次逼近转换。在两种时钟方式中，数据的输入/输出都由外部时钟来完成。在外部时钟方式时，外部时钟不仅输入和输出数据，而且也驱动每一步 A/D 转换。在控制字节的最后一位之后，串行选通脉冲输出端 SSTRB 有一个时钟周期的高电平，在其后的 12 个 SCLK 的每一个下降沿决定逐次逼近的各位并出现在数据输出端 DOUT。通常变换必须在较短时间内完成，否则采样/保持电容器上电压的降低可能导致变换结果精度的降低。如果时钟周期超过 10μs，或者由于串行时钟中断使得变换时间超过 120μs，则要使用内部时钟方式。在内部时钟方式时，MAX186 在内部产生它们自己的转换时钟，并允许微处理器以 10MHz 以下的任何时钟频率读回转换结果。SSTRB 在转换开始时变为低电平，在变换完成时变为高电平。SSTRB 保持最长为 10μs 的低电平，为了得到最佳的噪声性能，在此期间 SCLK 应保持低电平。在 SSTRB 变为高电平之后的下一个时钟下降沿转换结果的最高有效位将出现在 DOUT 端。其控制字的格式如下：

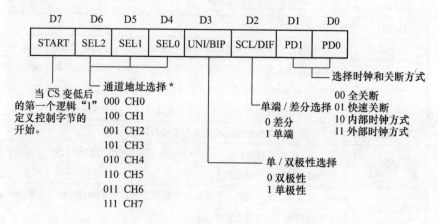

注：所列的通道地址是单端输入方式下的选择；差分输入方式下的通道地址选样可查阅有关手册。

3）MAX186 的引脚功能及硬件接口电路

MAX186 的引脚示意图如图 3-58 所示，其引脚功能描述如表 3-6 所列。

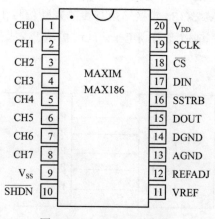

图 3-58   MAX186 引脚图

表 3-6　芯片引脚及功能说明

引　脚	名　称	功　　能
1～8	CH0～CH7	数据采集用的模拟输入通道
9	V_{SS}	负电源电压，可接到（−5±0.25）V 或 AGND
10	$\overline{SHDN}$	三电平的关断输入。把 $\overline{SHDN}$ 拉至低电平可关闭 MAX186，使电源电流降至 10 μA，否则 MAX186 处于全负荷工作状态。把 $\overline{SHDN}$ 拉至高电平使基准缓冲放大器处于内部补偿方式。悬空 $\overline{SHDN}$ 使基准缓冲放大器处于外部补偿方式
11	VREF	用于 A/D 变换的基准电压，同时也是基准缓冲放大器的输出（MAX186 为 4.096V）。使用外部补偿方式时，在此端与地之间加一个 4.7 μF 的电容器。使用精密的外部基准时，也用作为输入
12	REFADJ	基准缓冲放大器输入
13	AGND	模拟地，也是单端变换的 IN_输入端
14	DGND	数字地
15	DOUT	串行数据输出，数据在 SCLK 的下降沿输出。当 $\overline{CS}$ 为高电平时处于高阻态
16	SSTRB	串行选通脉冲输出。处于内部时钟方式时。当 MAX186 开始 A/D 变换时，SSTRB 变为低电平，在变换完成时变为高电平。处于外部时钟方式时，在决定 MSB 之前，SSTRB 保持一个周期的脉冲高电平。当 $\overline{CS}$ 为高电平时，处于高阻状态（外部方式）
17	DIN	串行数据输入。数据在 SCLK 的上升沿由时钟打入
18	$\overline{CS}$	片选信号，低电平有效。除非 $\overline{CS}$ 为低电平，否则数据不能被时钟打入 DIN；当 $\overline{CS}$ 为高电平时，DOUT 为高阻状态
19	SCLK	串行时钟输入，为串行接口数据输入和输出定时。处于外部时钟方式时，SCLK 同时设置变换速率（其占空系数必须是 45%～50%）
20	V_{DD}	正电源电压（+5±0.25）V

图 3-59 是 MAX186 与 80C51 单片机的接口简图。这类单片机都不带 SPI 或相同的接口能力，为了与 MAX186 模数转换器接口，需要用软件来模拟 SPI 的操作时序。MAX186 的 I/O 时钟、数据输入、片选 $\overline{CS}$ 分别由 $P_{1.2}$、$P_{1.4}$、$P_{1.3}$ 提供。MAX186 的转换结果数据通过 P_1 口的 $P_{1.6}$ 脚接收。MAX186 转换结束与否的判断信号由 $P_{1.5}$ 接收，SSTRB 在转换开始时为低电平，在转换完成时变为高电平。此时可从 $P_{1.6}$ 脚接收转换数据，先接收高 4 位，后接收低 8 位。

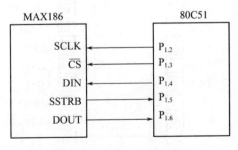

图 3-59　MAX186 与 80C51 接口

4）接口软件设计

实现对某一通道采样的汇编语言程序如下：

```
         MOV   21H，#00H      ;清转换结果低 8 位存放字节
         MOV   22H，#00H      ;清转换结果高 4 位存放字节
         MOV   A，#8EH        ;写控制字：0 通道、单极性、单端、内部时钟方式
         MOV   R₁，#08H       ;依次输出 8 位控制字
         CLR   P₁.₃          ;置 CS̄ 为有效
         CLR   C
LOOP：  RLC   A
         MOV   P₁.₄，C        ;输出控制字中的一位
         CLR   P₁.₂          ;输出一个串行时钟脉冲给 SCLK
         SETB  P₁.₂          ;一个时钟上升沿送入一位
         DJNZ  R₁，LOOP
         CLR   P₁.₂          ;时钟下降沿启动转换，且应保持低
WAIT：  JNB   P₁.₅，WAIT     ;等待转换完毕
         MOV   R₁，#04H
         MOV   R₀，#08H
LOOP1：SETB  P₁.₂          ;读取高 4 位
         CLR   P₁.₂          ;数据在时钟下降沿输出
         MOV   C，P₁.₆
         MOV   A，22H
         RLC   A
         MOV   22H，A
         DJNZ  R₁，LOOP1
LOOP2：SETB  P₁.₂          ;读取低 8 位
         CLR   P₁.₂
         MOV   C，P₁.₆
         MOV   A，21H
         RLC   A
         MOV   21H，A
         DJNZ  R₀，LOOP2
```

3.6 数据采集系统

3.6.1 数据采集系统结构

随信号电平和采样速度的不同，数据采集系统的结构也不同。图 3-60 表示适用于高电平输入信号的数据采集系统。在图 3-60(a) 中，模拟多路开关选择多路输入信号中的某一路输出，经采样保持后进行 A/D 转换；在图 3-60(b)中，对多路输入信号分开进行采样保持，其特点是所用器件较多，但可以同时准确地采样多路信号，从而可对它们进行瞬

时比较。图 3-61 表示了适用于低电平输入信号的系统。对于低电平信号，必须考虑由热电势及共模电压等引起的误差，因而采用差分输入，且在采样保持之前进行差分放大。

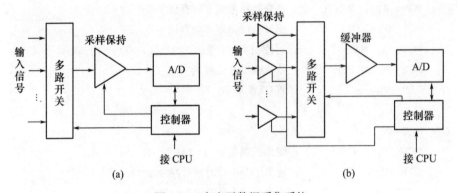

图 3-60　高电平数据采集系统

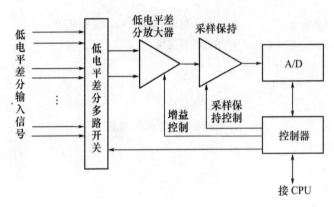

图 3-61　低电平数据采集系统

3.6.2　模拟开关

1. 模拟开关的特性和分类

模拟开关用来换接模拟信号，对模拟开关的要求如下。

静态特性：开关接通电阻要小，断开电阻要大。

动态特性：从加上驱动信号到开关元件动作间的延迟时间要小，开关元件通断时无过渡现象。

寄生特性：偏移电压、温差电势、尖峰电压等要小，输入信号与驱动信号间无相互干扰。

模拟开关可分为两大类。第一类是机械触点式开关，包括干簧继电器、水银继电器和机械振子式继电器等。这类开关具有理想的静态特性，而且驱动部分和开关动作元件是隔开的，但动态特性差，即速度慢、动作时产生弹跳和寿命较短。第二类是电子元件式开关，包括晶体管、场效应管、光电耦合元件以及集成电路等模拟开关，特点是速度快、体积小，但导通电阻较大，驱动部分与开关元件部分不完全隔开。通常在低电平（低于 100mV 左右）、慢速的场合采用机械式开关，当要求速度较高时采用电子元件开关。

2. 舌簧式继电器

舌簧式继电器是最常用的机械触点式模拟开关,而其中干簧式继电器尤为多用。图3-62(a)表示干簧式继电器的结构。其在玻璃密封外壳内有一对由金、铑或银等贵金属构成的扁平触点,玻璃壳内充惰性气体。簧片是常开的,当线圈内通过电流时,簧片被磁化而吸合。

图3-62(b)表示干簧继电器的驱动电路。二极管 VD 用于短路开关断开时线圈内产生的反冲电动势。

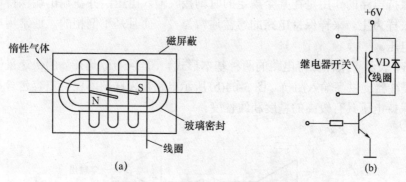

图 3-62　干簧继电器及其驱动电路

干簧继电器的典型参数如下:工作速度 200～500 次/s;吸合时间 750～1000μs;释放时间 50～700μs;接通电阻 10～150mΩ;断开电阻 10^{12}Ω。

水银湿簧继电器的结构与干簧继电器相同,但在玻璃壳底部充有水银,其接通电阻为 20～50mΩ,比干簧继电器的接通电阻更小。

3. 场效应晶体管开关

目前在数据采集系统中,半导体开关远比机械式开关应用广泛。在半导体开关中,由于双极型晶体管存在偏移电压,因而广泛应用场效应晶体管。结型场效应晶体管的优点是工作速度快(达 10^6 次/s),导通电阻低(5～25Ω),截止电阻达 10^{10}Ω。

近年来,CMOS 场效应管正被广泛用于模拟开关。它的特点是:由于并联的 P 沟道和 N 沟道器件提供对称的电阻。当输入信号变化时,导通电阻保持稳定,能把多个开关集成在一个单片上。CMOS 场效应管的导通电阻为 50～800Ω,截止电阻达 10^9Ω,工作速率大于 10^5 次/s。

图3-63 为 AD7506 型多路模拟开关的框图。AD7506 是单片 CMOS 工艺、16 通道的模拟开关。EN 为芯片选择信号。当 EN=1 时,4 根地址线 A_0～A_3 的状态决定了哪个开

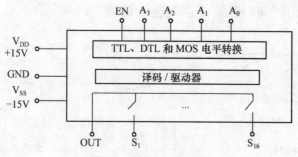

图 3-63　AD7506 型多路模拟开关

关接通，即把输出线 OUT 与 16 根输入线 S_1~S_{16} 中的哪一根相连接。当 A_3，A_2，A_1，A_0 为 0000 时接通 S_1，0001 时接通 S_2，…，1111 时接通 S_{16}。AD7506 型多路开关的特点是功耗低、导通电阻 R_{on} 小（最大为 550 Ω）且与所加电压无关、漏电流小。

3.6.3 采样保持电路

1. 采样保持电路的类型

采样保持电路的作用是在某个规定的时刻接收输入电压，并在输出端保持该电压，直至下次采样为止。采样保持电路的增益通常为 1，而且是不倒相的。通常用电容器来保持输入电压。

图 3-64 表示了采样保持电路的两种基本形式。图 3-64(a) 是开环的快速采样保持电路，输出缓冲器提供高输入阻抗。图 3-64(b) 所示电路在采样期间保持电容包含在反馈环内，因而保持电压具有较高的精度和线性度。

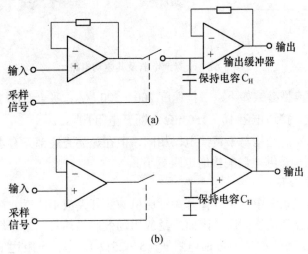

(a)

(b)

图 3-64　采样保持电路

2. 采样保持电路的主要参数

（1）获取时间。获取时间是从开始采样到到达精度指标输出之间的时间，如图 3-65 所示。它与电容器的充电时间常数、放大器的响应时间及保持电压的变化幅度有关。显然，保持电压的变化幅度越大，获取时间将越长。

（2）保持电压的下降。在保持状态，由于保持电容的漏电流和其他杂散漏电流，引起保持电压下降，如图 3-66 所示。下降速度用 v/s 表示。

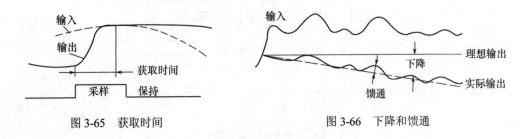

图 3-65　获取时间　　　　　　　图 3-66　下降和馈通

128

（3）馈通。馈通是在保持期间输入信号出现在输出端的比例，这主要是由跨接在开关两端的分布电容把输入信号耦合到输出端所致，见图 3-66。

（4）孔径时间。所谓孔径时间，就是从发出保持命令到保持开关真正打开所需的时间，这一延时会产生一个与被采样信号的变化有关的幅度误差。如图 3-67 所示，在 t_1 时刻采样信号已结束，但由于电路的延时作用，模拟开关实际要到 t_2 才完全切断，使实际保持电压与希望的保持电压之间产生误差。t_2-t_1 称为孔径时间。

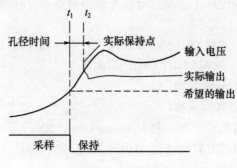

图 3-67　孔径时间

（5）电压增益精度。当环境和电源变化时，电压增益可以保持的精度。

表 3-7 列出了采样保持电路的主要技术参数。

表 3-7　采样保持电路的主要参数

参　数	经济实用的方案	高性能方案
增益	+1.0	+1.0
孔径时间	100ns	10ns
下降	$1\,\mu V/s$	$0.1\,\mu V/s$
馈通	±0.01%	±0.001%
0.01%的获取时间	$15\,\mu s$	350ns

3. 单片采样保持电路

图 3-68 表示 AD582 型单片采样保持电路。该电路的获取时间为 6μs，孔径时间为 150ns。

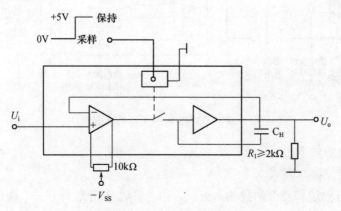

图 3-68　AD582 采样保持器

3.6.4 单片数据采集系统

AD363 是美国模拟器件公司生产的 16 通道、12 位数据采集系统，分装成两个片子。一片是模拟输入部分，包括两个 8 通道多路开关、一个差分放大器、取样保持电路、通道地址选择和控制电路等；另一片是 12 位逐次逼近式 ADC，包括内部时钟、10V 基准源、比较器、缓冲器及 12 位 DAC 等。12 位 ADC 也可单独使用。由于采用大规模线性和数字集成电路、厚薄膜电路工艺及带电激光微调等技术，使器件获得了较高的性能。

1. 主要性能指标

（1）输入电压范围：双极型 ±2.5V、±5.0V、±10V，单极型 0～+5V、0～+10V。

（2）ADC 转换时间：最大 25μs（典型 22μs）。

（3）相对精度：±0.02% 满量程。

（4）增益误差：±0.05% 满量程。

（5）取样保持电路的孔径时间：最大 100ns（典型 50ns）。

（6）取样保持电路的获取时间（到 ±0.01%）：最大 18μs。

2. 工作原理

图 3-69 是 AD363 数据采集系统框图。

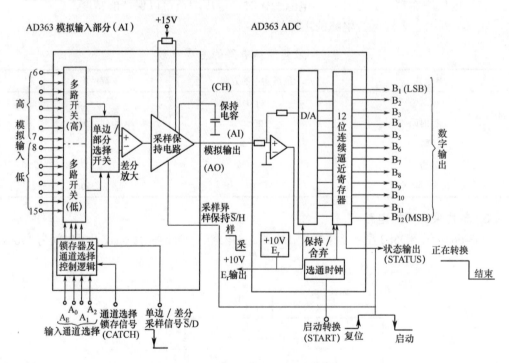

图 3-69　AD363 数据采集系统框图

系统主要功能如下。

1）单边/差分输入方式

AD363 具有单边和差分两种输入方式，由"单边/差分选择开关"决定（见图 3-69），后者又受单边/差分选择信号 $\overline{S}/D$ 控制：$\overline{S}/D$ = "0" 时：单边方式（16 通道）；$\overline{S}/D$ = "1"

130

时：差分方式（8 通道）。

2）输入通道选择

输入通道的选择由"输入通道选择"信号（简称选择信号）AE、A_2、A_1、A_0决定，如表 3-8 所列。当选择差分输入方式时，AE 必须置"1"。

表 3-8　输入通道选择

地　址				接　通　通　道		
					差分	
AE	A_2	A_1	A_0	单边	高	低
0	0	0	0	0	无	
0	0	0	1	1	无	
⋮	⋮	⋮	⋮	⋮	⋮	
0	1	1	1	7	无	
1	0	0	0	8	0（11）	0（27）
1	0	0	1	9	1（10）	1（26）
⋮	⋮	⋮	⋮	⋮	⋮	⋮
1	1	1	1	15	7（4）	7（18）

AD363 内部有一个通道地址锁存器，受"通道选择锁存"信号 CATCH 控制。当锁存信号为高电平时，4 个选择信号通过锁存器直接加到模拟开关；当锁存信号为低电平时，锁存器锁存了锁存信号发生负跳变时刻的 4 个选择信号状态，其后不再跟随选择信号变化。

3）采样和保持的控制

采样保持方式受"采样保持控制"信号 $\overline{S}/H$ 控制。当该信号为高电平时，采样保持电路工作在保持方式；当该信号为低电平时，采样保持电路工作在采样方式。通常将采样保持控制信号 $\overline{S}/H$ 连接到 ADC 的"状态输出"信号 STATUS。当 ADC 正在转换时，状态输出信号为高电平，采样保持控制信号亦为高电平，使采样保持电路工作在保持方式。

4）启动转换和状态输出

"启动转换"信号的负跳变启动一次 A/D 转换，正跳变复位逻辑电路。

"状态输出"信号的高电平表示正在进行 A/D 转换，低电平表示转换已完成，并且数据有效。

3. AD363 与 8031 接口实例

图 3-70 为 AD363 与 8051 单片机的接口电路。图中，单片机 8051 通过 8155 与 AD363 接口，8155 的 PA 口、PB 口作为转换结果数据输入口，$PC_3 \sim PC_0$ 输出通道地址选择信号，PC_4 输出通道地址锁存控制信号，PC_5 输出启动转换控制信号。

利用图 3-70 所示电路对 16 路模拟量输入信号依次采样一遍，采样结果放在单片机内部 50H 开始的数据存储单元，每路采样结果占用两个字节。高 4 位 $B_{12\sim9}$ 放偶地址单元，低 8 位 B_{8-1} 放奇数地址单元。采样控制程序如下：

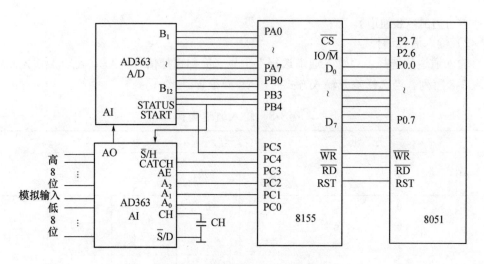

图 3-70　AD363 与 8051 接口电路

```
AD363: MOV  DPTR ， #7FF8H        ; 8155 命令口地址
       MOV  A ， #0CH             ; A、B 口输入，C 口输出
       MOVX @DPTR，A
       MOV  R0 ， #50H            ; 数据暂存区首地址
       MOV  R1 ， #30H            ; 存放通道地址、地址锁存信号和
                                  ; 复位 A/D 信号的单元地址
ADC0:  MOV  A ， R1
       MOV  DPTR ， #7FFBH        ; 8155 C 口地址
       MOVX @DPTR ， A            ; 送通道地址，复位 A/D
       ANL  A ， #0FH
       MOVX @DPTR，A              ; 锁存通道地址，启动 A/D
       MOV  DPTR，#7FFAH          ; 指向 B 口
ADC1:  MOVX A，@DPTR              ; 读入 B 口状态标志
       JB   ACC.4 ， ADC1        ; 判断是否转换结束
       MOVX A ， @DPTR           ; 读入 B 口转换结果
       ANL  A ， #0FH
       MOV  @R0 ， A             ; 存高 4 位
       INC  R0                  ; 指向下一暂存单元
       MOV  DPTR，#7FF9H          ; 指向 A 口
       MOVX A，@DPTR             ; 读入 A 口转换结果
       MOV  @R0 ， A             ; 存低 8 位
       INC  R0                  ; 指向下一暂存单元
       INC  R1                  ; 指向下一通道号
       CJNE R1，#40H，ADC0        ; 判断 16 个通道是否采集完成
       RET                      ; 采样完成，退出
```

132

习题与思考题

1. 传感器的定义是什么?它们是如何分类的?

2. 传感器的主要特性有哪些? 何谓传感器的动态特性、静态特性? 它们的衡量指标是什么?

3. 传感器由哪几部分组成? 它们的作用与相互关系怎样?

4. 试述几种常用的和新型的传感器的基本工作原理。

5. A/D 转换器与 D/A 转换器分别有哪些主要技术指标?分辨率与精度有什么不同?

6. 逐次比较式 A/D 转换器和双积分 A/D 转换器各有什么特点?

7. D/A 转换器中一般会有哪些部件? 有锁存器和无锁存器的 D/A 转换器与 80C51 接口的电路有什么不同?

8. 在什么情况下要使用 D/A 转换器的双缓冲方式? 试以 DAC0832 为例绘出双缓冲方式的接口电路。

9. 在一个时钟频率为 12MHz 的 80C51 系统中接有一片 ADC0809 A/D 转换器(地址自定),以构成一个简单通道自动循环检测系统。要求该系统每隔 100ms 就对 8 个直流电压源(0～5V)自动循环检测一次,测量结果对应存于 60H～67H 的 8 个存储单元中(定时采样可以采用单片机内定时器的定时中断方法)。试画出该系统的电路原理图,并编写相应的控制程序。

10. 以 AD363 与 80C51 单片机构成一个数据采集系统,设采用单边输入,AD363 与 80C51 的通信采用中断响应方式。请画出接口电路,并编写顺序采集的程序。

11. 数据采集系统主要有哪几部分组成? 每一部分的主要功能是什么?

第4章 人机接口技术

智能仪器通过输入设备接受各种命令和数据，测量结果通过各种输出设备进行显示、打印或记录。总之，智能仪器通过种种输入输出设备与外部世界进行通信联系。近年来，随着科学技术的进步，智能仪器朝着单机小型自动测试系统的方向发展，仪器的功能日益增强，仪器内部包含的输入输出设备也日益增多。

目前，在一般智能仪器中都采用键盘和七段显示器，在示波器、频谱仪、逻辑分析仪或其他功能较完善的智能仪器中采用 LCD 或 CRT 显示器，少数仪器还附有微型打印机或绘图仪等，新型的仪器还有语音输出。本章拟讨论最常用的键盘、LED 显示器、LCD 显示器、CRT 显示器、微型打印机等接口技术。

4.1 键 盘 接 口

4.1.1 键盘简介

1. 键盘控制的优点

键盘是一组开关的集合，是最常用的输入设备之一。智能仪器在面板上均使用键盘输入取代各种传统的开关旋钮，因为键盘控制有如下优点。

（1）以少胜多。由于仪器的智能化，功能大大增强。如果按传统的方法，面板上需增加很多控钮。这样不仅增加费用，而且使人眼花缭乱、操作困难。改用键盘后的按键可以复用，只要为数不多的按键就可完成传统仪器中许多面板控钮的作用。

（2）简单可靠。键盘一般使用单触点瞬间接通式按键，如图 4-1(a)所示，或使用电容或电感传感式无触点单线通断键。与传统的多刀多位旋转开关或琴键开关相比，单触点按键的机械结构和装配工艺都非常简单，因而其可靠性很高、造价亦低。还可以采用双触点按键来进一步提高可靠性，如图 4-1(b)所示。

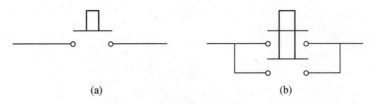

(a)　　　　　　　　　　　　(b)

图 4-1　键盘中使用的单线通断按键

(a) 单触点式；(b) 双触点式。

此外，面板键盘的排列布置不像传统控钮那样受到许多机械上和电气上的限制或牵连，可以布置得更有条理、更合乎逻辑而便于使用，并使面板更加美观悦目，这也能减少对操作者的精神压力，减少操作错误。

（3）易于修改。在仪器的原型设计中或在仪器的更新改型时，常常需要对面板操作做些修改。而键盘的修改很容易，有时甚至可以完全不必更改面板原有结构，只需修改软件即可达到目的。

（4）便于远控。在使用单线通断键时，每键都只有按下和释放两种状态，可分别对应于逻辑"0"和逻辑"1"状态，极易转换为与面板操作一一对应的远地控制，并使人工测试的手工程序与自动测试的程控操作统一起来。

2. 键盘接口要解决的问题

键盘接口必须解决下列一些问题：

（1）决定是否有键按下。

（2）如果有键按下，决定是哪一个键被按下。

（3）确定被按键的读数。

（4）反弹跳。按键从最初按下到接触稳定要经过数毫秒的弹跳时间，键松开时也有同样的问题，如图 4-2(a)所示。弹跳会引起一次按键多次读数，可用硬件或软件方法反弹跳。通常在键数较少时，可用硬件反弹跳，如图 4-2(b)用 R-S 触发器，或用最简单的 RC 滤波器等。键数较多（16 个以上）时，常用软件反弹跳，当检出键闭合后执行一个延时子程序产生数毫秒的延时，让前沿弹跳消失后再检验键的闭合。当发现键松开后，也要经数毫秒延时，待后沿弹跳消失后再检验下一次键的闭合。

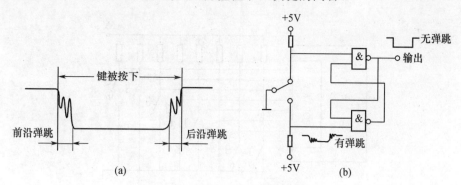

图 4-2　按键弹跳及反弹跳电路

(a) 按键时的弹跳；(b) 反弹跳电路。

（5）不管一次按键持续的时间多长，都仅采样一个数据。

（6）处理同时按键。如果同时有一个以上的键被按下，就会产生同时按键的问题。如何发现这种现象，并且避免产生错误的按键读数是件重要的事。处理这个问题有 3 种技术：两键同时按下（Two-key rollover）、n 键同时按下（n-key rollover）和 n 键锁定（n-key lock-out）技术。

"两键同时按下"技术是在两个键同时按下时产生保护作用。最简单的办法是当只有一个键按下时才读取键盘的输出，最后仍被按下的键是有效的正确按键。当用软件扫描键盘时常采用这种方法。另一种方法是，当第一个按键未松开时，按第二个键不产生选通信号。这种方法常借助硬件来实现。

"n 键同时按下"技术或者不理会所有被按下的键，直至只剩下一个键按下时为止；

或者将按键的信息存入内部缓冲器中。这种方法成本较高。

"n 键锁定"技术只处理一个键,任何其他按下又松开的键不产生任何码。通常第一个被按下或最后一个松开的键产生码。这种方法最简单也最常用。

3. 键盘的分类

键盘接口的这些任务可用硬件或软件来完成,相应地出现了两大类键盘,即编码键盘和非编码键盘。

编码键盘:每按一次键,键盘自动提供被按键的读数,同时产生一选通脉冲通知微处理器,一般还具有反弹跳和同时按键处理功能。这种键盘易于使用,但硬件比较复杂。

非编码键盘:只简单地提供键盘的行与列矩阵,其他操作如键的识别、决定按键的读数等均靠软件完成,故硬件较为简单。

如果按键盘的组织方式可分为独立联接式和矩阵联接式两种。独立联接式是每一键互相独立地各自接通一条输入数据线;矩阵联接式是将诸按键排列成矩阵形式,这样可以减少按键的引出线。

4.1.2 非编码键盘

1. 独立联接式非编码键盘

图 4-3 所示为独立联接式非编码键盘。当有任一键按下时,与之相联的输入数据线为"0",否则置"1"(高电平)。要判别是否有键按下的程序十分简单。

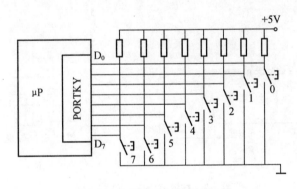

图 4-3 独立联接式非编码键盘

```
KEYBD: MOV    DRTR, #PORTKY
       MOVX   A, @DPTR
       CLR  C
       SUBB A, #0FFH
       JNZ  KYIDY              ;有键转,形成键码
       MOV    B, #0FFH
       AJMP END
KYIDY: …
       …
   END: RET
```

一旦发现有键入,程序即进入 KYIDY(按键识别)程序段。进一步去识别出是哪一

136

个键，并译出键码来。这种键盘接口的优点是简单，但当键数较多时就要占用多个口。

2. 矩阵式非编码键盘

完成键盘接口的首要任务——识别按键有两种方法：一是传统的行扫描法；另一种是速度较快的线反转法，这种方法必须采用可编程并行接口。

1）行扫描法

行扫描法是以步进扫描的方式，每次在键盘的一行发出扫描信号，同时检查列线输入信号。若发现某列输入信号与扫描信号一致，则位于该列和扫描行交点的键被按下。图 4-4 表示 4 行 4 列键盘，共有 16 个键（$K_0 \sim K_{15}$）。

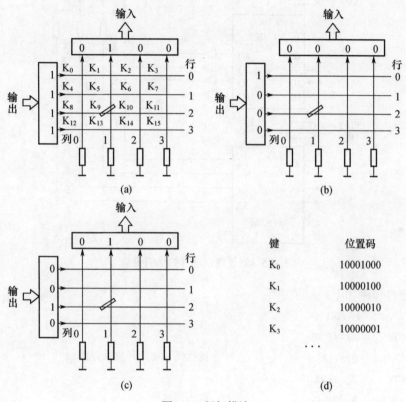

图 4-4　行扫描法

假设其中 K_9 键闭合，其余断开。行扫描的过程是微处理器先输出 1111 到键盘的 4 根行线。由于 K_9 闭合，因而由键盘列线输入到 CPU 的码是 0100。这时 CPU 知道闭合键在第 1 列上，但不知道在第 1 列的何行，为此就逐行扫描寻找。CPU 先发出"1000"以扫描 0 行，如图 4-4(b)，输入必为 0000，表示被按键不在 0 行。第二次输出 0100，扫描第 1 行，输入仍为 0000。第三次输出 0010，如图 4-4(c)，输入为 0100，表示被按键在第 2 行第 1 列上。微处理器得到一组输出-输入码 0010～0100，这组码取决于按键所在的行列位置，因而称为键位置码。位置码一般不同于所要求的键读数，因而必须进行转换，这可借助查表或其他方法来完成。采用查表法时，先按照键读数的顺序，从 K_0 键（读数为零）开始把键位置码列表存于存储器中，如图 4-4(d)所示。程序内设置一个比较次数计数器，初始时计数器清零，然后把行扫描中得到的键位置码与表内各项从表头开始逐

137

一比较，每比较一次，计数器增1。当比较相符时，计数器的内容即为按键读数。

具体实现扫描有两种方法，一种是由数据总线通过接口进行行扫描，另一种是通过地址总线进行行扫描。下面分别进行说明。

（1）通过接口进行行扫描。以 4×4 键盘为例，单片机只要提供两个简单并行口，一个作为行扫描信号输出，设地址为 0FDH；另一个作为列信号的输入口，设地址为 0FBH。接口电路如图 4-5 所示（图中行列信息为 7 号键合上的情况）。

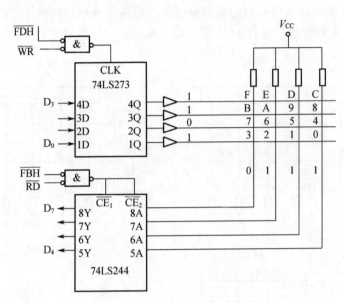

图 4-5　通过接口进行扫描的键盘

键盘接口程序如下：

```
KEYBD: MOV R₁, #0FDH
       MOV    A, #00H
       MOVX   @R₁, A            ; 送行码 00H，开放所有行
       MOV    R₁, #0FBH
       MOVX   A, @R₁            ; 取出列信号
       ANL    A, #0F0H
       XRL    A, #0F0H          ; 有键合上吗
       JZ     NOKEY             ; 无键，置 A 为全 1，返回
       MOV    R₅, #0EH
D15MS: ACALL  D1MS              ; 软件延时，去抖动
       DJNZ   R₅, D15MS
       MOV    R₂, #0FEH         ; 指向第一行
       MOV    R₀, #0FDH
       MOV    R₁, #0FBH
KEYB2: MOV    A, R₂             ; 逐行扫描
       MOVX   @R₀, A
```

```
            MOVX    A，@R₁
            ANL     A，#0F0H
            MOV     R₃，A                ；列号暂存于 R₃
            CJNE    A，#0F0H，KEYB3       ；该行有键合，转键译码
            MOV     A，R₂
            RL      A                   ；指向下一行
            MOV     R₂，A
            XRL     A，#0EFH             ；4 行都扫描完
            JNZ     KEYB2               ；未完
NOKEY：     MOV     A，#0FFH             ；无键，置 A 为全 1
            RET
```

以下是键译码程序，注意此时键的行信号在 R_2 的低 4 位，列信号在 R_3 的高 4 位。

```
KEYB3：  MOV  A，R₂
         ANL  A，#0FH
         ORL  A，R₃                 ；行列信号拼装
         MOV  06H，A                ；特征字暂存 06H 单元
         MOV  R₄，#00H              ；查找次数初值
         MOV  DPTR，#KEYTBL         ；查表起始地址
KEYB4：  MOV  A，R₄
         MOVC A，@A+DPTR            ；查表
         CJNE A，06H，NEQ
         AJMP EQQ
  NEQ：  INC  R₄                    ；不符，再查
         AJMP KEYB4
  EQQ：  MOV  R₅，#0EH              ；已查到，延时
  DLY：  ACALL D1MS.
         DJNZ R₅，DLY
         MOV  A，#00H               ；判断键是否释放
         MOVX @R₀，A
         MOVX A，@R₁
         ANL  A，#0F0H
         CJNE A，#0F0H，EQQ         ；未释放，再查，等待释放
         MOV  A，R₄                 ；键值在 R₄ 中
         RET
KEYTBL：DB 11101110                 ；0 键的位置码
         DB 11011110                ；1 键的位置码
         …
```

（2）采用地址线进行扫描。图 4-6 表示采用地址线进行扫描的典型键盘接口。该键盘共有 16 个键，排列成 6 行 3 列。列线经二极管连接到 A_0、A_1、A_2 地址线，行线经三

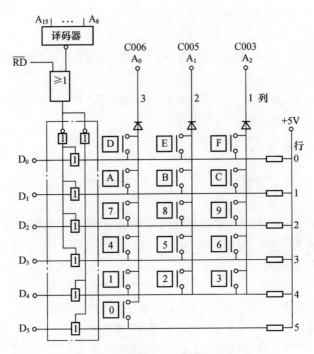

图 4-6　用地址线进行扫描的典型键盘接口

态门连接到 $D_5 \sim D_0$ 数据线，中间无需锁存器，因而结构简单。微处理器扫描键盘时发出适当的地址码，使被取样的列线变为低电平，而未被取样的列线处于高电平，且使地址译码器输出低电平使能三态门。微处理器同时读取数据总线上的信息，检验该信息中是否有状态为"0"的位。若某位为"0"，则位于该位数据线与被取样列线交点的键被按下。若取样的列线上无键被按下，则从数据总线输入的信息均为"1"。每根列线分配了地址码，假设当 $A_{15} \sim A_8$ 地址码为 C0H 时，地址译码器输出低电平使能三态门，列线上的扫描信号是低电平有效，其他不用的地址线（$A_7 \sim A_3$）都为"0"，则 3 根列线的地址码分别为：

$A_{15} \sim A_8$	A_2	A_1	A_0	被扫描的列号	地址码
C0	1	1	0	3	C006H
C0	1	0	1	2	C005H
C0	0	1	1	1	C003H

这样当执行下列两条指令时，扫描了第一列，累加器中将得到第一列按键的状态。

```
MOV    DPTR, #0C003H
MOVX   A, @DPTR
```

由 A 中的内容便可识别是否有键按下，如有键按下，还可根据列扫描信息进一步分析是哪个键被按下。

上述行扫描法的缺点是速度慢，且随着键数的增多，扫描时间也相应加长。当行数或列数超过 CPU 的数据宽度时，则扫描还要费事。如果扫描时间超过了键接触时间，有可能还未来得及扫描到按下的键时，被按键就已释放若不采取其他措施，将会造成漏键失误。

2）线反转法

线反转法是借助可程控并行接口实现的，比行扫描法的速度快。图 4-7 表示了一个 4×4 的键盘与某并行接口的连接。并行接口有一个方向寄存器和一个数据寄存器。方向寄存器规定了接口总线 $D_7 \sim D_0$ 的方向：寄存器的某位置为"1"，规定该位接口总线为输出；寄存器的某位置为"0"，规定该位接口总线为输入。

线反转法的具体操作分两步：

第一步初始设置，如图 4-7(a)把 0FH 预置入程控接口的方向寄存器，使 4 条行线（即并行接口的低 4 位 $PB_0 \sim PB_3$）作为输出，4 条列线（$PB_4 \sim PB_7$）作为输入。然后把 F0H 写入数据寄存器，$PB_0 \sim PB_3$ 将输出"0"到键盘行线。这时若无键按下，则 4 条列线均为"1"；若有某键按下，则行线的"0"电平通过闭合键使相应的列线变为"0"，并经过与门发出键盘中断请求信号给微处理器。图 4-7(b)是第 2 行第 1 列键按下的情况，这时 $PB_7 \sim PB_4$ 线的输入为 1011，其中 0 对应于被按键所在的列。

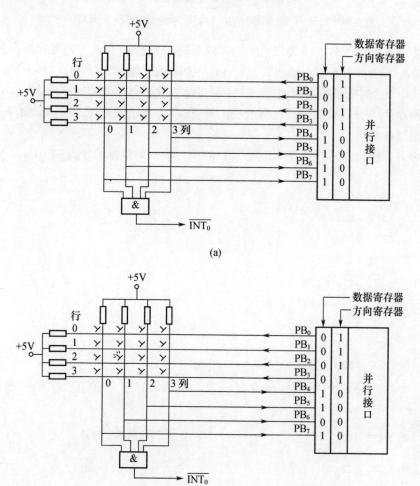

(a)

(b)

141

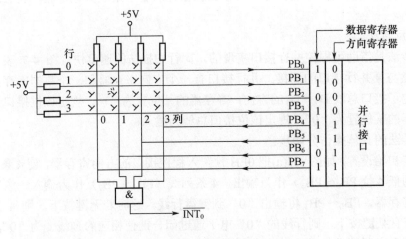

图 4-7 线反转法键盘接口

(a) 键未被按下；(b) 键被按下，未反转；(c) 键被按下，已反转。

第二步当有键按下时，使接口总线的方向反转，把 F0H 写入方向寄存器，使 $PB_0 \sim PB_3$ 作为输入，$PB_4 \sim PB_7$ 作为输出。这时 $PB_7 \sim PB_4$ 线的输出为 1011；$PB_3 \sim PB_0$ 的输入为 1011，其中"0"对应于被按键的行。CPU 现在读取数据寄存器的完整内容为 10111011，其中先后两个"0"分别对应于被按键所在的列行位置。根据此位置码到 ROM 中去查表，就可得到按键读数。

设图中并行接口的方向寄存器地址为 FE00H，数据寄存器地址为 FE01H，程序设计如下：

```
            ORG  0000H
            AJMP  MAIN
            ORG  0003H
            AJMP  XINT0
MAIN:       MOV  SP , #53H
            MOV  DPTR , #0FE00H
            MOV  A , #0FH
            MOVX  @DPTR , A
            INC  DPTR
            MOV  A , #0F0H
            MOVX  @DPTR , A

            SETB  IT0           ; INT0 为边沿触发方式

            SETB  EX0
            SETB  EA
            ...
```

142

```
XINT0: MOV  DPTR, #0FE00H        ；线反转
       MOV  A, #0F0H
       MOVX @DPTR , A
       INC  DPTR
       MOVX A , @DPTR            ；位置码在 A 中
       MOV  06H , A              ；暂存于 06H 单元
       MOV  R₄ , #00H            ；置计数初值
       MOV  DPTR , #KEYTBL
LOOP:  MOV  A , R₄
       MOVC A , @A+DPTR
       CJNE A , 06H , NEQ
       AJMP EQ
NEQ:   INC  R₄
       AJMP LOOP
EQ:    MOV  A, R₄
       MOV  B,A                  ；键码放在 B 中
       MOV  DPTR, #0FE00H        ；重新设置接口状态以便下次响应
       MOV  A, #0FH
       MOVX @DPTR, A
       INC  DPTR
       MOV  A, #0F0H
       MOVX @DPTR , A
       RETI
KEYTBL:    …                     ；键位置码表
```

从前面讨论中可以看出，CPU 管理键盘接口（即进入键盘管理子程序）有两种方式：定时访问方式和中断响应方式。

定时访问方式，即 CPU 每隔 0.1～0.5s 或更短时间进行一次键盘扫描，查看是否有键入；中断响应方式，即 CPU 平时可做其他工作，当有键入时，键盘接口向 CPU 发出中断请求信号，CPU 便进入中断服务（执行键盘管理程序）。

当 CPU 工作任务较轻时，可用定时访问方式；当 CPU 工作较繁忙而键输入又不太频繁时，可用中断响应方式。

4.1.3　编码键盘

编码键盘的基本任务是识别按键、提供按键读数。一个高质量的编码键盘还应具有反弹跳、处理同时按键等功能。

最简单的编码键盘接口采用普通的编码器。图 4-8(a)表示采用 8-3 编码器（74148 型）作为键盘编码器。每按一个键，在 A_2、A_1、A_0 端输出相应的按键读数，其真值表如图 4-8(b)所示。这种编码键盘不进行扫描，因而称为静态式编码键盘。缺点是一个按键需用一条引线，因而当按键增多时，引线将很复杂。

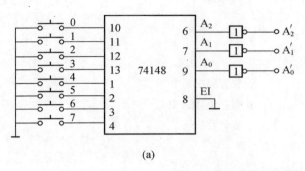

表内容:

键	A_2'	A_1'	A_0'
0	0	0	0
1	0	0	1
2	0	1	0
3	0	1	1
4	1	0	0
5	1	0	1
6	1	1	0
7	1	1	1

(a)   (b)

图 4-8　静态式编码键盘接口

(a) 接口电路；(b) 真值表。

图 4-9 表示十六键编码键盘的联接，键码由 0 至 FH，它只需占用半个字节的输入空间。为了便于微处理器能识别出无键入的情况，在编码键盘中往往保留一个常闭的假键。例如在图 4-9 中，令编码为 F 的那个键永远接地。这样，当无键闭合时，微处理器就肯定读到一个 F 值。另一个办法就是增加如图 4-9 中虚线所示电路，从各键引线通到一个"与非"门（负逻辑"或"门）来产生一个信号，作为输入口的选通信号，或作为对微处理器的中断请求信号。

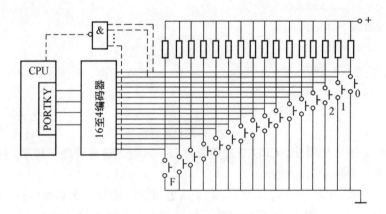

图 4-9　十六键独立联接式编码键盘

这种键盘接口采用硬件译码器，不需进行扫描，因而称为静态式编码键盘。

图 4-10 表示扫描式编码键盘。这种键盘的按键排列成矩阵形式，因而减少了按键引线。其中有 64 个键，排列成 8 行 8 列，仅需 16 根引线，而不是 64 根引线，时钟发生器的输出送给 6 位计数器进行计数。计数器的低 3 位经译码后进行行扫描，高 3 位经译码后进行列扫描。因而当扫描某列时，所有 8 行先后都被扫描。若没有发现键闭合，则计数器周而复始进行计数，反复进行扫描。一旦发现键闭合，就发出一脉冲使时钟发生器停止振荡，计数器停止计数。根据微处理器读取计数器的内容即可知道闭合键所在的行列位置，然后从 ROM（图 4-10 中未画出）查表得到按键读数。如果两个键同时按下，则扫描到第一个闭合键时就停止扫描，把该键当作有效按键进行采样。

144

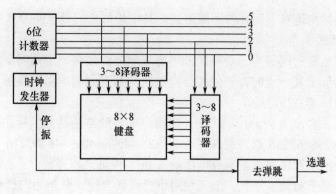

图 4-10 扫描式编码键盘

4.1.4 触摸屏技术

20 世纪 80 年代出现了一类新型的触摸屏,这是贴在 CRT 玻璃外面或者 LCD 屏幕表层的透明软质薄膜。在本身带有 CRT 或 LCD 的智能仪器中,触摸屏提供了十分方便灵活的输入手段。如图 4-11 所示,图(a)显示目录清单,图(b)表示在显示[1]字上按一下,就相当于按下键盘上一个相应的键,使显示改变为图(c)的有关细目清单——常被形象化的称为"菜单"(Menu)。再在所需细目,如图 4-11(c)显示的 FREQ 处一按,又相当于按下另一相应按键,仪器即执行所选的功能。

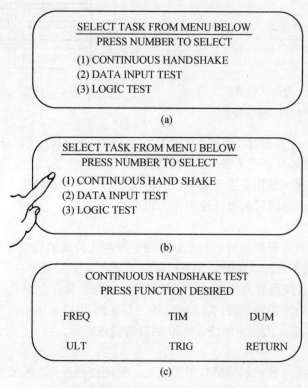

图 4-11 CRT 屏幕键盘工作方式示例

(a) 显示项目清单;(b) 按键;(c) 显示该项的细目。

触摸屏的具体构造有下列几种不同形式。其中最常见的是电阻分压式。

1. 电阻分压式

触摸屏透明软膜的底层为一导电层，屏幕玻璃外面敷有一层透明而均匀的电阻层。当手指按在触摸屏上某一点时，该处的导电软膜与其下面的电阻层接触，从而形成一个等效分阻器，如图 4-12(b)所示。

根据屏幕上 x 和 y 方向分压的大小，即可判断出触点的具体坐标。典型的坐标分辨力为 $2^8 \times 2^8 = 256 \times 256 = 65536$ 点，最高可达 $2^{12} \times 2^{12} = 4096 \times 4096 = 16777216$ 点。在 x 和 y 方向各用一个适当的模数转换器把触点电压输入 μp，再进一步译码。

这种触摸屏便于剪裁、挖孔，故其使用十分灵活方便，分辨力与价格尚属适中。

2. 电容式

电容式触摸屏是在屏幕表层敷上互相分离并分别引到屏幕边沿处的透明金属膜，如图 4-13 所示。

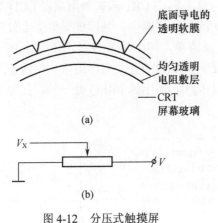

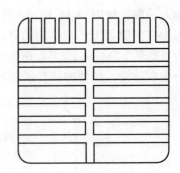

图 4-12　分压式触摸屏　　　　　　图 4-13　电容式触摸屏

(a) 构造示意图；(b) 等效分阻器。

当手指触及某一金属面时，即将人体电容加到该小片金属本身所形成的电容上。与屏幕周边联接的检测电路很易查明是哪一小片金属上的电容量增大了，并据之给出相应的键码。

这类电容式触摸屏适用于条形清单显示键盘。由于每一金属小区都必须被引到屏幕边沿去，以致屏面分割区域的数目受到相当的限制。

3. 表面声波式

这是一种利用对表面声波传播和反射作用的检测来构成的触摸屏。其基本工作原理类似于雷达，图 4-14 为其示意图。在手指接触屏幕之处使 4MHz 的表面声波产生反射，分别测量出 x 和 y 方向反射波的延时，即可判断触点的坐标。分辨能力可达 1.5～4mm，但对于手指这么大的障碍物而言，则实际分辨力只能约为 12～15mm。在标准的 24 行×80 字符 CRT 显示屏幕上，大约可形成 12×20 触点的键盘。

4. 红外式

这种键盘与表面声波式触摸屏有类似之处。其用红外发光二极管阵列作为发射器，并用红外光电晶体管阵列作为接收器，检测出被手指遮断的红外光通路的位置，分辨力约可达 6mm。

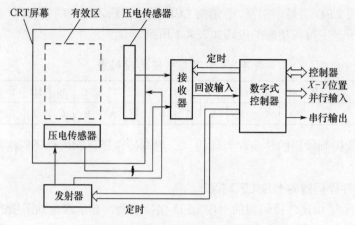

图 4-14 表面声波式触摸屏工作示意图

4.2 LED 显示器接口

发光二极管 LED 是一种简单而常用的输出设备，智能仪器常用它来显示测量的结果或仪器的工作状态等信息。它的优点是价格低，寿命长，对电流、电压的要求低及容易实现多路等；但具有亮度较低、温度依赖性较大等缺点。LED 适宜于脉冲工作状态，在平均电流相同的情况下，脉冲工作状态可产生比直流工作状态较强的亮度。一般其每秒可导通 100～500 次，每次为几毫秒。LED 有单个、七段及点阵等类型。

4.2.1 七段 LED 显示器

七段 LED 有共阴极与共阳极两种。在图 4-15(a)中，公共阴极接地，当阳极上的信息为"1"时，段就点亮；信息为"0"时，段就不亮。在图 4-15(b)中，公共阳极接到+5V，当阴极上的信息为"1"时，段就不亮；信息为"0"时，段就点亮。图中 R 是限流电阻。图 4-15(c)表示七段 LED 内段的排列。图 4-15(d)表示与数据线的联接。

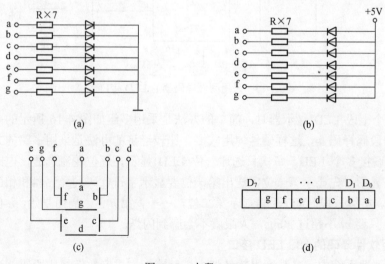

图 4-15　七段 LED

为了在七段 LED 上显示字符，必须向 LED 显示器输入相应的字形码（或称为段码）。在共阴极情况下，字符与相应的段码如表 4-1 所列。

表 4-1 字符与相应的段码表

段选码	3F	06	5B	4F	66	6D	7D	07	7F	67	77	7C	39	5E	79	71	40	00
显示字符	0	1	2	3	4	5	6	7	8	9	A	B	C	D	E	F	—	

完成字符代码到段码的转换称为译码。一般有硬件译码和软件译码两种方法，下面分别进行讨论。

1. 利用硬件译码器的七段 LED 接口

图 4-16 表示采用硬件译码器的七段 LED 接口实例，显示器是共阴极的。9368 是段码译码器，把十六进制数转换为段码，在+5V 时能输出约 30mA 的电流，点亮显示器的段。7475 是 4 位锁存器，4 个数据输入端联接到系统数据总线的 $D_3 \sim D_0$ 位。锁存器的选通端 E 联接到地址译码电路。该接口的地址码为 020FH。因此，MCS-51 单片机执行下列 3 条指令就把数字"0"送给译码器，显示器将显示 0。

```
CLR  A
MOV  DPTR, #020FH
MOVX @DPTR, A
```

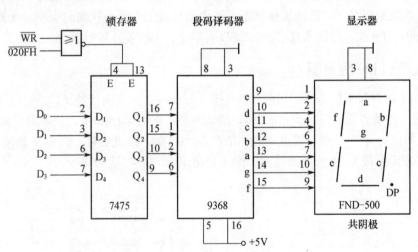

图 4-16 采用硬件译码器的 LED 接口

当有多个七段 LED 显示器时，简单的办法是采用多组如图 4-16 所示的电路，一个 LED 带一个段码译码器，这样硬件使用较多。比较经济的办法是采用多路的方法，即用一个译码器联接多个 LED，每次只选通一位 LED 显示，逐位轮流选通，电路联接如图 4-17 所示。显示时先显示第一位，送出第一位要显示字符代码到译码器和相应第一位的位选择信号，持续一段时间 t 后再显示第二位，……，第 n 位。周而复始，n 位显示一遍需 nt 时间，只要 nt 不超过 20ms，人眼就不会感到闪烁。

2. 利用软件译码的七段 LED 接口

在微处理器系统中，多数利用软件把十进制或十六进制数转换成段码，这样可节省硬件译码器,如图 4-18 所示。微处理器把用软件译码后的段码输出到地址为 020FH 的锁存器,LED 就显示了相应字符。字符的段码先制表存于存储器内,根据字符代码查阅该表即得相应的段码。

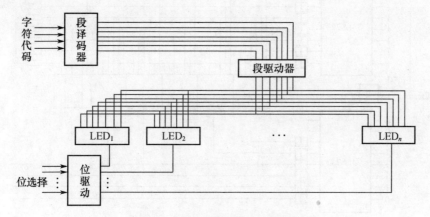

图 4-17　硬件译码多路 LED 显示器

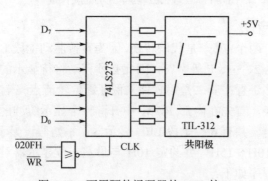

图 4-18　不用硬件译码器的 LED 接口

在一般情况下都要使用多位七段 LED 显示器。几位联用有两种方法。其一,每一位都用各自的 8 位输出口控制。在显示某字符时,相应的段恒定地发光或不发光,这种方法叫静态显示。显然,静态显示占用 I/O 口线太多。其二,动态显示。将多位七段 LED 的段选端并接在一起,只用一个 8 位输出口控制段选,段选码同时加到各个七段 LED 显示器上,另用一个口控制各个显示器公共阴极轮流接地,逐一轮流点亮。恰当地选择点亮时间和间隔时间就会给人一种假象,似乎各位"同时"都在显示。其优点是硬件比较省,"动态"由软件来完成。

下面通过一个实际的方案介绍七段 LED 与单片机联接的基本方法。

1)七段 LED 与单片机的硬件接口

设计一个 6 位的七段 LED 显示接口,具体电路如图 4-19 所示。

图 4-19 中采用两个 8 位的输出口,一个输出段选码,一个输出位选码。其中两片 74LS273 用作扩展的输出口、锁存段码或位码,口地址分别是 FEH 和 FDH。7407 是集电极开路芯片,用来增强负载能力。当 7407 的输入为低电平时,它的输出是地电位,可用来将一信号线接地;当它的输入为高电平时,它的输出开路(注意:并不是逻辑 1!要想获得逻辑 1,需要外加提升电阻)。

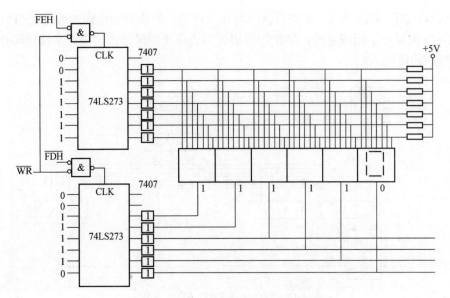

图 4-19 7 段 LED 与单片机的硬件接口

2）七段 LED 显示程序

显示程序的要点有两个：其一是代码转换，因为直接驱动七段 LED 发光的是段选码，而人们习惯的是 0、1、2、…、F 等字符，因此必须自动将待显示的字符代码转换成段选码，转换用查表的方法进行；其二是用软件来保证逐位轮流点亮七段 LED。

为了实现代码转换，首先在内部 RAM 中开辟一个显示缓冲区，将待显示的字符代码事先存放在缓冲区内。共有 6 位七段 LED 显示器，不妨假设显示缓冲区也占 6 字节，显示缓冲区的地址是 10H～15H，并约定 10H 与最左一位显示器对应，15H 与最右一位显示器对应。其具体程序如下：

```
        ORG  0100H
DISUP: MOV  R0 , # 10H          ;指向显示缓冲区首址
        MOV  R2 , # 0DFH         ;指向最左一个显示位
 DSPI: MOV  A , # 0FFH           ;关显示
        MOV  R1 , # 0FDH
        MOVX  @R1 , A
        MOV  A , @R0             ;取出待显示的字符
        MOV  DPTR , # SEGTBL     ;指向换码表首址
        MOVC  A , @A+DPTR        ;取出段选码
        MOV  R1 , # 0FEH
        MOVX  @R1 , A            ;输出段选码
        MOV  R1 , # 0FDH
        MOV  A  , R2
        MOVX  @R1 , A            ;输出位选码
        ACALL  D1MS              ;延时 1ms
        INC  R0                  ;指向下一个待显示的字符
```

```
       MOV   A , R₂
       RR    A                        ;指向下一个显示位
       MOV   R₂ , A
       XRL   A , # 7FH
       JNZ   DSPI                     ;6 位全部显示完了吗？未完，继续
       RET                            ;显示完毕。返回
```

以下是段码表：

```
SEGTBL: DB   3FH                      ;对应于字符 0 的段码
        DB   06H                      ;对应于字符 1 的段码
        …
```

以下是软件延时 1ms 程序（相对于系统时钟为 6MHz 而言）：

```
D1MS:  MOV R₇ , # 64H                 ;循环 100 次
DLAY:  NOP                            ;2 μs
       NOP                            ;2 μs
       NOP                            ;2 μs
       DJNZ  R₇ , DLAY                ;4 μs
       RET
```

显示程序实际上每次只能在一个显示位上显示一种字形。因此，利用软件延时，将该字符显示保持 1ms，再移向下一位。这个程序设计成子程序形式，一次只能从左到右显示一遍。为了使显示字符稳定下来，必须反复调用该程序。下面是调用显示程序的例子。

```
EXAM:  MOV   R₀ , # 10H               ;指向显示缓冲区首址
       MOV   A , # 01H                ;待显示字符初值
       MOV   R₆ , # 06H               ;计数初值
EXAM1: MOV   @R₀ , A                  ;待显示字符送显示缓冲区
       INC   R₀
       INC   A
       DJNZ  R₆ , EXAM1               ;填满显示缓冲区为止
EXAM2: ACALL  DISUP                   ;调显示程序
       AJMP  EXAM2                    ;反复调用
```

4.2.2 点阵式 LED 显示器

点阵式 LED 显示器通常由 7 行 5 列共 35 个 LED 组成。图 4-20 表示 7×5 点阵式 LED 接口的典型结构。要显示的字符存放在 2048×8 的 ROM 内。ROM 的输出 R_0~R_6 送到显示器的 7 行，译码器 C_0~C_4 的输出选择显示器的某列。

假设 ROM 被寻址到字符"S"，计数器内容为 0。经译码后选择 C_0 列，则 ROM 将输出 1001111 码，在第 0 列上状态为"1"的 LED 将点亮。当下一时钟脉冲到来时，计数器内容为 1，经译码后选择 C_1 列，同时 ROM 输出 1001001 码。当第 4 个时钟脉冲到来时，计数器内容为 4，经译码后选择 C_4 列，ROM 输出 1111001 码。当时钟脉冲再到来时，重复上述操作，显示了字符"S"。

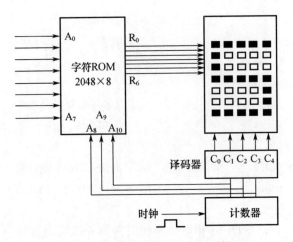

图 4-20 7×5 点阵式 LED 显示器接口

可见对于 7×5 点阵来说，每个字符有 5 个点阵码，对应于 5 列；每个点阵码为 7bit，对应于 7 行。点阵码事先按一定的地址存放于字符 ROM 中，如字符"S"的 5 个点阵码在字符 ROM 中是这样存放的：

存数地址	点阵码
0053H	1001111
0153H	1001001
0253H	1001001
0353H	1001001
0453H	1111001

显示时将点阵码逐个从字符 ROM 中取出。字符 ROM 地址信号由两部分组成：以要显示字符的 ASCII 代码作为地址低 8 位，由计数器输出的列号编码作为字符 ROM 的高 3 位地址。

在微机系统中可用程序扫描显示接口电路，如图 4-21 所示。CPU 通过 U_1 输出要显示的字符的 ASCII 代码，可用软件计数器取代硬件计数器，计数值（0~4）通过 U_2 输出，同时加到字符 ROM 的 $A_8 \sim A_{10}$ 和译码器的输入端。

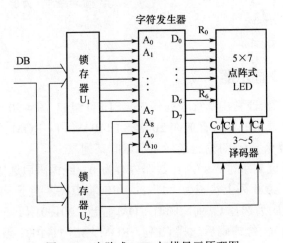

图 4-21 点阵式 LED 扫描显示原理图

当要显示多位时，同样可采用多路的方法，接口电路如图 4-22 所示。CPU 通过锁存器 1 输出要显示字符的 ASCII 码加到字符 ROM 的 $A_0 \sim A_7$，通过锁存器 2 输出的信号是软件计数器的计数值，一方面加到字符 ROM 作为高三位地址，另一方面又经译码器译码后作为列选信号。CPU 还通过锁存器 3 输出位选择信号。

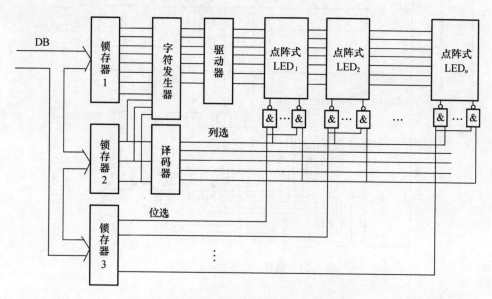

图 4-22　多位点阵式 LED 接口原理图

4.3　键盘/显示器接口实例

4.3.1　用 8155H 芯片实现键盘/显示器接口

1. 接口电路

图 4-23 是 8031 单片机用 8155H 扩展器实现的 6 位七段 LED 显示和 32 键的键盘/显示器接口电路。

8031 外扩一片 8155H，8155H 的 RAM 地址为 7E00H～7EFFH，I/O 口地址为 7F00H～7F05H，8155H 的 PA 口为输出口，控制键盘的列线的电位。PA 口作为键扫描口，同时又是 6 位显示器的扫描口。PB 口作为显示器的段数据口，8155H 的 PC 口作为输入口， $PC_0 \sim PC_3$ 接 4 根行线为键输入口。图中 75452 为反相驱动器，7407 为同相驱动器。

2. 接口程序设计

对于图 4-23 中的 6 位显示器，在 8031 内部 RAM 中设置 6 个显示缓冲单元 79H～7EH，分别存放显示器的 6 位字符代码，显示时先通过软件转换为段码。对于显示在哪一位上，则另由 8155 的 PA 口输出的位选码确定。

在键输入子程序中，先调用 KS1 子程序，判断有无键闭合。若有键闭合，则进一步分析此按键在哪一行、哪一列，从而获得键读数。程序中多处调用显示子程序是为了使显示器保持稳定显示，有时还起到延时的作用。

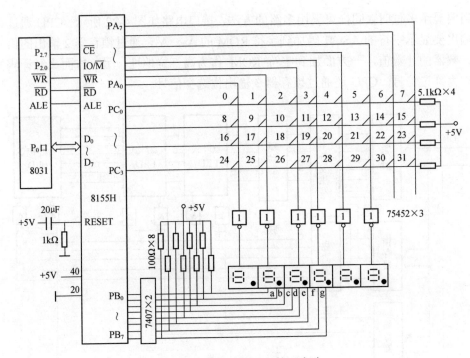

图 4-23　键盘 / 显示器接口电路

显示子程序清单:

```
    DIR: MOV  DPTR , #7F00H        ; 8155H 初始化
         MOV  A , #03H
         MOVX @DPTR , A
         MOV  R0 , #79H            ; 置缓冲指针初值
         MOV  R3 , #01H            ; 扫描位初值
    LD0: MOV  DPTR , #7F02H        ; 关显示
         MOV  A , #00H
         MOVX @DPTR , A
         MOV  DPTR , #7F01H        ; 扫描模式→8155HPA 口
         MOV  A, R3
         MOVX @DPTR , A
         INC  DPTR
         MOV  A, @R0               ; 取显示数据
         ADD  A, #17H              ; 加偏移量
         MOVC A, @A+PC             ; 查表取段数据
   DIR1: MOVX @DPTR , A            ; 段数据→8155HPB 口
         ACALL DL1                 ; 延迟 1ms
         INC  R0
         MOV  A , R3
         JB   Acc.5 , LD1          ; 6 位是否都显示完
         RL   A
         MOV  R3 , A
         AJMP LD0
```

154

```
LD1:  RET
DL1:  MOV   R₇ , #02H              ; 延迟子程序
 DL:  MOV   R₆ , #0FFH
DL6:  DJNZ  R₆ , DL6
      DJNZ  R₇ , DL
      RET
DSEG: DB  3FH，06H…                ; 段数据表
```

键输入子程序清单：

```
KEY1: ACALL  KS1                  ; 调用 KS1 判断有无键闭合子程序
      JNZ   LK1                   ; 有键闭合，转
 NI:  ACALL DIR                   ; 无键，调用显示子程序，延迟 6ms
      AJMP  KND                   ; 无键返回
LK1:  ACALL DIR                   ; 延迟 12ms
      ACALL DIR
      ACALL KS1                   ; 调用 KS1 判断有无键闭合子程序
      JNZ   LK2                   ; 有键闭合
      ACALL DIR                   ; 无键，调用显示子程序延迟 6ms
      AJMP  KND                   ; 返回
LK2:  MOV   R₂ , #0FEH            ; 扫描模式→R₂
      MOV   R₄ , #00H             ; 列计数器置初值
LK4:  MOV   DPTR , #7F01H         ; 扫描模式→8155HPA 口
      MOV   A , R₂
      MOVX  @DPTR , A
      INC   DPTR
      INC   DPTR
      MOVX  A , @DPTR             ; 读 8155 PC 口
      JB    A_CC.0 , LONE         ; 0 行无键转判 1 行
      MOV   A , #00H              ; 0 行有键闭合，首键号 0→A
      AJMP  LKP
LONE: JB    A_CC.1 , LTWO         ; 1 行无键转判 2 行
      MOV   A , #08H              ; 1 行有键闭合，首键号 8→A
      AJMP  LKP
LTWO: JB    A_CC.2 , LTHR         ; 2 行无键转判 3 行
      MOV   A , #10H              ; 2 行有键闭合，首键号 10H→A
      AJMP  LKP
LTHR: JB    A_CC.3 , NEXT         ; 3 行无键转判下一列
      MOV   A , #18H              ; 3 行有键闭合，首键号 18H→A
LKP:  ADD   A , R₄
      PUSH  A                     ; 键号进栈保护
LK3:  ACALL DIR                   ; 判断键是否释放
      ACALL KS1
      JNZ   LK3
      POP   A                     ; 键号→A
      RET
```

155

```
NEXT: INC   R4              ；列计数器加 1
      MOV   A，R2           ；判断是否已扫到最后一列
      JNB   Acc.7，KND      ；是无键入
      RL    A               ；扫描模式左移一位
      MOV   R2，A
      AJMP  LK4
KND:  MOV   A，#0FFH        ；无键，置A为全1，返回
      RET
KS1 : MOV   DPTR，#7F01H     ；全"0"→扫描口
      MOV   A，#00H
      MOVX  @DPTR，A
      INC   DPTR
      INC   DPTR
      MOVX  A，@DPTR         ；读键入状态
      CPL   A
      ANL   A，#0FH          ；屏蔽高位
      RET
```

4.3.2 用 51 单片机的串行口实现键盘/显示器接口

应用 8051 的串行口方式 0 输出，并在外部接 74LS164 移位寄存器，构成键盘/显示器接口，其硬件接口电路如图 4-24 所示。

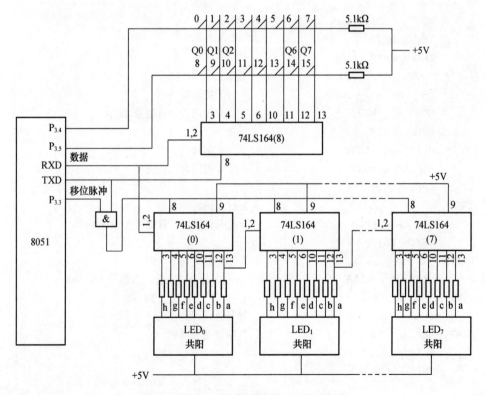

图 4-24 8051 串行控制键盘/显示器电路

156

图 4-24 中下边的 8 个 74LS164 作为 8 位七段显示器的静态显示口，上边的 74LS164 作为键扫描输出口，8051 的 $P_{3.4}$、$P_{3.5}$ 作为键输入线，$P_{3.3}$ 作为同步脉冲输出控制线。静态显示的优点是 CPU 不必频繁地为显示服务，从而使单片机有更多的时间处理其他事务，软件设计比较简单。这种静态显示方式显示器亮度高，很容易做到显示不闪烁。下面分别列出显示子程序和键盘扫描子程序的清单。

显示子程序:

```
DIR: SETB   P3.3              ; 开放显示输出
     MOV    R7 ,  #08H        ; 8 位显示计数器
     MOV    R0 ,  #7FH        ; 7FH~78H 为显示缓冲器
DL0: MOV    A ,  @R0          ; 取出要显示的数
     ADD    A ,  #0DH         ; 加上偏移量
     MOVC   A ,  @A+PC        ; 查表取出字形数据
     MOV    SBUF ,  A         ; 送出显示
DL1: JNZ    TI , DL1          ; 输出完否?
     CLR    TI                ; 完, 清中断标志
     DEC    R0                ; 再取下一个数, 准备
     DJNZ   R7 , DL0
     CLR    P3.3              ; 关闭显示器输出
     RET                      ; 返回
SEGTAB: DB   0C0H,0F9H,0A4H,0B0H,99H    ; 0,1,2,3,4 共阳段码
        DB   92H,82H,0F8H,90H,88H       ; 5,6,7,8,9
        DB   83H,0C6H,0A1H,86H,8FH      ; A,B,C,D,E
        DB   0BFH,8CH,0FFH,0FFH         ; F,-,P,暗
```

键盘扫描子程序:

```
KEY:MOV   A , #00H
    MOV    SBUF ,  A          ; 使扫描键盘的 164 输出为 00H
KL0:JNB   TI ,  KL0           ; 输出完否?
    CLR    TI                 ; 清 0 中断标志
KL1:JNB   P3.4 ,  PK1         ; 第一行键中有闭合键吗?有转
    JB    P3.5 ,  NOKEY       ; 在第二行键有闭合键吗?无转
PK1:ACALL  DL10               ; 延时
    JNB   P3.4 ,  PK2         ; 是否抖动引起的?不是, 转 PK2 处理
    JB    P3.5 ,  NOKEY       ; 是抖动引起的
PK2:MOV   R7 ,  #08H          ; 不是抖动引起的, 由 R7 控制 8 列
    MOV    R6 ,  #0FEH        ; 判别是哪一个键被按下, 从最左开始
    MOV    R3 ,  #00H         ; 列计数, 最左列开始, 键读数由该行首键号
                              ; 加上列号码
    MOV    A ,  R6
KL5:MOV   SBUF ,  A
```

157

```
KL2: JNB   TI , KL2                  ; 等待串行口发送完
     CLR   TI
     JNB   P3.4 , PKONE              ; 是第一行某键否?是转
     JB    P3.5 , NEXT              ; 是第二行某键否?不是转
     MOV   R4 , #08H                ; 第二行有键被按下，首键号 08H→R4
     AJMP  PK3
PKONE: MOV  R4 , #00H               ; 第一行有键被按下，首键号 00H→R4
PK3: MOV   SBUF, #00H               ; 等待键释放
KL3: JNB   TI , KL3
     CLR   TI
KL4: JNB   P3.4 , KL4               ; 检测键释放
     JNB   P3.5 , KL4
     MOV   A , R4                   ; 键释放，取得键码
     ADD   A , R3                   ; 键码等于行首键号＋列号码
     RET
NEXT: MOV  A , R6                   ; 判下一列键是否按下
     RL    A
     MOV   R6 , A
     INC   R3
     DJNZ  R7 , KL5                 ; 8 列键都检查完否?未完继续
NOKEY: MOV  A , #0FFH               ; 完了，无键，置 A 为全 1
      RET                          ; 返回
DL10: MOV  R7 , #0AH                ; 延时 10ms 子程序
 DL: MOV   R6 , #0FFH
DL6: DJNZ  R6 , DL6
     DJNZ  R7 , DL
     RET
```

4.3.3 利用 8279 专用接口芯片实现键盘/显示器接口

8279 是 Intel 公司生产的可编程键盘和显示器接口芯片。利用 8279 可实现对键盘/显示器的自动扫描，并识别键盘上闭合键的键号。这样不仅可以大大节省 CPU 对键盘/显示器的操作时间、减轻 CPU 的负担，而且显示稳定、程序简单、不会出现误动作。

1. 8279 的引脚及内部结构

8279 的引脚如图 4-25(a)所示；图 4-25(b)为 8279 的逻辑符号图；图 4-25(c)为 8279 的内部结构图。

8279 主要由下列部件组成，各部件的作用以及引脚的功能介绍如下。

1）I/O 控制和数据缓冲器

双向的三态数据缓冲器将内部总线和外部总线 $DB_0 \sim DB_7$ 相联接，用于传送 CPU 和 8279 之间的命令、数据和状态。$\overline{CS}$ 为片选信号，低电平时选中 8279。

158

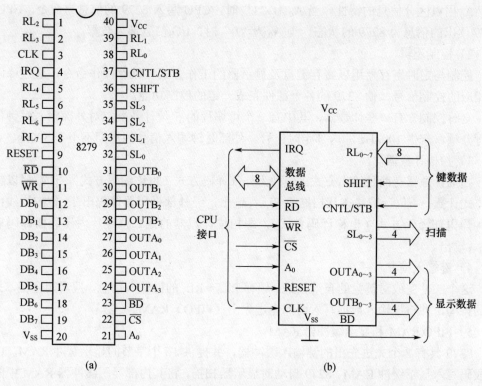

(a)   (b)

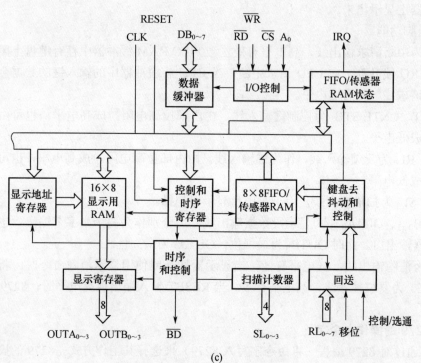

(c)

图 4-25　8279 的引脚及内部结构

(a) 8279 的引脚；(b) 8279 的逻辑符号；(c) 8279 的内部结构。

A_0 用以区分信息的特性。当 A_0 为"1"时，CPU 写入 8279 的信息为命令，CPU 从 8279 读出的信息为 8279 的状态。当 A_0 为"0"时，I/O 信息都为数据。

2）控制逻辑

控制与定时寄存器用以寄存键盘及显示器的工作方式，锁存操作命令，通过译码产生相应的控制信号，使 8279 的各个部件完成一定的控制功能。

定时控制含有一些计数器，其中有一个可编程的 5 位计数器，对外部输入时钟信号进行分频，产生 100kHz 的内部定时信号。外部时钟输入信号的周期不小于 500ns。

3）扫描计数器

扫描计数器有两种输出方式。一种为外部译码方式（也称编码方式），计数器以二进制方式计数，4 位计数状态从扫描线 $SL_{0\sim3}$ 输出，经外部译码器译码出 16 位扫描线；另一种为内部译码方式（也称译码方式），即扫描计数器的低二位经片内译码器译码后从 $SL_{0\sim3}$ 输出。

4）键输入控制

这个部件完成对键盘的自动扫描，锁存 $RL_0 \sim RL_7$ 的键输入信息，搜索闭合键，去除键的抖动，并将键输入数据写入内部先进先出（FIFO）RAM。

5）FIFO RAM 和显示缓冲器 RAM

8279 具有 8 个先进先出的键输入缓冲器，并提供 16 个字节的显示缓冲 RAM。CPU 将段码写入显示缓冲 RAM，8279 自动对显示器扫描，将其内部显示缓冲器 RAM 中的数据在显示器上显示出来。

6）引脚功能

IRQ 为中断请求输出线，高电平有效。当 FIFO RAM 缓冲器中存有键盘上闭合键的编码时，IRQ 线升高，向 CPU 请求中断。当 CPU 将缓冲器中的输入键的数据全部读出时，中断请求线下降为低电平。

SHIFT、CNTL/STB 为控制键输入线，由内部拉高电阻拉成高电平，也可由外部控制按键拉成低电平。

$RL_0 \sim RL_7$ 为反馈输入线，作为键输入线，由内部拉高电阻拉成高电平，也可由键盘上按键拉成低电平。

$SL_0 \sim SL_3$ 为扫描输出线，用于对键盘显示器扫描。

$OUTB_{0\sim3}$、$OUTA_{0\sim3}$ 为显示段数据输出线，可分别作为两个半字节输出，也可作为 8 位段数据输出口。此时 $OUTB_0$ 为最低位，$OUTA_3$ 为最高位。

$\overline{BD}$ 为消隐输出线，低电平有效。当显示器切换或使用显示消隐命令时，将显示消隐。RESET 为复位输入线，高电平有效。当 RESET 输入端出现高电平时，8279 被初始复位。

2. 8279 的操作命令字

CPU 通过对 8279 编程（将命令字写入 8279）来选择其工作方式。8279 的操作命令字简述如下。

1）键盘/显示器方式设置命令字

方式设置命令格式如下：

160

D₇	D₆	D₅	D₄	D₃	D₂	D₁	D₀
0	0	0	D	D	K	K	K

高三位 $D_7D_6D_5=000$ 位为特征位。D_4D_3 两位用来设定显示方式，其定义如表 4-2 所列。

表 4-2　D_4D_3 的定义表

D₄	D₃	显示器方式	D₄	D₃	显示器方式
0	0	8 个字符显示——左边输入	1	0	8 个字符显示——右边输入
0	1	16 个字符显示——左边输入	1	1	16 个字符显示——右边输入

8279 最多可用来控制 16 位的 LED 显示器，当显示位数超过 8 位时，均须设定为 16 位字符显示。显示器的每一位对应一个 8bit 的显示缓冲器 RAM 单元。CPU 将显示数据写入缓冲器时有左边输入和右边输入两种方式。左边输入是较简单的方式，地址为 0～15 的显示缓冲器 RAM 单元分别对应于显示器的 0（左）位～15（右）位。CPU 依次从 0 地址或某一个地址开始将段数据写入显示缓冲器。

当 16 个显示缓冲器都已写满（从 0 地址开始写，写了 16 次）时，第 17 次写，再从 0 地址开始写入，写入过程如图 4-26 所示。

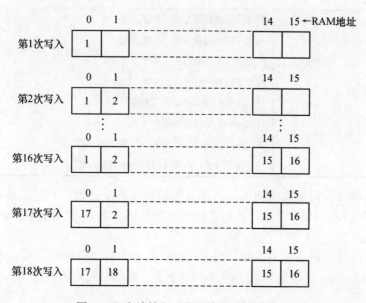

图 4-26　左边输入（从 0 地址开始写入）

右边输入方式是移位输入方式，输入数据总是写入右边的显示缓冲器，数据写入显示缓冲器后，原来缓冲器的内容左移一个字节，原最左边显示器缓冲器的内容被移出。写入过程如图 4-27 所示。

在右边输入方式中，显示器的各位和显示缓冲器 RAM 的地址并不是对应的。命令字的低 3 位 D_2、D_1、D_0 为键盘工作方式选择位，如表 4-3 所列。

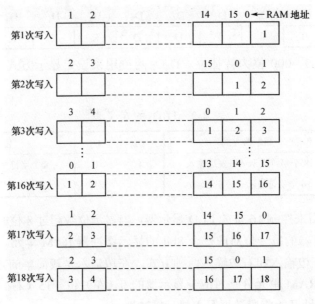

图 4-27　右边输入

表 4-3　$D_2D_1D_0$ 的定义表

D_2	D_1	D_0	操 作 方 式
0	0	0	外部译码键扫描方式，双键互锁
0	0	1	内部译码键扫描方式，双键互锁
0	1	0	外部译码键扫描方式，N 键依次读出
0	1	1	内部译码键扫描方式，N 键依次读出
1	0	0	外部译码扫描传感器矩阵方式
1	0	1	内部译码扫描传感器矩阵方式
1	1	0	选通输入方式，外部译码扫描显示器方式
1	1	1	选通输入方式，内部译码扫描显示器方式

当设定为外部译码工作方式时，内部计数器作二进制计数，4 位二进制计数器的状态直接从扫描线 $SL_0 \sim SL_3$ 输出，然后在外部进行译码，最多可为键盘/显示器提供 16 根扫描线（16 选 1）。

当设定为内部译码工作方式时，内部扫描计数器的低 2 位被译码后，再由 $SL_0 \sim SL_3$ 输出，此时 $SL_0 \sim SL_3$ 已经是 4 选 1 的译码信号了。显然当设定为内部译码方式时，扫描位数最多为 4 位。

双键互锁就是当键盘中同时有两个以上的键被按下时，任何一个键的编码信息均不能进入 FIFO RAM 中，直至仅剩下一个键保持闭合时，该键的编码信息才能进入 FIFO，这种工作方式可以避免部分误操作信号进入计算机。

N 键依次读出工作方式时，各个键的处理都与其他键无关，按下一个键时，片内去抖动电路等待两个键盘扫描周期，然后检查该键是否仍按着。如果仍按着，则该键编码就送入 FIFO RAM 中。一次可以按下任意个键，其他的键也可被识别出来并送入 FIFO RAM 中。如果同时按下多个键，则按键盘扫描过程发现它们的顺序进行识别，并送入 FIFO RAM 中。

选通输入工作方式时，$RL_{0\sim7}$作为选通输入口，CNTL/STB 作为选通信号输入端。当控制线选通时，返回线上的数据传送到 FIFO 中。

扫描传感器矩阵的工作方式是指片内的去抖动逻辑被禁止掉，传感器的开关状态直接输入 FIFO RAM 中。虽然这种方式不能提供去抖动的功能，但有下述优点：CPU 知道传感器闭合多久，何时释放；在传感器扫描的工作方式下，每当检测到传感器信号（开或闭）改变时，中断请求线上的 IRQ 就变为高电平；在外部译码扫描时，可对 8×8 矩阵开关状态进行扫描，在内部译码扫描时，可对 4×8 矩阵开关的状态进行扫描。

2）时钟编程命令字

8279 的内部定时信号由外部的输入时钟经过分频后产生，分频系数由时钟编程命令字确定，时钟编程命令字格式如下：

D_7	D_6	D_5	D_4	D_3	D_2	D_1	D_0
0	0	1	P	P	P	P	P

$D_7D_6D_5=001$ 为时钟编程命令字的特征位。$D_4\sim D_0$ 为分频系数，可在 2～31 次分频中进行选择，将进入 8279 的时钟频率进行 N 次分频后，可获得 8279 内部所需的 100kHz 的时钟。内部时钟频率的高低控制着扫描时间和键盘去抖动时间的长短，在 8279 内部时钟为 100kHz 时，则扫描时间为 5.1ms，去抖动时间为 10.3ms。如果进入 8279 的时钟频率为 2MHz，要获得 100kHz 的内部时钟信号，则需要 20 分频，即 PPPPP= 10100B=20。

3）读 FIFO RAM 命令字

D_7	D_6	D_5	D_4	D_3	D_2	D_1	D_0
0	1	0	AI	X	A	A	A

高 3 位 $D_7D_6D_5=010$ 为特征位。$D_2\sim D_0$（AAA）为起始地址，D_4（AI）为多次读出时的地址自动增量标志。在键扫描方式中，AI、AAA 均被忽略。CPU 读键输入数据时，总是按先进先出的规律读出，直至输入键信息全部读出为止。在传感器矩阵扫描中，若 AI=1，CPU 则从起始地址开始依次读出，每次读出后地址自动加 1；AI=0 时，CPU 仅读一个单元的内容。

4）读显示缓冲器 RAM 命令字

D_7	D_6	D_5	D_4	D_3	D_2	D_1	D_0
0	1	1	AI	A	A	A	A

$D_7D_6D_5=011$ 是该命令字的特征位。在 CPU 读显示数据之前，必须先输出读显示缓冲器 RAM 的命令。4 位二进制代码 AAAA 用来寻址显示缓冲器 RAM 的一个缓冲单元。AI 为自动增量标志，若 AI=1，则 CPU 每次读出后，地址自动加 1。

5）写显示缓冲器 RAM 命令字

D_7	D_6	D_5	D_4	D_3	D_2	D_1	D_0
1	0	0	AI	A	A	A	A

高 3 位 $D_7D_6D_5=100$ 为该命令的特征位。该命令字给出了显示缓冲器 RAM 的地址信息。当 CPU 执行写显示缓冲器 RAM 时，首先用该命令字给出要写入的显示缓冲器 RAM 的地址，4 位二进制代码 AAAA 可用来寻址显示缓冲器 RAM 的 16 个存储单元。若 AI=1，则 CPU 除了在第一次写入时须给出地址外，以后每次写入，地址自动加 1，直至所有显

示缓冲器 RAM 全部写毕。实际上每一个显示缓冲器 RAM 单元对应着一个字符显示位。

6）显示屏蔽消隐命令字

D$_7$	D$_6$	D$_5$	D$_4$	D$_3$	D$_2$	D$_1$	D$_0$
1	0	1	X	IWA	IWB	BLA	BLB

高 3 位 D$_7$D$_6$D$_5$=101 为该命令字的特征位。IWA 和 IWB 分别用以屏蔽 A 组和 B 组显示缓冲器 RAM。在使用双 4 位显示器时，即 OUTA$_{0\sim3}$ 和 OUTB$_{0\sim3}$ 独立地作为两个半字节输出时，可改写显示缓冲器 RAM 中的低半字节而不影响高半字节的状态（D$_3$=1），反之 D$_2$=1 时可改写高半字节而不影响低半字节。

BL 位是消隐特征位，要消隐两组显示输出，必须使 D$_0$、D$_1$ 同时为 1，BL=0 时，则恢复显示。

7）清除命令字

D$_7$	D$_6$	D$_5$	D$_4$	D$_3$	D$_2$	D$_1$	D$_0$
1	1	0	CD	CD	CD	CF	CA

D$_7$D$_6$D$_5$=110 为该命令的特征位。该命令用来清除 FIFO RAM 和显示缓冲器 RAM，其中 D$_4$D$_3$D$_2$（CD）三位用来设定清除显示缓冲器 RAM 的方式，其定义如表 4-4 所列。

表 4-4 D$_4$D$_3$D$_2$ 的定义

D4	D3	D$_2$	清除显示 RAM 的方式	D4	D3	D$_2$	清除显示 RAM 的方式
1	0	×	将显示 RAM 全部清 0	1	1	1	将显示 RAM 全部置 1
1	1	0	将显示 RAM 清成 20H	0	×	×	不清除（CA=0 时），若 CA=1，则 D$_3$、D$_2$ 仍有效

CF（D$_1$）位用来置空 FIFO RAM，当 D$_1$=1 时，执行清除命令后，FIFO RAM 被置空，使中断输出线 IRQ 复位，同时显示 RAM 的读出地址也被置 0。

CA（D$_0$）是总清的特征位，它兼有 CD 和 CF 的联合效用。当 CA=1 时，对显示 RAM 的清除方式由 D$_3$ 和 D$_2$ 的编码确定。

清除显示缓冲器 RAM 大约需 100 μs。在此时间内，CPU 不能向显示缓冲器 RAM 写入数据。

8）结束中断/错误方式设置命令

D$_7$	D$_6$	D$_5$	D$_4$	D$_3$	D$_2$	D$_1$	D$_0$
1	1	1	E	×	×	×	×

D$_7$D$_6$D$_5$=111 为该命令的特征位。此命令有两种不同的作用：

（1）作为结束中断命令。在传感器工作方式中使用，每当传感器状态出现变化时，扫描检测电路就将其状态写入传感器 RAM 中，并启动中断逻辑，使 IRQ 变高，向 CPU 请求中断，并且禁止写入传感器 RAM。此时，若传感器 RAM 读出地址的自动递增特征位没有置位（AI=0），则中断请求 IRQ 在 CPU 第一次从传感器 RAM 读出数据时就被清除。若自动递增特征位置位（AI=1），则 CPU 对传感器 RAM 的读出并不能清除 IRQ，而必须通过给 8279 写入结束中断/错误方式设置命令才能使 IRQ 变低。因此，在传感器工作方式中，此命令用来结束传感器 RAM 的中断请求。

（2）作为特定错误方式设置命令。在 8279 已被设定为键盘扫描 N 键依次读出方式以后，如果 CPU 给 8279 又写入结束中断/错误方式设置命令（E=1），则 8279 将以一种特定的错误方式工作。这种方式的特点是：在 8279 的消颤周期内，如果发现多个按键同时按下，则 FIFO 状态字中的错误特征位 S/E 将置 1，并产生中断请求信号和阻止写入 FIFO RAM。

上述 8 种用于确定 8279 操作方式的命令字皆由 $D_7D_6D_5$ 特征位确定，输入 8279 后能自动寻址相应的命令寄存器。因此，写入命令字时唯一的要求是使命令/数据选择信号 $A_0=1$。

3. 状态字节

8279 内部有一个状态寄存器，供 CPU 读取，CPU 要读取状态字节，必须使 $A_1=1$。状态字节反映 8279 的工作状态，用于键输入和选通输入方式中，指出 FIFO RAM 中存有按键信息的个数，是否满、空或溢出，以及工作于传感器矩阵方式时是否同时有多个传感器（按键）闭合，清除命令是否执行完毕等。状态字的格式如下：

D_7	D_6	D_5	D_4	D_3	D_2	D_1	D_0
DU	S/E	O	U	F	N	N	N

$D_2 \sim D_0$：NNN 表示 FIFO RAM 中数据的个数。

D_3：F 为满标志。在 F=1 时，表示 FIF0 RAM 已满（存有 8 个键入数据）。

D_4：U 为空标志。在 FIFO RAM 中没有输入字符时，CPU 对 FIFO RAM 读则置"1"。

D_5：O 为溢出标志。当 FIFO 已满，又输入一个字符发生溢出时置"1"。

D_6：S/E 在传感器矩阵输入方式或键扫描 N 键依次读出且工作在特定错误方式时，有多个按键同时闭合时置"1"。

D_7：DU 为忙标志。在清除命令执行期间该位为"1"，此时对显示 RAM 写无效。

4. 输入数据格式

在键扫描方式中，键输入数据格式如下：

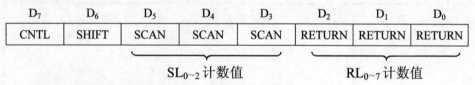

D_7	D_6	D_5	D_4	D_3	D_2	D_1	D_0
CNTL	SHIFT	SCAN	SCAN	SCAN	RETURN	RETURN	RETURN

$SL_{0\sim2}$ 计数值　　　　$RL_{0\sim7}$ 计数值

$D_2 \sim D_0$：指出输入键所在的列号（由 $RL_{0\sim7}$ 状态确定）。

$D_5 \sim D_3$：指出输入键所在的行号（扫描计算值）。

D_6：指出控制键 SHIFT 的状态。

D_7：指出控制键 CNTL 的状态。

控制键 CNTL、SHIFT 为单独的开关键。CNTL 键与其他键连用作为特殊命令键，SHIFT 键可作为上、下档控制键。若与键盘（8×8）配合，使键盘各键具有上、下键功能，则键盘可扩充到 128 个键。CNTL 线可接一键用作控制键，这样最多可扩充到 256 键。

在传感器扫描方式或选通输入方式中，输入数据即为 $RL_0 \sim RL_7$ 的输入状态。

D_7	D_6	D_5	D_4	D_3	D_2	D_1	D_0
RL_7	RL_6	RL_5	RL_4	RL_3	RL_2	RL_1	RL_0

5. 8279 与键盘/显示器的接口

图 4-28 为 8 位显示器、4×8 键盘和 8279 的接口电路。图中键盘的行线接 8279 的 $RL_0 \sim RL_3$，8279 选用外部译码方式，$SL_0 \sim SL_2$ 经 74LSl38（1）译码输出 $\overline{Y}_0 \sim \overline{Y}_7$ 接键盘的列线，

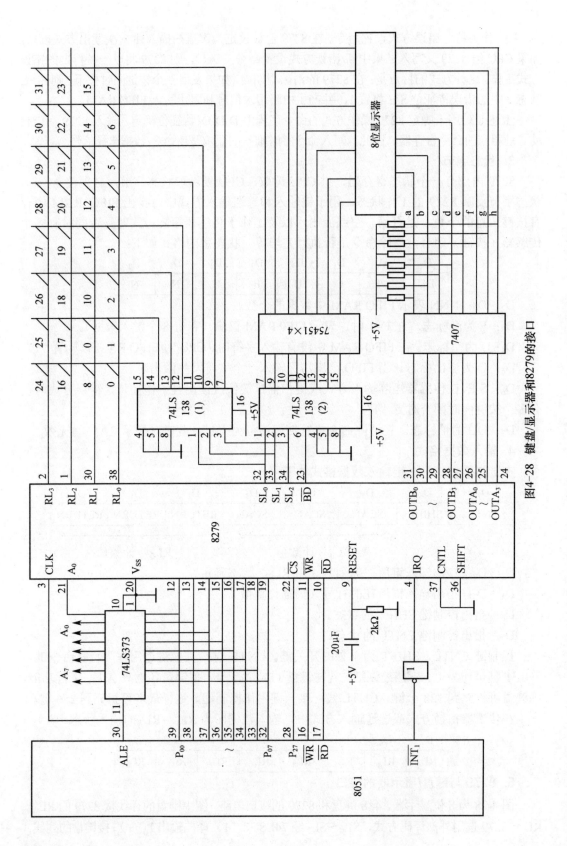

图4-28　键盘/显示器和8279的接口

$SL_0 \sim SL_2$ 又由 74LS138（2）译码输出 $\overline{Y'_0} \sim \overline{Y'_7}$，经驱动后输出到显示器各位的公共阴极，输出线 $OUTB_{0\sim3}$、$OUTA_{0\sim3}$ 作为 8 位段数据输出口，$\overline{BD}$ 控制 74LS138（2）的译码。当位切换时，$\overline{BD}$ 输出低电平，使 74LS138（2）输出全为高电平。当键盘上出现有效的闭合键时，键输入数据自动地进入 8279 的 FIFO RAM 存储器中，并向 8051 请求中断，8051 响应中断读取 FIFO RAM 的输入键值。要更新显示器输出，仅需改变 8279 中显示缓冲器 RAM 中的内容。

在图 4-28 中，8279 的命令/状态口地址为 7FFFH，数据口地址为 7FFEH。

键输入中断服务程序和更新显示器的输出子程序流程图如图 4-29 所示。

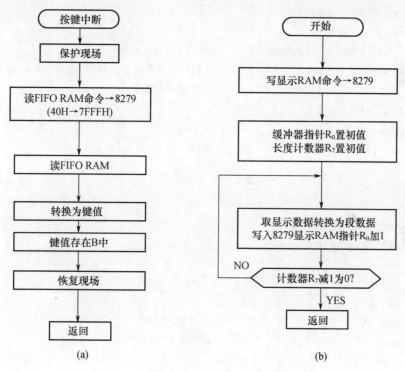

图 4-29　8051 和 8279 接口程序流程图

(a) 键输入中断服务程序流程图；(b) 更新显示器的输出子程序流程图。

初始化程序清单（与 8279 有关的初始化程序）：

```
INIT1: SETB   EX₁                  ; INT₁ 开中断
       MOV    DPTR , #7FFFH
       MOV    A, #0D1H             ; 清除命令
       MOVX   @DPTR, A
LP:    MOVX   A, @DPTR             ; 读状态字节
       JB     A_CC.7, LP
       MOV    A, #00H              ; 键盘/显示器方式设置命令
       MOVX   @DPTR, A
       MOV    A, #2AH              ; 时钟编程命令
```

```
        MOVX    @DPTR，A
        SETB    EA

        …
```

键输入中断服务程序清单：

```
PINT1:  PUSH    PSW
        PUSH    DP_H
        PUSH    DP_L
        PUSH    A_CC
        MOV     DPTR，#7FFFH        ；输出读 FIFO 命令
        MOV     A，#40H
        MOVX    @DPTR，A
        MOV     DPTR，#7FFEH
        MOVX    A，@DPTR            ；此接口中只要将键信息的 b_5b_4b_3 与 b_2b_1b_0
                                      交换即得到键值

        MOV     B，A
        ANL     A，#07H             ；取 b_2b_1b_0
        RL      A                   ；左移 3 次
        RL      A
        RL      A
        MOV     R_2，A
        MOV     A，B
        ANL     A，#38H             ；取 b_5b_4b_3
        RR      A                   ；右移 3 次
        RR      A
        RR      A
        ORL     A，R_2              ；合并得到键值
        MOV     B，A                ；键值在 B 中
PRI1:   POP     A_CC
        POP     DP_L
        POP     DP_H
        POP     PSW
        RET1
```

显示子程序清单：

```
  DIR:  MOV     DPTR，#7FFFH        ；输出写显示 RAM 命令
        MOV     A，#90H             ；0 地址开始自动增 1
        MOVX    @DPTR，A
        MOV     R_0，#70H           ；显示缓冲区指针初值
        MOV     R_7，#08H           ；8 位显示器计数初值
        MOV     DRTR，# 7FFEH
  DL0:  MOV     A，@R_0
        ADD     A，#05H
        MOVC    A，@A+PC            ；转换为段数据
```

168

```
        MOVX  @DPTR , A              ;写入显示 RAM
        INC   R0
        DJNZ  R7 , DL0
        RET
ADSEG:  DB    3FH,06H,5BH,4FH,…      ;段数据表（共阴极）
```

4.3.4 利用 7289 串行接口芯片实现键盘/显示器接口

1. 概述

zlg7289A 是具有 SPI 串行接口功能且可同时驱动 8 位共阴极数码管（或 64 只独立 LED）的智能显示驱动芯片。该芯片同时还可连接多达 64 键的矩阵键盘，单片即可完成 LED 显示、键盘接口的全部功能。

zlg7289A 内部含有译码器，可直接接受 BCD 码或 16 进制码，并同时具有 2 种译码方式。此外，它还具有多种控制指令，如消隐、闪烁、左移、右移、段寻址等。

zlg7289A 具有片选信号，可方便地实现多于 8 位的显示或多于 64 键的键盘接口。主要特点如下：

（1）串行接口无需外围元件可直接驱动 LED。

（2）各位独立控制译码/不译码及消隐和闪烁属性。

（3）（循环）左移/（循环）右移指令。

（4）具有段寻址指令，方便控制独立的 LED。

（5）64 键键盘控制器内含去抖动电路。

zlg7289A 的引脚功能如表 4-5 所列。

表 4-5 zlg7289A 引脚功能表

引脚	名称	说　　明
1, 2	V_{DD}	正电源
3, 5	NC	悬空
4	V_{SS}	接地
6	/CS	片选输入端，此引脚为低电平时，可向芯片发送指令及读取键盘数据
7	CLK	同步时钟输入端，向芯片发送数据及读取键盘数据时，此引脚电平上升沿表示数据有效
8	DATA	串行数据输入/输出端。当芯片接收指令时，此引脚为输入端；当读取键盘数据时，此引脚在'读'指令最后一个时钟的下降沿变为输出端
9	/KEY	按键有效输出端，平时为高电平，当检测到有效按键时，此引脚变为低电平
10~16	SG-SA	段g～段a驱动输出
17	DP	小数点驱动输出
18~25	DIG0-DIG7	数字0～数字7驱动输出
26	OSC2	振荡器输出端
27	OSC1	振荡器输入端
28	/RESET	复位端

2. 控制指令

zlg7289A 的控制指令分为三大类——不带数据的纯指令、带有数据的指令和读键盘数据指令。

1）纯指令

（1）复位（清除）指令：

D7	D6	D5	D4	D3	D2	D1	D0
1	0	1	0	0	1	0	0

当 zlg7289A 收到该指令后，将所有的显示清除，所有设置的字符消隐、闪烁等属性也被一起清除。执行该指令后，芯片所处的状态与系统上电后所处的状态一样。

（2）测试指令：

D7	D6	D5	D4	D3	D2	D1	D0
1	0	1	1	1	1	1	1

该指令使所有的 LED 全部点亮，并处于闪烁状态，主要用于测试。

（3）左移指令：

D7	D6	D5	D4	D3	D2	D1	D0
1	0	1	0	0	0	0	1

该指令使所有的显示包括处于消隐状态的显示位自右向左（从第1位向第8位）移一位，但对各位所设置的消隐及闪烁属性不变。移动后最右边一位为空（无显示）。例如原显示为

1	2*	3	4*	5	6	7	8

其中左边第2位'2'和第4位'4'为闪烁显示，执行了左移指令后，显示变为

2	3*	4	5*	6	7	8	

即左边第2位'3'和第4位'5'为闪烁显示。

（4）右移指令：

D7	D6	D5	D4	D3	D2	D1	D0
1	0	1	0	0	0	0	0

与左移指令类似，但为自左向右（从第8位向第1位）移动，移动后最左边一位为空。

（5）循环左移指令：

D7	D6	D5	D4	D3	D2	D1	D0
1	0	1	0	0	0	1	1

与左移指令类似，不同之处在于移动后原最左边一位（第8位）的内容显示于最右位（第1位）。在左移指令的例子中，执行完循环左移指令后的显示为

2	3*	4	5*	6	7	8	1

左边第2位'3'和第4位'5'为闪烁显示。

（6）循环右移指令：

D7	D6	D5	D4	D3	D2	D1	D0
1	0	1	0	0	0	1	0

与循环左移指令类似，但移动方向相反。

2）带有数据的指令

（1）下载数据且按方式 0 译码：

D7	D6	D5	D4	D3	D2	D1	D0
1	0	0	0	0	a_2	a_1	a_0

D7	D6	D5	D4	D3	D2	D1	D0
DP	X	X	X	d_3	d_2	d_1	d_0

命令由两个字节组成，前半部分为指令，其中 a_2，a_1，a_0 为位地址，具体分配如表 4-6 所列（显示位编号请参阅典型应用电路图）。

表 4-6　位地址分配表

a_2	a_1	a_0	显示位	a_2	a_1	a_0	显示位
0	0	0	1	1	0	0	5
0	0	1	2	1	0	1	6
0	1	0	3	1	1	0	7
0	1	1	4	1	1	1	8

后半部分的 $d_3 \sim d_0$ 为数据，收到此指令时，zlg7289A 按以下规则（译码方式 0）进行译码，如表 4-7 所列。

表 4-7　按方式 0 的译码表

$d_3 \sim d_0$（十六进制）	d_3	d_2	d_1	d_0	7段显示
00H	0	0	0	0	0
01H	0	0	0	1	1
02H	0	0	1	0	2
03H	0	0	1	1	3
04H	0	1	0	0	4
05H	0	1	0	1	5
06H	0	1	1	0	6
07H	0	1	1	1	7
08H	1	0	0	0	8
09H	1	0	0	1	9
0AH	1	0	1	0	—
0BH	1	0	1	1	E
0CH	1	1	0	0	H
0DH	1	1	0	1	L
0EH	1	1	1	0	P
0FH	1	1	1	1	空（无显示）

小数点的显示由 DP 位控制。DP=1 时，小数点显示，DP=0 时，小数点不显示。X=无影响。

（2）下载数据且按方式 1 译码：

指令格式为

D_7	D_6	D_5	D_4	D_3	D_2	D_1	D_0
1	1	0	0	1	a_2	a_1	a_0

D_7	D_6	D_5	D_4	D_3	D_2	D_1	D_0
DP	X	X	X	d_3	d_2	d_1	d_0

此指令与上一条指令基本相同，所不同的是译码方式，该指令的译码按表 4-8 进行。

表 4-8　按方式 1 的译码表

$d_3 \sim d_0$（十六进制）	d_3	d_2	d_1	d_0	7段显示
00H	0	0	0	0	0
01H	0	0	0	1	1
02H	0	0	1	0	2
03H	0	0	1	1	3
04H	0	1	0	0	4
05H	0	1	0	1	5
06H	0	1	1	0	6
07H	0	1	1	1	7
08H	1	0	0	0	8
09H	1	0	0	1	9
0AH	1	0	1	0	A
0BH	1	0	1	1	B
0CH	1	1	0	0	C
0DH	1	1	0	1	D
0EH	1	1	1	0	E
0FH	1	1	1	1	F

（3）下载数据但不译码：

对某位的段的控制为

D7	D6	D5	D4	D3	D2	D1	D0
1	0	0	0	1	a_2	a_1	a_0

D7	D6	D5	D4	D3	D2	D1	D0
DP	A	B	C	D	E	F	G

此命令中 $a_2a_1a_0$ 为位地址，A～G 和 DP 为显示数据，分别对应七段 LED 数码管的各段。当相应的数据位为 '1' 时该段点亮，否则不亮。

闪烁控制为

D7	D6	D5	D4	D3	D2	D1	D0
1	0	0	0	1	0	0	0

D7	D6	D5	D4	D3	D2	D1	D0
d_8	d_7	d_6	d_5	d_4	d_3	d_2	d_1

此命令控制各个数码管的闪烁属性。$d_1 \sim d_8$ 分别对应数码管 1～8，0=闪烁，1=不闪烁。开机后，默认的状态为各位均不闪烁。

172

消隐控制为

D7	D6	D5	D4	D3	D2	D1	D0
1	0	0	1	1	0	0	0

D7	D6	D5	D4	D3	D2	D1	D0
d_8	d_7	d_6	d_5	d_4	d_3	d_2	d_1

此命令控制各个数码管的消隐属性。$d_1 \sim d_8$ 分别对应数码管 1~8，1=显示，0=消隐。当某一位被赋予了消隐属性后，zlg7289A 在扫描时将跳过该位。因此在这种情况下，无论对该位写入何值，均不会被显示，但写入的值将被保留，在将该位重新设为显示状态后，最后一次写入的数据将被显示出来。当无需用到全部 8 个数码管显示的时候，将不用的位设为消隐属性可以提高显示的亮度。

注意：至少应有一位保持显示状态，如果消隐控制指令中 $d_1 \sim d_8$ 全部为 0，该指令将不被接受，zlg7289A 保持原来的消隐状态不变。

段点亮指令为

D7	D6	D5	D4	D3	D2	D1	D0
1	1	1	0	0	0	0	0

D7	D6	D5	D4	D3	D2	D1	D0
X	X	d_5	d_4	d_3	d_2	d_1	d_0

此指令的作用为点亮数码管中某一指定的段或 LED 矩阵中某一指定的 LED。在指令中 X=无影响；$d_0 \sim d_5$ 段地址，范围从 00H~3FH，具体分配为：

第 1 个数码管的 G 段地址为 00H，F 段为 01H，…，A 段为 06H，小数点 DP 为 07H；第 2 个数码管的 G 段地址为 08H，F 段为 09H，…，依此类推，直至第 8 个数码管的小数点 DP 地址为 3FH。

段关闭指令为

D7	D6	D5	D4	D3	D2	D1	D0
1	1	0	0	0	0	0	0

D7	D6	D5	D4	D3	D2	D1	D0
X	X	d_5	d_4	d_3	d_2	d_1	d_0

此命令的作用为关闭（熄灭）数码管中的某一段，指令结构与"段点亮指令"相同。

3）读键盘数据指令

D7	D6	D5	D4	D3	D2	D1	D0
0	0	0	1	0	1	0	1

D7	D6	D5	D4	D3	D2	D1	D0
d_7	d_6	d_5	d_4	d_3	d_2	d_1	d_0

该指令从 zlg7289A 读出当前的按键代码。与其他指令不同，此命令的前一个字节 00010101B 为单片机传送到 zlg7289A 的指令，而后一个字节 $d_0 \sim d_7$ 则为 zlg7289A 返回的按键代码，其范围是 0~3FH（无键按下时为 0Xff）。各键代码的定义请参阅"zlg7289A"的典型应用图，图中对应 $S_0 \sim S_{63}$ 号键分别对应键值的 0~63（0~3FH）。

此指令执行的前半段，zlg7289A 的 DATA 引脚处于高阻输入状态，以接受来自微处理器的指令；在指令的后半段，DATA 引脚从输入状态转为输出状态，输出键盘代码的值。故微处理器连接到 DATA 引脚的 I/O 口应有一个从输出态到输入态的转换过程，请参阅本文"SPI 串行接口"一节的内容。

当 zlg7289A 检测到有效的按键时，$\overline{KEY}$ 引脚从高电平变为低电平，并一直保持到按键结束。在此期间，如果 zlg7289A 接收到"读键盘数据指令"，则输出当前按键的键盘代码；如果在收到"读键盘指令"时没有有效按键，zlg7289A将输出FFH（11111111B）。

3. SPI串行接口

zlg7289A采用串行方式与微处理器进行通信，串行数据从DATA引脚送入芯片，并由CLK端同步。当片选信号变为低电平后，DATA引脚上的数据在CLK引脚的上升沿被写入zlg7289A的缓冲寄存器。zlg7289A的指令结构有3种类型：①不带数据的纯指令，指令的宽度为8位，即微处理器需发送8个CLK脉冲；②带有数据的指令，宽度为16位，即微处理器需发送16个CLK脉冲；③读取键盘数据指令，宽度为16位，前8位为微处理器发送到zlg7289A的指令，后8位为zlg7289A返回的键盘代码。执行此指令时，zlg7289A的DATA端在第9个CLK脉冲的上升沿变为输出状态，并于第16个脉冲的下降沿恢复为输入状态，等待接收下一个指令。

串行接口的时序如图4-30所示。

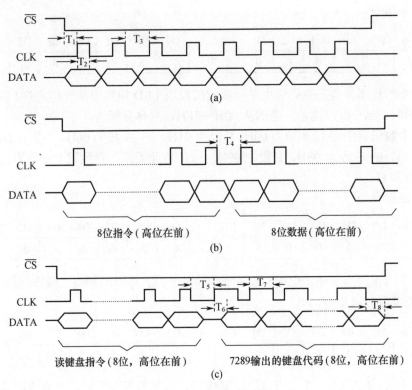

图4-30　串行接口的时序图

(a) 纯指令；(b) 带数据指令；(c) 读键盘指令。

图4-30中T_1～T_8的意义及量值如表4-9所列。

3种类型的指令说明如下。

（1）不带数据的纯指令，指令的宽度为8位，即微处理器需发送8个CLK脉冲。

（2）带有数据的指令，宽度为16位，即微处理器需发送16个CLK脉冲。

（3）读取键盘数据指令，宽度为16位，前8位为微处理器发送到zlg7289A的指令，后8位为zlg7289A返回的键盘代码。执行此命令时，zlg7289A的DATA端在第9个CLK脉冲的上升沿变为输出状态，并于第16个脉冲的下降沿恢复为输入状态，等待接收下一个指令。

表 4-9 $T_1 \sim T_8$ 的意义及量值

参 数	意 义	最小值	典型值	最大值	单位
T_1	从CS下降沿至CLK脉冲时间	25	50	250	μs
T_2	传送指令时CLK脉冲宽度	5	8	250	μs
T_3	字节传送中CLK脉冲时间间隔	5	8	250	μs
T_4	指令与数据时间间隔	15	25	250	μs
T_5	读键盘指令中指令与输出数据时间间隔	15	25	250	μs
T_6	输出键盘数据建立时间	5	8		μs
T_7	读键盘数据时CLK脉冲宽度	5	8	250	μs
T_8	读键盘数据完成后DATA转为输入状态时间			5	μs

4. 应用设计实例

zlg7289A 的典型应用图如图 4-31 所示。

zlg7289A 应连接共阴式数码管,应用中无需用到的数码管和键盘可以不连接,省去数码管和对数码管设置消隐属性均不会影响键盘的使用。

如果不用键盘,则典型电路中连接到键盘的 8 只 270 Ω 电阻和 8 只 100 kΩ 下拉电阻均可以省去。如果使用了键盘,则电路中的 8 只 270 Ω 电阻和 8 只 100 kΩ 下拉电阻均不得省略。除非不接数码管,否则串入 DP 及 SA-SG 连线的 8 只电阻均不能省去。

实际应用中,8 只下拉电阻和 8 只键盘连接位选线 $DIG_0 \sim DIG_7$ 的 8 只电阻 $R_1 \sim R_8$(位选电阻)应遵从一定的比例关系,下拉电阻应大于位选电阻的 5 倍而小于其 50 倍,典型值为 10 倍。下拉电阻的取值范围是 $10 \sim 100$ kΩ,位选电阻的取值范围是 $1 \sim 10$ kΩ。在不影响显示的前提下,下拉电阻应尽可能地取较小的值,这样可以提高键盘部分的抗干扰能力。

由于采用循环扫描的工作方式,则如果采用普通的数码管,亮度有可能不够,而采用高亮或超高亮的型号可以解决这个问题。数码管的尺寸也不宜选得过大,一般字符高度不超过 1 英寸。如果使用大型的数码管,则应使用适当的驱动电路。

zlg7289A 需要一外接晶体振荡电路供系统工作,其典型值分别为 $f=16\text{MHz}$,$C=15\text{p}$。如果芯片无法正常工作,应首先检查此振荡电路。在印制电路板布线时,所有元件尤其是振荡电路的元件应尽量靠近 zlg7289A,并尽量使电路连线最短。

zlg7289A 的 $\overline{\text{RESET}}$ 复位端在一般应用情况下可以直接和 V_{CC} 相连。在需要较高可靠性的情况下,可以连接一外部复位电路,或直接由 MCU 控制。在上电或 $\overline{\text{RESET}}$ 端由低电平变为高电平后,zlg7289A 大约要经过 $18 \sim 25\text{ms}$ 才会进入正常工作状态。

上电后,所有的显示均为空,所有显示位的显示属性均为"显示"及"不闪烁"。当有键按下时,$\overline{\text{KEY}}$ 引脚输出低电平,此时如果接收到"读键盘"指令,7289 将输出所按下键的代码。图中代码以十进制表示。如果在没有按键的情况下收到"读键盘"指令,7289 将输出 0FFH(255)。

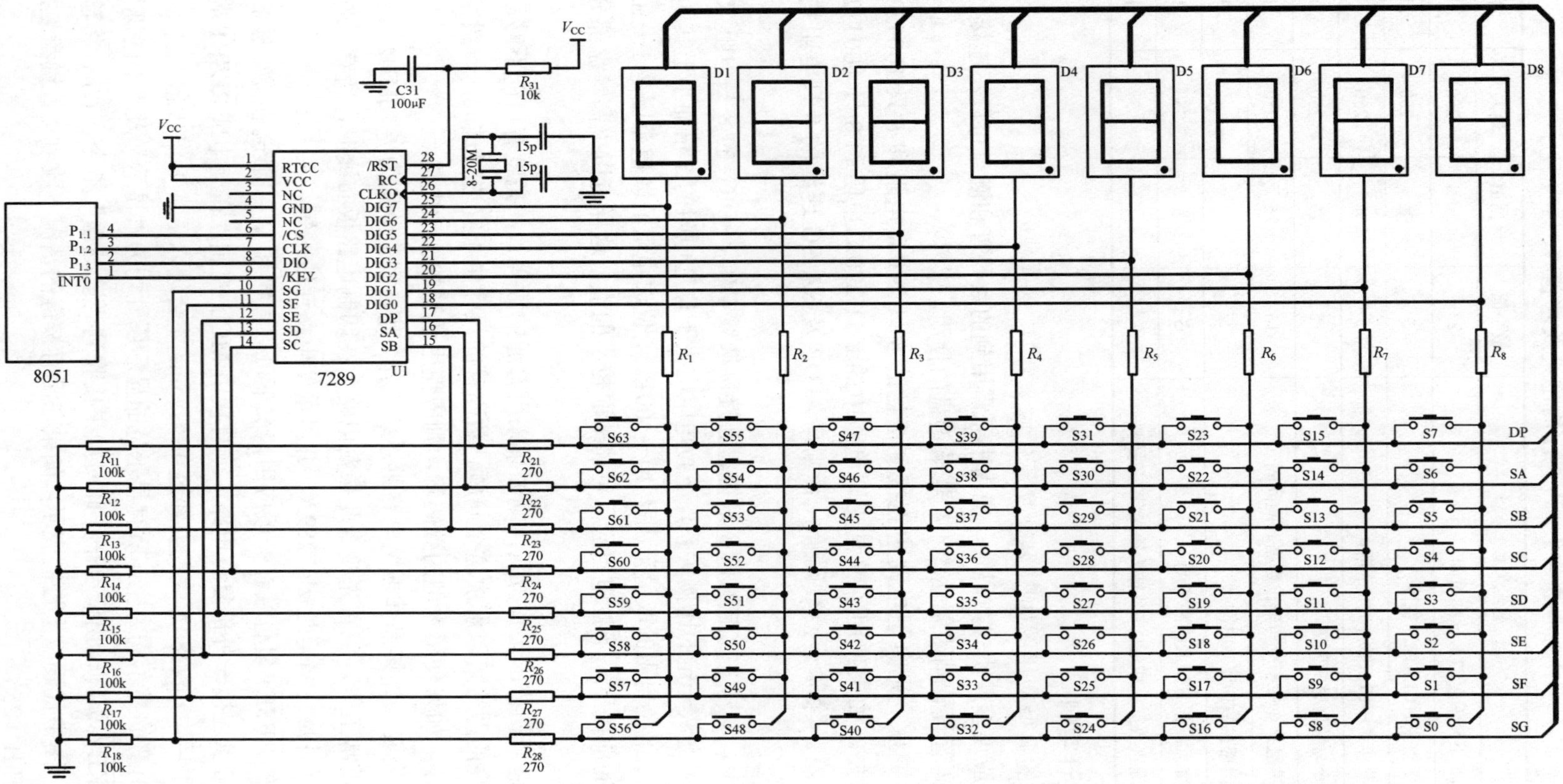

图 4-31 zlg7289A 的典型应用图

程序中若尽可能地减少 CPU 对 7289 的访问次数,则可以使得程序更有效率。因为芯片直接驱动 LED 数码管显示,电流较大,且为动态扫描方式,故如果该部分电路电源连线较细较长,可能会引入较大的电源噪声干扰,在电源的正负极并入一个 $47\sim220\mu F$ 的电容可以提高电路抗干扰的能力。

注意:如果有两个键同时按下,7289 将只能给出其中一个键的代码,因此 7289 不适于应用在需要两个或两个以上键同时按下的场合。

以下为 7289 与 8051 单片机的接口例程。CPU 对键盘的管理采用中断模式;当用户按下键盘上的某键时,键盘接口向 CPU 发出中断请求,CPU 响应中断进入中断服务程序,读取按键的键值并存放在 REC_B 之中。

```
            BIT_C DATA 30H          ; 定义 BIT_C 为内部 RAM 的 30H
            DLY1  DATA 31H          ; 定义 DLY1 为内部 RAM 的 31H
            DLY  DATA 32H           ; 定义 DLY 为内部 RAM 的 32H
            REC_B DATA 33H          ; 定义接收缓冲器 REC_B 为内部 RAM 的 33H
            SEND_B DATA 34H         ; 定义发送缓冲器 SEND_B 为内部 RAM 的 34H
            CS BIT  P1.1            ; 定义 CS 为 P1.1
            CLK BIT P1.2            ; 定义 CLK 为 P1.2
            DIO BIT P1.3            ; 定义 DIO 为 P1.3
RESET: SETB CS                      ; CS 为高, 无效
            SETB DIO
            MOV DLY, #25
            MOV DLY1, #100
RSDL1:DJNZ DLY1, RSDL1              ; 开机等待一段时间, 确保 7289 完成初始化
            DJNZ DLY, RSDL1
            MOV SEND_B, #10100100B  ; 7289 复位指令
            ACALL SEND
            SETB CS                 ; 与 SEND 子程序中的 CLR CS 对应,
                                    ; 实现带数据指令的发送, 见时序图
            SETB IT0                ; 采用边沿触发方式
            SETB EA                 ; 开中断
            SETB EX0
               ...
```

键输入中断服务程序清单:

```
INTO:  MOV SEND_B, #00010101B      ; 读键盘指令
          ACALL SEND
          ACALL RECE                ; 得到键值, 存放在 REC_B 中
          SETB CS                   ; 与 SEND 子程序中的 CLR CS 对应,
                                    ; 实现读键盘指令, 见时序图
          RETI
```

显示子程序清单:(设字符代码已装入显示缓冲区)

```
DIR: MOV R0, #70H                  ; 显示缓冲区指针初值
          MOV R7, #08H              ; 8 位显示器计数初值
```

```
        MOV R1, #80H              ; R1 存放 7289 要显示的 LED 位码, 80H 代
                                  ; 表第 0 位, 81 代表第 1 位……见按方式 0
                                  ; 译码的指令格式
    DL0: MOV SEND_B, R1
         INC R1
         ACALL SEND
         MOV SEND_B, @R0
         ACALL SEND
         SETB CS
         INC R0
         DJNZ R7, DL0
         RET
```

利用 I/O 模拟 SPI 数据发送子程序清单:

```
    SEND: MOV BIT_C, #8           ; 发送 1 字节, 即 8 位数据
          CLR CS                  ; 拉低 CS, CPU 将要与其通信
          ACALL LDLY              ; 详见串行接口通信时序图
    SELP: MOV A, SEND_B
          RLC A                   ; 将 SEND_B 中的数据一位位送出
          MOV SEND_B, A
          MOV DIO, C
          NOP
          NOP
          SETB CLK                ; 每送一位数据还要同时产生 CLK 脉冲
          ACALL SDLY              ; CLK 脉冲宽度
          CLR CLK
          ACALL SDLY
          DJNZ BIT_C, SELP
          CLR DIO
          RET
```

利用 I/O 口模拟 SPI 数据接收子程序清单:

```
    RECE: MOV BIT_C, #8           ; 接收 1 字节即 8 位数据
          ACALL LDLY
    RELP: SETB CLK
          ACALL SDLY
          MOV C, DIO              ; 将 1 字节数据一位位接收
          MOV A, REC_B
          RLC A
          MOV REC_B, A            ; 接收后存放在 REC_B (字节) 中
          CLR CLK
          ACALL SDLY
          DJNZ BIT_C, RELP
          CLR DIO
          RET
```

延时子程序清单：

```
LDLY:  MOV  DLY, #25                    ;长延时，应串行接口时序的要求
       DJNZ DLY, $
       RET
SDLY:  MOV  DLY, #4                     ;短延时，应串行接口时序的要求
       DJNZ DLY, $
       RET
       END
```

4.4 LCD 显示器接口

液晶显示器是一种功耗极低的被动式显示器件，广泛使用在便携式仪表或低功耗显示设备中。LCD 有明显的优点：工作电流比 LED 小几个数量级，所以其功耗很低；体积小，厚度约为 LED 的 1/3；字迹清晰、美观，使人感到舒服；寿命长（国产可达 50000h），使用方便。因此可以预言：在袖珍仪表中，人们会越来越多地用 LCD 取代 LED。

4.4.1 LCD 显示器的基本结构及工作原理

液晶显示器结构如图 4-32 所示。

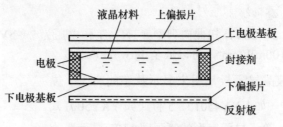

图 4-32　液晶显示器结构图

经过一定处理的液晶材料注入上、下电极基板（敷着透明导电层的玻璃片）之间，并用封接剂密封，做成液晶盒。把这样的液晶盒放在两个偏振片之间，在下偏振片背面还衬着一块反射板，用来反射透射光。

液晶材料有很多种类型，扭曲向列型（TN）液晶的光电效应和显示原理示于图 4-33。

夹在两片导电玻璃电极间的液晶经过一定处理，它内部的分子呈 90°的扭曲，当线性偏振光透过时其偏振面便会旋转 90°，如图 4-33(a)所示，在下偏振片有透射光，可由反射板反射回来。当在玻璃电极上加上一定电压后，在电场作用下，液晶的扭曲结构消失，其旋光作用也消失，偏振光便可以直接通过，如图 4-33(b)所示。于是在下偏振片就无透射光，就看到了黑影。当去掉电场后，液晶分子又恢复其扭曲结构。把这样的液晶置于两个互相垂直放置的偏振片之间，在上、下两个电极之间加上一定电压，就会得到白底黑字（正显示）。如果改变上、下偏振片的相对位置，即平行放置时，则可得到黑底白字（负显示）。

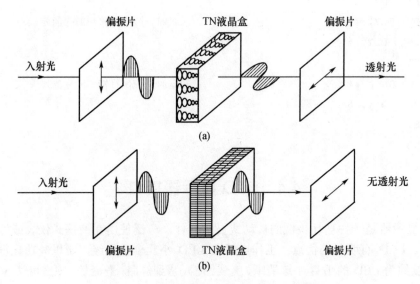

图 4-33 TN 型液晶显示器的光电效应原理

(a) 无外加电压（$V=0$）；(b) 有外加电压（$V>V_{th}$）。

LCD 的主要参数有以下几个：

（1）响应时间：毫秒级；响应速度慢，LED 响应时间约为 $10\mu s$。

（2）余辉时间：毫秒级。

（3）阈值电压：$3\sim20V$，扭曲向列型（TN）工作电压为 $2\sim5V$。

（4）功耗：$5\sim100mW/cm^2$，可以低至 $1\mu w/cm^2$。

现市面上各种液晶显示板，用来显示数字的有 $3\frac{1}{2}$ 位（如 3555）、$4\frac{1}{2}$ 位（如 YXY4501）、5 位（如 YXY5001）、8 位（如 YXY8001）等。显示字形的笔画同 LED 显示器一样，也有 a～g 七个笔画。另外还有小数点和其他一些符号，也作为一个电极出现。

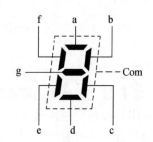

LCD 七段显示除了 a～g 这个七笔画以外，还有一个公共极 COM，其笔画电极如图 4-34 所示。它可用直流信号驱动，也可用交流信号驱动。由于加直流信号将使 LCD 的寿命减少，故通常均采用交流信号驱动。

图 4-34　笔划电极配置

某一笔画（字段）与公共极 COM（称背极）间驱动电路的连接及波形如图 4-35 所示。

图 4-35(a) 中 B 为某一字段（笔画）电极信号输入端，A 端经负逻辑非门与 B 端共同加到异或门输入端，A'为公共端 COM。由图 4-35(b) 和图 4-35(c) 可知，在电极 A'和电极 C 加的脉冲信号相位相同时，笔画不显示；相位相反时，该笔画显示。或当笔画电极为"0"电平时不显示，"1"电平时显示。

图 4-36 为七段 LCD 显示器的电极配置及驱动电路。七段译码器完成从 BCD 数据到七段段选的译码，其真值表及数字显示如表 4-10 所列。

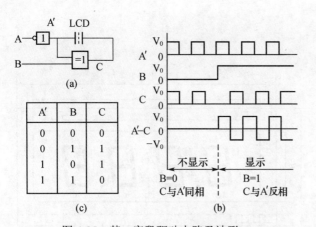
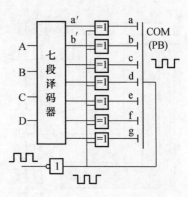

A′	B	C
0	0	0
0	1	1
1	0	1
1	1	0

(c)

图 4-35　某一字段驱动电路及波形　　　　图 4-36　LCD 某一位的显示电路

(a) 驱动电路；(b) 驱动波形图；(c) 异或真值表。

表 4-10　真值表

A	B	C	D	a	b	c	d	e	f	g	数字显示	A	B	C	D	a	b	c	d	e	f	g	数字显示
0	0	0	0	1	1	1	1	1	1	0	0	0	1	0	1	1	0	1	1	0	1	1	5
0	0	0	1	0	1	1	0	0	0	0	1	0	1	1	0	1	0	1	1	1	1	1	6
0	0	1	0	1	1	0	1	1	0	1	2	0	1	1	1	1	1	1	0	0	1	0	7
0	0	1	1	1	1	1	1	0	0	1	3	1	0	0	0	1	1	1	1	1	1	1	8
0	1	0	0	0	1	1	0	0	1	1	4	1	0	0	1	1	1	1	1	0	1	1	9

例如：如果要显示字符"3"，则应使 a、b、c、d、g 笔画段电极上的方波与 COM 电极上方波的相位相反，而 e、f 笔画段电极上的方波与 COM 电极上方波的相位相同。其控制波形如图 4-37 所示。

一般控制方波的频率为 25～100Hz 加在背极 COM 端，并保证其为对称方波，从而使加在液晶电极上的交流电压平均值为零。否则，如有较大的直流分量，将使液晶材料迅速分解，这会大大缩短显示器的工作寿命。

段形显示的电极连接可分为静态驱动连接和动态驱动连接。静态驱动电极的每段都单独引出，所有各位显示的段全部都共用一个背电极。动态驱动电极连接排布有多种形式，每位的七段组合成几个部分引出多个背极。

图 4-38 所示为 4 位 LCD 液晶显示器 YXY4006 的电极配置图。图中 COM 极未标出，1P、2P、3P 为小数点，4P 为冒号"："，其他型号液晶板电极及引脚说明可查有关手册。

4.4.2　LCD 显示器与单片机接口

要完成 LCD 接口并显示，首先要选好译码驱动电路，并对输入有锁存功能。如果使用 4056 芯片，它只能驱动 LCD 显示一位数且片内无基准信号，需外加振荡器及外围元件。若显示 4 位数，为了轮流选通各位，要增加一个译码电路。因此，驱动 LCD 显示 4 位数需用 4 个 4056 芯片、1 个振荡器和 1 个译码电路。这样使电路复杂、使用不便。美国生产的 TSC7211AM 芯片可用一片驱动 LCD 显示 4 位数，若通过简单级联，可扩展显示

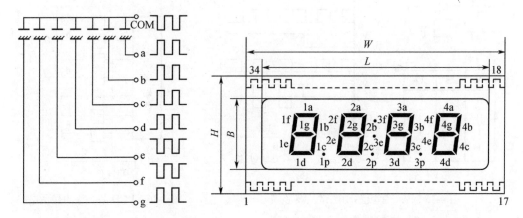

图 4-37 显示字符"3"的控制波形　　　　图 4-38　4 位 LCD 电极配置

8 位数。由于 TSC7211AM 内有基准信号发生器、位选电路，因此不用外接振荡器与译码器。而且其与微机总线兼容，输入线可直接与微机相连，使用简单、方便。此外，TSC7211AM 的内部电路还能确保段与背极信号间的直流偏置为零，延长了 LCD 的寿命。

1. 7211 芯片介绍

TSC7211AM 为 40 脚双列直插塑料封装集成电路芯片，其原理框图如图 4-39 所示。

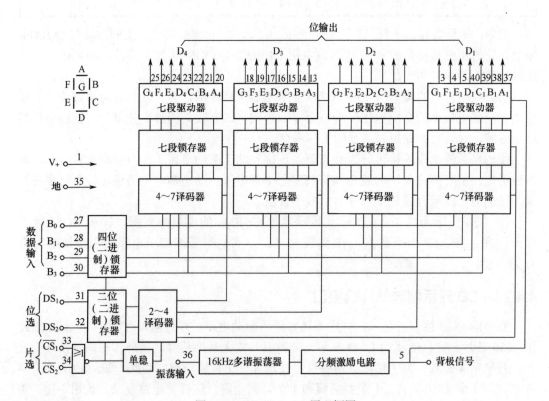

图 4-39　TSC7211AM 原理框图

182

LCD 的显示方式与 LED 不大相同，它没有加低（或高）电平的共阴（或阳）的公共端，LCD 的公共电极（背极）需加 25～100Hz 的方波信号。7211AM 芯片具有上面所要求的接口条件，对数据有锁存功能，并可将 4 位输入数据译成七段码经驱动加到 LCD 显示器的各笔画电极 A_x～G_x 上。

TSC7211AM 电路由基准信号发生电路、数据输入至显示通道、位选部分和片选部分组成。下面分别进行介绍。

1）基准信号发生电路

TSC7211AM 片内有一个多谐振荡器生成 LCD 背极信号。根据 36 端脚的不同连接可构成 3 种不同的工作方式：当 36 脚开路时，电源接通即可产生 16kHz 方波，经分频后可输出稳定的 125Hz 信号（即 LCD 的背极信号）。若 36 脚与电源间接电容，当电容值为 22pF 时，5 脚输出信号频率为 90Hz；当电容值为 220pF，5 脚输出信号频率为二十几 Hz。若 36 脚接地，5 脚无背极信号输出，这一功能可在扩展显示中得到应用。

2）数据输入至显示通道

这部分由 4 位（二进制）锁存器、4～7 段译码器、七段锁存器及七段驱动器组成。由于 TSC7211AM 与微机总线兼容，其 4 根数据输入线可直接与 CPU 相连。TSC7211AM 将这 4 位二进制数解码，形成代码 B 输出。其关系如表 4-11 所列。

表 4-11　二进制输入解码值关系表

二进制输入				代码 B	二进制输入				代码 B
B_3	B_2	B_1	B_0		B_3	B_2	B_1	B_0	
0	0	0	0	0	1	0	0	0	8
0	0	0	1	1	1	0	0	1	9
0	0	1	0	2	1	0	1	0	—
0	0	1	1	3	1	0	1	1	E
0	1	0	0	4	1	1	0	0	H
0	1	0	1	5	1	1	0	1	L
0	1	1	0	6	1	1	1	0	P
0	1	1	1	7	1	1	1	1	（黑）

代码 B：16 种码中的低 10 种为十进制数字 0～9，分别对应于 BCD 码为 0000～1001。代码 B 的最高位为"黑"，作为清除显示数字用，其他 5 种码可用于报警和其他功能。

TSC7211AM 位输出线由位选信号来定义。位由高到低（D_4、D_3、D_2、D_1）共 4 位，每位又由七段（A、B、C、D、E、F、G）组成。

3）位选部分

由两位（二进制）锁存器与 2～4 译码器组成。位选输入信号可以直接与微机相连。位选信号与位输出的关系如表 4-12 所列。

4）片选部分

由负逻辑或非门与单稳态组成。若片选信号（$\overline{CS_1}$、$\overline{CS_2}$）均为低电平时，或非门输出高电平，使四位和二位锁存器打开。若片选信号有一个出现上升沿时，就能使数据、位选输入进行数据锁存、译码，并给出驱动信号。

5）ICM7211 的使用

ICM7211 芯片与 TSC7211AM 略有不同。后者用位选端 DS_1、DS_2 和片选端 $\overline{CS}_1$、$\overline{CS}_2$ 共同选通 LCD 的 $D_4 \sim D_1$（千、百、十、个位）的 4 位，而 ICM7211 直接用输入端 $DS_4 \sim DS_1$（34～31 脚，高电平有效）选通 LCD 的 $D_4 \sim D_1$ 这 4 位显示，其他相同，请使用时注意。

2. 7211 与单片机接口及显示程序

1）扩展 8155 与 7211 及 4501 键盘/液晶显示接口电路

图 4-40 所示为 8051 单片机控制 ICM7211 驱动 $4\frac{1}{2}$ 位 YXY4501 液晶显示器的系统连接图。4051 引脚说明如表 4-13 所列。

表 4-12　位选信号与选通的位

位　选　信　号		选　通
DS_2	DS_1	显示位
0	0	D_4（千位）
0	1	D_3（百位）
1	0	D_2（十位）
1	1	D_1（个位）

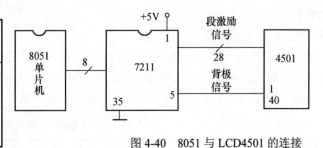

图 4-40　8051 与 LCD4501 的连接

表 4-13　4501 引脚说明

引脚	电极	引脚	电极	引脚	电极	引脚	电极
1	COM	11	2c	21	4a	31	2f
2	–	12	3p	22	4f	32	2G
3	h	13	3e	23	4G	33	5p
4	1p	14	3d	24	3b	34	1b
5	1e	15	3c	25	3a	35	1a
6	1d	16	4p	26	3f	36	1f
7	1c	17	4e	27	3G	37	1G
8	2p	18	4d	28	6p	38	f
9	2c	19	4c	29	2b	39	←
10	2d	20	4b	30	2a	40	COM

图 4-41 所示为 YXY4501、ICM7211 与 8155 连接的键盘/液晶显示实用线路图。

YXY4501 的 4 位数字段码由 7211 的 $7 \times 4 = 28$ 线控制，而它的半位"｜"（万位）、"."（小数点）、"–"极性等由异或门 4054 的输出线控制。

2）液晶显示程序

用 7211 直接连接液晶显示板 YXY4501 实现 $4\frac{1}{2}$ 位显示的程序框图如图 4-42 所示。

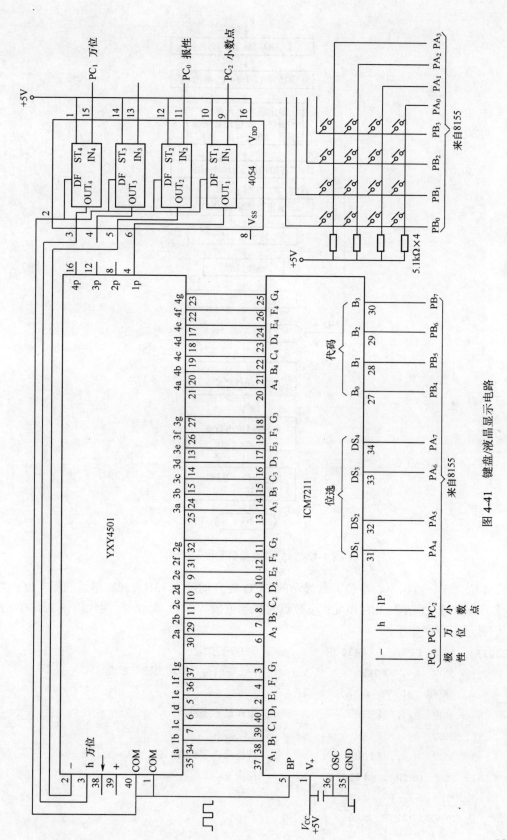

图 4-41 键盘液晶显示电路

185

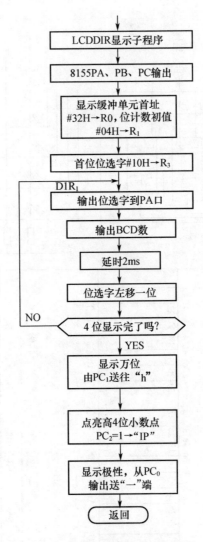

图 4-42 4½ 位液晶显示程序框图

4 位（千、百、十、个位）欲显示的 BCD 数分别放入 33H～36H 单元的低 4 位；半位（万位 0 或 1）放入 30H 单元；小数点的控制位放入 31H 单元，极性代码放 32H 单元。

显示子程序如下：

```
LCDDIR: MOV DPTR , #4100H        ;8155 初始化
        MOV A , #0FH             ;PA、PB、PC 口均为输出方式
        MOVX @DPTR , A
        MOV R0 , #33H            ;指向显示缓冲区
        MOV R1 , #04H            ;4 位显示
        MOV R3 , #10H            ;首位位选字#10H→R3，PA4=DS1=1
DIR1:   MOV DPTR , #4101H        ;指向 PA 口
        MOV A , R3
        MOVX @DPTR , A
```

186

```
            INC   DPTR                      ; 指向 PB 口
            MOV  A , @R0                    ; BCD 码→A（低 4 位）
            SWAP  A                         ; BCD 码到高 4 位，从 PB7~PB4 输出
            MOVX @DPTR , A                  ; 输出 BCD 码
            ACALL  TIME                     ; 延时 2ms
            MOV  A , R3
            RL  A                           ; 位选字左移一位
            MOV  R3 , A
            INC  R0
            DJNZ  R1 , DIR1                 ; 4 位未显示完转 DIR1
            MOV   R0 , #30H                 ; 万位→R0
            CJNE   @R0 , #01H , DIR2        ; 万位为 0，转
            INC   DPTR                      ; 指向 PC 口
            MOV  A , #02H                   ; 从 PC1 输出
            MOVX @DPTR , A                  ; 显示万位
            ACALL  TIME
DIR2: MOV   R0 , #31H                       ; 小数点控制位→R0
      CJNE   @R0 , #01H ,  DIR3            ; 无小数点标志，转
      MOV  A , #04H                         ; 从 PC2 输出
      MOVX  @DPTR , A                       ; 点亮小数点，PC2→1P
      ACALL   TIME
DIR3: MOV   R0 , #32H                       ; 极性位→R0
      CJNE   @R0 , #00H , DIR4             ; 正极性，转
      MOV   A , #01H                        ; 负极性，从 PC0 输出
      MOVX  @DPTR , A
      ACALL  TIME
DIR4: MOV  A , #00H
      MOVX @DPTR , A
      ACALL  TIME
      RET
TIME: MOV  R7 , #04H
TM2:  MOV  R6 , #0FFH
TM1:  DJNZ  R6 , TM1
      DJNZ  R7 , TM2
      RET
```

4.4.3 液晶显示模块的应用

由于液晶显示器件（尤其是点阵型）的引线很多，用户使用极不方便，因此制造商做成液晶显示模块（LCM）出售。液晶模块将液晶显示器与控制、驱动功能电路造在一起，它能直接接收微处理器的数据，产生液晶控制驱动信号，使液晶板显示出所需要的内容。它具有可编程功能，接口方便。

液晶显示模块一般由液晶玻璃片、电路板、铁框及导电橡胶等几个部件组成。电路板上有驱动液晶的大规模集成电路，铁框将液晶片、导电橡胶和电路板牢固地安装在一起。特殊规格的模块还有场致发光片或 LED 背光板等以供光线不足的场合使用。这样，液晶模块就可以作为一个独立的元件来使用，为产品的设计和安装都提供了极大的方便。

当前通用的液晶模块有数码型和点阵型，二者在控制接口方面有很大不同。数码型一般由液晶驱动 IC 驱动，数据输入有并行和串行方式；而点阵模块除带有驱动 IC 外，还自带液晶显示控制 IC，其本身就是一个能够接受指令、自动控制液晶显示的单片机子系统。点阵型模块按其显示方式的不同又可分为字符式和图形式两类。

1. OCM-8 八位数码液晶模块

OCM-8 液晶显示模块是标准 8 位七段数码液晶显示的组件。数据为串行输入，接口的连线少、低功耗、显示清晰，是一种通用的液晶显示器件，可广泛应用于各种智能仪器上。

OCM-8 模块的显示位数为 8 位，静态驱动，电源电压为 5V，液晶片是反射式正显示（白底黑字），工作电流小于 1mA，系统框图及与 MCS-51 单片机接口如图 4-43 所示。

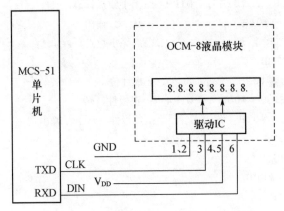

图 4-43 液晶模块与单片机接口示意图

OCM-8 模块的接口插座为六脚，实际只用 4 根连线。其中 1 脚、2 脚是电源地 GND，第 3 脚是时钟信号端 CLK，第 4、5 脚是正电源 V_{DD} 端，第 6 脚是数据输入端 DIN。

OCM-8 的接口时序如图 4-44 所示。CLK 为上升沿移位，下降沿保持，每一位数字的段是 a、b、c、d、e、f、g 及小数点 d_P，则串行输入的数据与八位数字段码的对应关系如图 4-45 所示。注意最低位数字的小数点不显示。

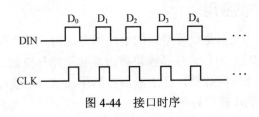

图 4-44 接口时序

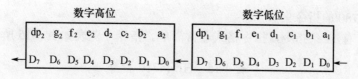

数字高位								数字低位							
dp_2	g_2	f_2	e_2	d_2	c_2	b_2	a_2	dp_1	g_1	f_1	e_1	d_1	c_1	b_1	a_1
D_7	D_6	D_5	D_4	D_3	D_2	D_1	D_0	D_7	D_6	D_5	D_4	D_3	D_2	D_1	D_0

图 4-45　串入数据与八位数字段码的对应关系

2. OCM 系列点阵字符模块

点阵字符型液晶模块是一个智能化的器件，可通过向其写入指令来实现各种显示功能。

1）OCM 系列点阵字符模块的引出线和读写时序

OCM 系列字符模块采用日立 HD44780 集成电路作为显示控制器，其内部有字符发生器和显示数据存储器，可显示 96 个 ASCII 字符和 92 个特殊字符，并可进一步经过编程自定义 8 个字符（5×7 点阵），由此可实现简单笔画的中文显示。

OCM 系列模块有 14 个引脚，分别如下：

（1）V_{ss}：接地线。

（2）V_{DD}：电源线，接+5V。

（3）V_O：LCD 驱动电压调节，由此可调节显示亮度。

（4）RS：寄存器选择，高电平选择数据寄存器，低电平选择指令寄存器。

（5）R/$\overline{W}$：读写控制，高电平读，低电平写。

（6）E：使能信号，读状态下高电平有效，写状态下下降沿有效。

（7）$DB_0 \sim DB_7$：8 位数据线。

HD44780 控制信号的功能组合如表 4-14 所列，其时序波形如图 4-46 所示。

表 4-14　HD44780 控制信号的功能组合

RS	R/$\overline{W}$	E	功　能	RS	R/$\overline{W}$	E	功　能
0	0	⌐_	写指令代码	1	0	⌐_	写数据
0	1	_⌐_	读忙标志 BF 和地址计数器 AC 值	1	1	_⌐_	读数据

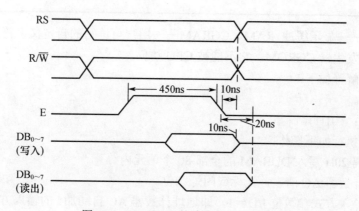

图 4-46　HD44780 的读出与写入时序

189

2）HD44780 的指令集

HD44780 有 11 条指令，指令格式非常简单。指令一览表如表 4-15 所列。

表 4-15　HD44780 指令

指令名称	控制信号		指令代码								运行时间 250kHz	功能
	RS	R/$\overline{\text{W}}$	D_7	D_6	D_5	D_4	D_3	D_2	D_1	D_0		
清屏	0	0	0	0	0	0	0	0	0	1	1.64ms	空码送 DDRAM AC=0
归位	0	0	0	0	0	0	0	0	1	*	1.64ms	AC=0，光标、显示回到原始位置上
输入方式	0	0	0	0	0	0	0	1	1/D	S	40μs	设置光标、显示画面移动方向
显示开关控制	0	0	0	0	0	0	1	D	C	B	40μs	设置显示、光标、闪烁开关
光标、显示画面位移	0	0	0	0	0	1	S/C	R/L	*	*	40μs	在不改变 DDRAM 内容下，移动光标或显示画面的一个字符位
功能设置	0	0	0	0	1	DL	N	F	*	*	40μs	初始化设置
CGRAM 地址设置	0	0	0	1	A_5	A_4	A_3	A_2	A_1	A_0	40μs	设置 CGRAM 地址6位有效
DDRAM 地址设置	0	0	1	A_6	A_5	A_4	A_3	A_2	A_1	A_0	40μs	设置 DDRAM 地址7位有效
读 BF 及 AC 值	0	1	BF	AC_6	AC_5	AC_4	AC_3	AC_2	AC_1	AC_0	40μs	读 BF 及 AC 值
写数据	1	0	数据								40μs	把数据写入 DDRAM 或 CGRAM
读数据	1	1	数据								40μs	从 DDRAM 或 CGRAM 读数据

1/D=1 增1	R/L=1 右移	N=1　2行	BF=1 忙
1/D=0 减1	R/L=0 左移	N=0　1行	BF=0 准备好
S=1 有效	DL=1　8位	F=1　5×10 点阵	
S/C=1 显示位移	DL=0　4位	F=0　5×7 点阵	
S/C=0 光标位移			

注：*表示任意

DDRAM——显示缓冲 RAM。CGRAM——用户可读写的自定义字符发生器。当然内部还有字符发生器 CGROM，它不能被 CPU 访问。

指令详细解释如下：

（1）清屏。

指令代码：　01H

该指令将执行如下操作：

① 把空码 20H 写入 DDRAM 的全部 80 个单元内。

② 地址计数器 AC 清零，光标或闪烁归位。

③ 设置输入方式参数位 I/D＝1，即地址计数器 AC 自动加1的输入方式。

该指令用于初始化或更新显示内容。在使用之前要考虑 DDRAM 的内容是否还需要。

（2）归位。

指令代码：02H

该指令使地址计数器 AC 清零。如果显示画面已经位移，则指令执行后显示的画面将回到原点地址 00H 处开始显示，光标或闪烁亦将返回到原点 00H 位置上显示。此指令可用于显示、光标、闪烁等归位的操作上。

（3）输入方式设置。

指令代码：0000，01，I/D，S

该指令设置 CPU 读、写 DDRAM 或 CGRAM 后，地址计数器 AC 内容的变化方向。它反映在显示屏上，当输入一个字符时显示画面和光标的变化效果。该指令具有两个参数位：I/D 和 S。

I/D：表示当读、写 DDRAM 或 CGRAM 的数据后，地址计数器内容的变化方向。由于光标位置也由 AC 值确定，所以也是光标移动的方向。

I/D=1：AC 自动加 1，光标右移一个字符位。

I/D=0：AC 自动减 1，光标左移一个字符位。

S：表示在写入 DDRAM 数据后，显示屏上画面将向左或向右全部平移一个字符位。

S=0：无效；S=1：有效。

S=1，I/D=1：显示画面左移。

S=1，I/D=0：显示画面右移。

这种效果在显示屏上看好像光标不动而输入的内容移动，如同计算器输入数据时的显示效果。表 4-16 列举了所有输入方式的显示效果，输入方式的输入数字为 0、1 和 2。

表 4-16　输入方式及显示效果

输入方式代码	显 示 位 置							显示效果
	7	8	9	10	11	12	13	
06H S=0 I/D=1				—				显示画面不动，光标右移
				0	—			
				0	1	—		
				0	1	2	—	
05H S=1 I/D=0				—				显示画面右移
				—	0			
					1	0		
					2	1	0	
04H S=0 I/D=0				—				显示画面不动，光标左移
			—	0				
		—	1	0				
	—	2	1	0				
07H S=1 I/D=1				—				显示画面左移
			0	—				
		0	1					
	0	1	2					

需要提示的是当从 DDRAM 单元读数据或在读、写 CGRAM 时，不产生显示画面的位移，此时建议将 S 清"0"。

（4）显示开关控制。

指令代码：0000，1，D，C，B

该指令控制着显示的效果，它带有 3 个指令参数位，这些参数位分别作为显示、光标及闪烁的启用或关闭的控制位。它们分别是：

① D：显示开关。当 D=1 时开显示，D=0 时关显示。关显示只是在显示屏上不显示任何内容，而 DDRAM 内容不变，这与清屏指令有重要的区别。

② C：光标开关。当 C=1 时光标显示，C=0 时光标消失。在 5×7 点阵字体的形式下，光标以底线形式（5×1 点阵）出现在第 8 行上，在 5×10 点阵字体的形式下，光标出现在第 11 行上。光标出现的位置由地址计数器 AC 值确定，并随 AC 值的变化而移动。当 AC 值超出了所用显示屏的显示范围时，光标在显示屏上消失。

③ B：闪烁开关。闪烁是指一个字符位交替全亮或全暗，闪烁频率约为 2.4Hz（当振荡器频率为 250kHz 时）。当该字符位有字符或光标显示时，闪烁出现时将字符及光标覆盖；在闪烁全暗时，字符及光标呈现闪烁的位置与光标位置一样由 AC 值决定。当闪烁位置上无字符或光标显示时，闪烁的效果与计算机监视器上块状光标闪烁提示符效果一样。B=1 为闪烁启用，B=0 为闪烁关闭。显示开关控制的状态如表 4-17 所列。

表 4-17　显示开关控制状态

指令代码	参 数 位			功　能
	D	C	B	
08H	0	0	0	关显示
0CH	1	0	0	开显示
0DH	1	0	1	开显示、闪烁
0EH	1	1	0	开显示、光标
0FH	1	1	1	开显示、光标、闪烁

（5）光标或画面位移。

指令代码：0001，S/C，R/L，0，0

当执行该指令时，光标或显示屏上画面将左移或右移一个字符位。在显示屏为两行显示时，光标将在第一行（或第二行）的第 40 个字符位上（即使实际显示屏没有这么大）"右移"跳到第二行（或第一行）的起始字符位上，或者光标从第一行（或第二行）的起始字符位上"左移"跳到第二行（或第一行）的第 40 个字符位上。显示屏上的显示画面的位移则是第一行与第二行的独立循环。此指令有两个参数位，分别如下：

① S/C：位移对象的选择。S/C=1 为显示画面位移，S/C=0 为光标位移。

② R/L：位移方向的选择。R/L=1 为右移，R/L=0 为左移。

当无光标出现时，仅有画面的位移则不修改地址计数器 AC 值；当有光标出现时，光标的位移或画面的位移都将使光标产生位移，地址计数器 AC 值被修改。所以该指令也可用于纠正或搜寻显示字符使用。

此指令与输入方式指令都可以引起光标或显示画面的位移，但区别在于该指令在执行后立即产生位移的效果，而输入方式指令执行后只是完成了一种设置，只有在 CPU 写数据操作后才能产生位移的效果。

（6）功能设置。

指令代码：001，DL，N，F，00

此指令可以说是 HD44780 的初始化设置指令，CPU 在操作以 HD44780 为控制器的字符型液晶显示模块时，必须首先使用这条指令。该指令设置了 HD44780 的工作方式：一是 HD44780 与 CPU 接口的数据总线位长；二是显示驱动的占空比值。该指令带有以下 3 个参数位。

① DL：设置 HD44780 与 CPU 接口的数据总线位长。DL＝0 表示数据总线有效位长为 4 位，即 $DB_{7\sim4}$ 有效，$DB_{3\sim0}$ 无效。该方式下 8 位指令代码与数据需分两次传输，顺序是先高 4 位后低 4 位。DL=1 表示数据总线有效位长为 8 位，$DB_{7\sim0}$ 有效。

② N：表示字符型液晶显示器件的显示字符行数。N=0 表示字符行为一行；N=1 表示字符行为两行。

③ F：表示显示字符的字体形式。F=0 表示字符体为 5×7 点阵；F=1 表示字符体为 5×10 点阵。

N 与 F 设置的组合规定了 HD44780 的驱动占空比系数，如表 4-18 所列。

表 4-18　HD44780 的驱动占空比

N	F	显示字符行数	字体形式	占空比	备　注
0	0	1	5×7	1/8	
0	1	1	5×10	1/11	
1	0	2	5×7	1/16	仅 5×7 字体

由于 HD44780 内部复位电路启动对电源的要求系统有时满足不了，为了工作可靠起见，建议在软件编程时首先对 HD44780 进行软件的初始化，然后再进行各种显示的控制。其初始化设置流程图如图 4-47 所示。

（7）CGRAM 地址设置。

指令代码：$01A_5A_4$，$A_3A_2A_1A_0$

该指令将 CGRAM 的 6 位地址码 00H～3FH 写入地址计数器 AC 内，随后 CPU 的数据读、写操作将是针对 CGRAM 单元的访问。

（8）DDRAM 地址设置。

指令代码：$1A_6A_5A_4$，$A_3A_2A_1A_0$

该指令将 DDRAM 的 7 位地址码送入地址计数器 AC 内，随后的 CPU 的数据读、写操作将是针对 DDRAM 单元的访问。DDRAM 地址范围是：

N=0 （1 行字符行）：00H～4FH

N=1 （2 行字符行）：第一行 00H～27H

　　　　　　　　　　　第二行 40H～67H

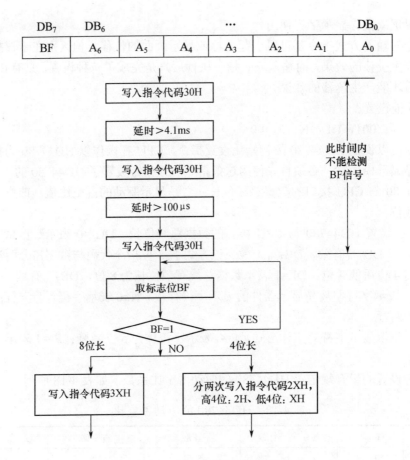

图 4-47 初始化设置流程图

（9）读忙标志与地址计数器 AC 值。

当 CPU 对指令口读操作时（RS=0，R/$\overline{W}$ =1），读出的不是指令寄存器 IR 的内容而是读出来一位忙标志与 7 位地址计数器当前值的组合。格式为：

AC 当前值可能是 DDRAM 地址，也可能是 CGRAM 地址，这取决于最近一次向 AC 写入的是何类地址。AC 值将与忙标志 BF 位同时出现在数据总线上。

（10）写入 DDRAM 或 CGRAM 数据。

CPU 把要写入 DDRAM 或 CGRAM 的数据写入 HD44780 的接口部中数据寄存器 DR 内，即 RS=1，R/$\overline{W}$ =0。在 HD44780 控制部的逻辑电路控制下，DR 内的数据将按其内部时序写入由地址计数器 AC 所指定的 DDRAM 单元或 CGRAM 单元内。CPU 在写数据之前必须要完成两条指令的写入工作，其一是 DDRAM 地址设置指令或 CGRAM 地址设置指令，这种指令实现数据写入首单元的寻址；其二是输入方式设置指令，它完成了地址计数器 AC 的自动修改方式的设置，它为数据连续写入的地址修改做了准备。

（11）读取 DDRAM 或 CGRAM 数据。

CPU 读取 CGRAM 或 DDRAM 的数据要使用数据寄存器 DR，即 RS＝1，R/$\overline{W}$＝1。CPU 读数据过程中：地址计数器 AC 的每一次更新，包括地址设置指令的写入、光标位移引起 AC 的修改或由 CPU 读写数据操作后产生的 AC 的修改，控制部都会把当前 AC 值

194

所指单元的内容送至接口部的数据寄存器，供 CPU 读取。CPU 读出的数据只是当前数据寄存器的内容。因此，在首次读操作之前需重新设置地址计数器 AC 值，或用光标移动指令将地址计数器 AC 值修改到所需的地址上，修改后的读操作获得的数据才是有效的。

3. 字符型液晶显示模块接口技术

前面已经对字符型液晶显示模块的硬件结构、工作原理及指令功能做了系统的分析，本节将根据这些知识，以 80C51 单片机为样机来实现字符型液晶显示模块与 CPU 系统的连接。字符型液晶显示模块的接口实际上就是 HD44780 与 CPU 的接口，所以接口技术要满足 HD44780 与 CPU 接口部的要求，关键在于要满足 HD44780 的时序关系。从图 4-46 的时序关系得知，$R/\overline{W}$ 的作用与 RS 的作用相似，控制信号关键是 E 信号的使用，所以在接口分配及程序驱动时要注意 E 的使用。

CPU 与字符型液晶显示模块的连接方法有两种，一种为直接访问方式，另一种为间接控制方式。下面分别详细地介绍这两种方式的接口技术。

1) 直接访问方式

CPU 的直接访问方式是把字符型液晶显示模块作为存储器或 I/O 设备直接挂在 CPU 的总线上。在这种方式下，字符型液晶显示模块采用 8 位数据传输形式，数据端 $DB_{0\sim7}$ 直接与 CPU 的数据总线连接，RS 信号和 $R/\overline{W}$ 信号利用 CPU 的地址线控制，E 信号则由 CPU 的 $\overline{RD}$ 和 $\overline{WR}$ 控制信号一起控制，以实现 HD44780 所需的接口时序。这种方法的接口原理图见图 4-48。它是以存储器访问方式的电路。

下面分析图 4-48(a)电路的时序。首先 P_0 口产生的地址信号被锁存在 74LS373 内，74LS373 的输出 A_0、A_1 地址给出了 RS 和 $R/\overline{W}$ 的控制信号，74LS373 的输出 $A_{7\sim4}$ 地址打开了 E 信号的控制门，接着 $\overline{RD}$ 或 $\overline{WR}$ 控制信号和 P_0 口数据的传输将完成对字符型液晶显示模块的每一次访问。在写操作过程中，HD44780 要求在 E 信号结束后，数据线上的数据要保持 10ns 以上的时间。而 80C51 P_0 口在 $\overline{WR}$ 信号结束后将有 116ns、以 6MHz 晶振计算、的数据保持时间，减去各级门电路的延时时间，也已完全满足 HD44780 的要求。在读操作过程中，HD44780 在 E 信号为高电平时就将所需数据送入数据线上，在 E 信号结束后，数据可保持 20ns 以上，这也满足了 80C51 读时序的要求。因为 80C51 的读过程是在 $\overline{RD}$ =0 期间完成的，因此图 4-48 的电路是实用的。图 4-48(a)、图 4-48(b)是根据 CPU 系统内部芯片使用情况而定，图 4-48(c)是使用字符型液晶显示模块的最简单线路，在系统中没有其他 RAM 芯片时是可行的，所以一般作为用户初次使用字符型液晶显示模块时的调试电路。

CPU 对字符型液晶显示模块的操作是通过软件编程实现的。编程时要求 CPU 每一次访问都要先对忙标志 BF 进行识别。当 BF=0 时，即 HD44780 允许 CPU 访问时，再进行下一步的操作。操作程序示例如下。

(1) 读忙标志 BF 和地址计数器 AC 值子程序。

占用寄存器：R_0，A；输出寄存器：A 存储当前 BF 及 AC 值，$A_{CC.7}$＝BF，$A_{CC.6}\sim A_{CC.0}$＝AC

```
PR0:  MOV  R0 , #INSADD        ;指令口地址
      MOVX A , @R0             ;读 BF 及 AC 值
      RET
```

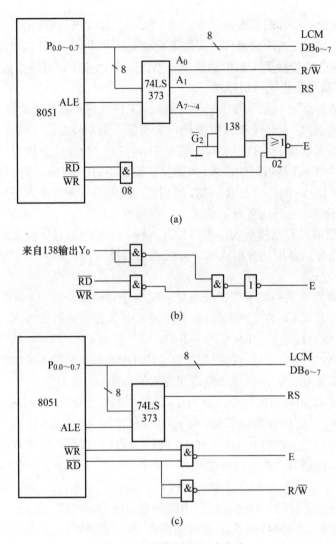

图 4-48　直接访问方式电路

(a) 用 LS138 选址的接口电路；(b) 用 LS00 的 E 生成电路；(c) 直接寻址的接口电路。

(2) 写指令代码子程序。

占用寄存器：R_0，R_2，A；输入寄存器：R_2 存储指令代码

```
PR1: MOV  R0 , #INSADD        ;指令口地址
     MOVX A , @R0             ;读 BF 及 AC 值
     JB   ACC.7, PR1          ;判断 BF 值
     MOV  A ,R2               ;送指令代码
     MOVX @R0 , A             ;写入指令代码
     RET
```

(3) 写数据子程序。

占用寄存器：R_0，R_2，A；　输入寄存器：R_2 存储输入数据

```
PR2: MOV  R0 , #INSADD        ;指令口地址
```

```
        MOVX  A , @R₀              ; 读 BF 及 AC 值
        JB  A_{CC.7} , PR2         ; 判断 BF 值
        MOV  R₀ , #DATADD          ; 数据口地址
        MOV  A , R₂                ; 送输入数据
        MOVX  @R₀ , A              ; 写入数据
        RET
```

(4) 读数据子程序。

占用寄存器：R_0，A；输出寄存器：A 存储读出数据

```
PR3:  MOV  R₀ , #INSADD
        MOVX  A , @R₀
        JB  A_{CC.7} , PR3
        MOV  R₀ , #DATADD          ; 数据口地址
        MOVX  A , @R₀              ; 读数据
        RET
```

针对 HD44780 对复位的要求严格，为可靠工作，在软件编程时对 HD44780 的初始化还是必要的，且一般放在主程序的初始化部分。下面给出初始化程序如下：

```
PR4:  MOV  R₀ , #INSADD          ; 指令口地址
        MOV  R₂ , #03H            ; 循环量
P41:  MOV  A , #30H              ; 功能设置指令代码
        MOVX  @R₀ , A
        ACALL  T
        DJNZ  R₂ , P41
        MOV  A , #0011NF00B       ; 功能设置指令代码
        MOVX  @R₀ , A
        MOV  R₂ , #01H            ; 清屏指令代码
        ACALL  PR1               ; 调写指令子程序
        MOV  R₂ , #06H            ; 输入方式指令代码
        ACALL  PR1
        MOV  R₂ , #0EH            ; 显示方式指令代码
        ACALL  PR1
        RET
T:    ...                        ; 延时子程序
```

2）间接控制方式

CPU 的间接控制方式是把液晶显示模块作为终端接在 CPU 的并行接口上，如 8155、8255 等。CPU 通过操作并行口来间接实现对液晶显示模块的控制。在这种方式下，占用的接口位越少越好。所以采用 HD44780 的 4 位数据传输方式，并且通过对接口的某几位的设置顺序的控制来实现对字符型液晶显示模块的读、写操作的时序关系。实现电路及操作时序如图 4-49 所示。

在 4 位数据传输方式下字符型液晶显示模块的数据线高 4 位 $DB_{7\sim4}$ 作为数据总线，

低 4 位 DB$_{3\sim0}$无用。工作流程见图 4-49(b)。图 4-49(a)是用单片机 80C51 的 P$_1$ 口作为并行接口的示例电路。由于采用了 4 位数据传输方式，使得字符型液晶显示模块与 CPU 的接口仅占一个 8 位并行口中的 7 位，并行口的高 4 位为 P$_{1.7\sim1.4}$ 作为数据总线，P$_{1.3}$ 为 E 信号线，P$_{1.2}$ 为 R/$\overline{\text{W}}$ 信号线，P$_{1.1}$ 为 RS 信号线，P$_{1.0}$ 空闲，这是最佳的接口电路方案。由图 4-49 可见，间接控制方式的线路非常简单，但软件编程相对复杂些。在编程中不仅要把数据或指令代码的传输分两次进行，而且还要把 RS、R/$\overline{\text{W}}$ 和 E 的时序关系表现出来。这种时序是先设置 RS 和 R/$\overline{\text{W}}$ 状态，然后设置 E 信号；结束时是先复位 E 信号，然后才是 RS 和 R/$\overline{\text{W}}$ 信号的复位。基本子程序如下。

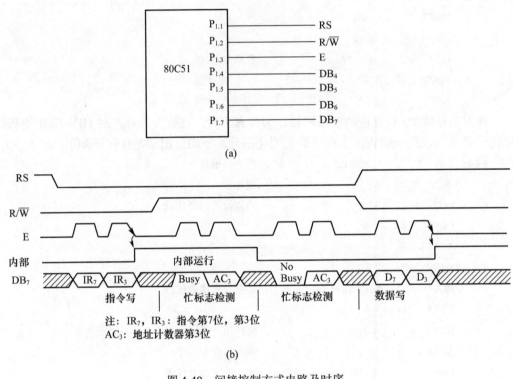

图 4-49　间接控制方式电路及时序

(a) 实现电路；(b) 操作时序。

（1）读忙标志 BF 和地址计数器 AC 值子程序。

占用寄存器：R$_3$，A；输出寄存器：A 存储 BF 及 AC 值，A$_{CC.7}$=BF，A$_{CC.6}$-A$_{CC.0}$=AC

```
PR0': ANL  P₁ , #00H         ; P₁ 口初始化，R/W̄ =RS=0

      ORL  P₁ , #04H         ; R/W̄ =1,RS=0；读状态

P01:  ORL  P₁ , #0F8H        ; 数据口为输入状态，E=1

      MOV  A , P₁            ; 第一次读，高 4 位：BF, A₆～A₄

      ANL  P₁ , #07H         ; E＝0

      ANL  A , #0F0H         ; 取数

      MOV  R₃ , A            ; 保存

      ORL  P₁ , #0F8H        ; E＝1
```

```
        MOV   A  ,  P₁              ；第二次读；低 4 位：A₃～A₀
        ANL   P₁  ,  #00H           ；初始化复位
        ANL   A  ,  #0F0H           ；取数
        SWAP  A                     ；整理
        ORL   A  ,  R₃              ；合成，A 中为忙标志和 AC 值
        RET
```

（2）写指令代码子程序。

占用寄存器：R₂,R₃,A；输入寄存器：R₂存储指令代码

```
PR1'：  ACALL  PR0'                ；读忙标志
        JB   Acc.7  ,  PR1'         ；判断 BF 的值
 P11：  MOV   A  ,  R₂              ；取指令代码
        ANL   A  ,  #0F0H           ；保留高 4 位
        ORL   P₁  ,  #08H           ；R/W̄ =RS=0,E=1
        ORL   P₁  ,  A              ；第一次写
        ANL   P₁  ,  #0F7H          ；E＝0
        ANL   P₁,  #07H             ；数据线复位
        MOV   A  ,  R₂
        SWAP  A                     ；保留低 4 位
 P12：  ANL   A  ,  #0F0H
        ORL   P₁,  #08H             ；E=1
        ORL   P₁,  A                ；第二次写
        ANL   P₁,  #0F7H            ；E＝0
        ANL   P₁,  #00H
        RET
```

（3）写数据子程序。

占用寄存器：R₂,R₃,A；输入寄存器：R₂存储输入数据

```
 PR2'：ACALL  PR0'                  ；读忙标志
        JB   Acc.7  ,  PR2'         ；判断 BF 值
        ORL   P₁  ,  #02H           ；R/W̄ = 0, RS=1
        SJMP  P₁₁                   ；转入 PR1 子程序的 P₁₁ 入口
```

（4）读数据子程序。

占用寄存器：R₃、A；输出寄存器：A 存储读出数据

```
 PR3'：  ACALL   PR0'               ；读忙标志
        JB   Acc.7  ,  PR3'
        ORL   P₁  ,  #06H           ；R/W̄ =1,  RS=1
         SJMP  P01                  ；转入 PR0' 子程序的 P01 入口
```

（5）软件初始化程序。

```
 PR4'：  ANL   P₁  ,  #00H          ；P1 初始化,R/W=RS=0
        MOV   R₂  ,  #03H           ；循环量
```

```
P41': MOV   A , #30H              ;功能设置指令代码
      ACALL P12                    ;按 8 位写入
      ACALL T
      DJNZ  R₂ , P41'
      MOV   A , #20H              ;功能设置指令代码
      ACALL  P12                   ;按 4 位写入
      MOV    R₂ , #0010NF00B       ;功能设置指令代码
      ACALL  PR1'
      MOV    R₂ , #01H             ;清屏指令代码
      ACALL  PR1'
      MOV    R₂ , #06H             ;输入方式指令代码
      ACALL  PR1'
      MOV    R₂ , #0EH             ;显示方式指令代码
      ACALL  PR1'
      RET
T:    ...                          ;延时子程序
```

4.5　CRT 显示器接口

4.5.1　CRT 显示原理

1. 光栅扫描原理

字符和图像显示常采用光栅扫描的方法，绝大多数的光栅扫描均采用电视体制。我国电视扫描体制的主要规程是电子束在屏幕上从左向右扫行的正程，然后从右到左扫行的逆程，如此重复。行回扫时电子束是关闭的，因而消隐。行正程为 52μs，行逆程为 12μs，行周期为 64μs，如图 4-50 所示。与此同时，在垂直方向从上至下进行场扫描。场周期为 20ms。

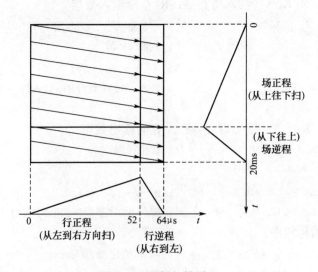

图 4-50　光栅扫描原理

为了使电子束在屏幕上的扫描严格地与显示器中的各种控制信号同步，由 CRT 组成的监视器与电视体制一样采用外同步方式，即监视器的行和场扫描受外部行、场同步脉冲控制。图 4-51 表示送往监视器的行、场和视频信号的定时关系。

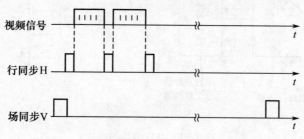

图 4-51　视频组同步、场同步信号的定时

2. 字符显示原理

一般的字符 CRT 显示器所显示的西文字符都是在 5×7 点的矩阵范围内表示。图 4-52 为字符 A、E、H 在屏幕上显示的情况。

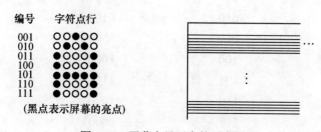

图 4-52　屏幕上显示字符示意图

由此可见，每一个字符点占一条行扫描线显示，每一行字符必须进行7次扫描。在国际上，一般标准的 CRT 显示终端显示24行字符行，每一字符行显示80个字符。整个屏幕显示80×24=1920个字符。每个字符由横向5个点和竖向7个点组成。字符与字符之间相隔两个消隐点。字符行与字符行之间相隔3行空白消隐行扫描线。屏幕横向共有(5+2)×80=560点。垂直方向的点行扫描线为(7+3)×24=240行。一帧总的扫描线为20ms÷64μs=312.5行（逐行扫312行）。

行扫描正程为 52μs，横向的 560 个点占用行扫描的正程时间。为了使显示的字符较美观，在行扫描的正程开始和结束各空 1μs 为不显示区。这样，横向字符点的定时为50μs/560 点=89.3ns/点。显示一字符的横向 7 个点（字符点+空白间隔点）的定时为 89.3ns×7=0.625μs。

为了满足扫描的要求，在字符 CRT 显示终端中，必须把字符的代码（ASCII 码）转换成字符的点阵。这可用字符发生器来完成，也可用 2708 型 EPROM 来取代，如图 4-53 所示。

字符发生器的外特性是：当代码输入端输入 ASCII 码、字符点阵行选择端输入点阵选择信号时，在输出端输出该字符选择行的点阵（高电平为亮点）。

每一个 5×7 点阵的字符在垂直方向编了号，规定字符点阵第一行的号数为二进制编

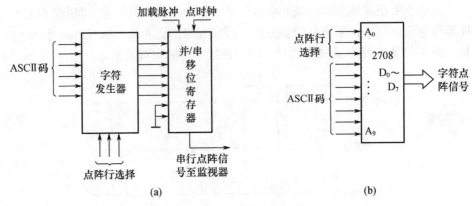

(a)   (b)

图 4-53　点阵信号的产生

码 001，……，点阵第七行为 111。编码 000 为无点阵行选择。若输入 ASCII 码字符 A 的代码 41H，则字符点阵行选择输入与点阵输出的关系如下：

点阵行选择输入	点阵输出
001	00100
010	01010
011	10001
100	10001
101	11111
110	10001
111	10001

若用 EPROM 取代字符发生器，则只要把 7 位 ASCII 代码和 3 位点阵行选择码共 10 位作为 EPROM 的地址输入，EPROM 的数据端将输出点阵，如图 4-53(b)所示。仍以字符 A 为例，地址码与该地址单元内点阵码的对应关系如下：

地址码	点阵码
01000001 001＝0209 H	00100
01000001 010＝020A H	01010
01000001 011＝020B H	10001
01000001 100＝020C H	10001
01000001 101＝020D H	11111
01000001 110＝020E H	10001
01000001 111＝020F H	10001

ASCII　点阵行选择

从上述可知，若在屏幕上显示一行（80 个）字符，则需进行 7 行扫描。在每一行扫描期间，除了向字符发生器提供点阵行选择信号之外，还必须在行扫描的正程以屏幕显示字的速度（0.625μs/字）向字符发生器提供 ASCⅡ代码。如此重复 7 次，进行 7 行扫描，就完成了一行字符行的扫描显示。

202

电子束扫描原理告诉大家，电子束在屏幕上是逐点串行扫描的，而字符发生器的字符点阵信号是并行输出的，因而需要一个并/串移位寄存器，实现并行/串行的转换，如图4-53(a)所示。并/串移位寄存器的功能是在加载脉冲加入时打入并行数据，再以点时钟的速度串行移出将在屏幕上显示的点信号，这就是送往监视器的视频信号。并/串移位寄存器的加载信号即为字脉冲，周期为 0.625μs；点时钟信号为点脉冲，周期为 89.3ns。

4.5.2 字符显示终端

1. 由硬件控制的 CRT 终端

前面讲了字符显示的原理，图 4-54 为字符 CRT 显示终端的框图。它虽然是一个全硬件控制的系统框图，但可直观地显示系统的控制任务。

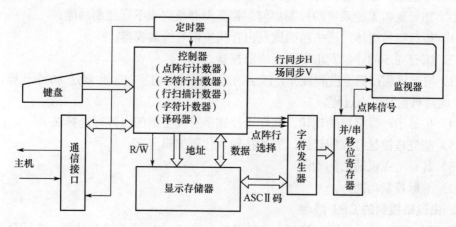

图 4-54　CRT 字符显示终端框图

整个系统由定时器、控制器、显示存储器、字符发生器、监视器、键盘和通信接口等组成。定时器是整个系统的定时中心，同时产生点时钟和字符脉冲等。控制器控制着系统的各个部分，由点阵行计数器、字符行计数器、行扫描计数器、字符计数器和译码器等组成。字符计数器控制一行显示 80 个字符和发行同步脉冲。点阵行计数器控制着字符发生器送出显示点阵的某一行。字符行计数器控制整个屏幕显示 24 行字符。场同步的产生决定于行扫描计数器的计数。屏幕上显示的字符的 ASCII 码存放在显示存储器中。图 4-55 表示了显示存储器的内容与 CRT 显示画面的对应关系。

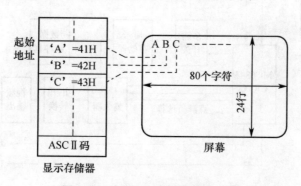

图 4-55　存储器与画面的对应关系

显示存储器的地址线由控制器控制。为了满足显示要求，控制器按字符计数器的速度向显示存储器提供刷新地址，在读/写线的控制下向字符发生器以字符计数速度送字符ASCII码。每行字符地址重复出现 7 次，每次点阵行计数器增 1，7 次后归 "0"。

键盘的主要功能为按下一个键就可自动在输出端译出对应的 ASCII 码，除了送往通信接口给主机外还送入控制器，通过译码器对它进行译码，以分辨是显示字符还是功能控制码。若是字符码，则将它写入显示存储器中；若是控制码，则根据控制功能完成控制动作，如游标上移等。

通信接口是与主计算机通信的一个接口。它有两个通道，一个为输入通道，接收主机输出的数据，此数据代码也送入控制器中的译码器，执行与键盘输入同样的功能；另一个是输出通道。把从键盘打入的代码送往主计算机。

由上述可见，无论系统的控制如何，都至少必须完成下列控制功能：

（1）按照扫描规律，严格精确地发出行同步信号给监视器。

（2）按行同步的计数发出场同步给监视器。

（3）按照屏幕扫描速度和规律，以字的速度连续地向字符发生器送 80 个代码，重复7 次，此后再重复以上过程。

（4）按显示一行字符的规律，顺序地控制字符发生器的点阵行选择端。

（5）能处理键盘打入的代码，并能按输入代码编辑屏幕。

（6）具有与主机通信的功能。

（7）游标控制功能。

2. 由微机控制的 CRT 终端

要实现 CRT 显示系统的控制，必须具备上述 7 个主要的控制功能。在硬件控制的CRT 终端中，这些功能完全由硬件完成，结构复杂，功能却简单，因而发展受到了限制。到了 20 世纪 70 年代后期都采用了微机控制的 CRT 终端。英特尔和摩托罗拉等公司相继研制成功了功能很强的 CRT 控制器（CRTC）芯片，如 Intel8275、MC6845 等。图 4-56表示了采用 MC6845 CRT 控制器（CRTC）组成的 CRT 系统。

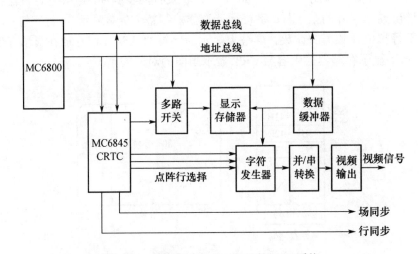

图 4-56　采用 MC6845 CRTC 的 CRT 系统

该系统中显示存储器的地址线通过地址多路开关连到系统的地址线和 CRTC 的地址线，显示存储器的数据线连至字符发生器和数据缓冲器。平时显示存储器都由 CRTC 控制，按显示规律送出字符代码到字符发生器。在 CPU 访问显示存储器时，多路开关接通系统地址总线，数据缓冲器接系统数据总线。因此显示存储器的地址既可看成 CRTC 的地址，又可作为系统地址的一部分，系统其他功能均由 CPU 完成。这种系统的优点是：所有显示功能均由 CRTC 完成，在显示时无须打扰 CPU，系统结构简单合理。由于 CPU 无须为显示服务，因此处理器的资源就可用来完成更多、更复杂的任务。

4.6　微型打印机接口

在智能仪器或单片机应用系统中，有时希望能配上微型打印机，以便把测量的数据、处理的图表打印出来，省去手工抄录，作为永久性保存。

目前国内应用较广泛的是 GP16 等微型打印机。它们是以 8039 单片机为控制器的智能化打印机，每行可打印 5×7 点阵的字符 16 个，能打印 240 个字符及图形和曲线。如果配上 PP40 彩色绘图打印机，不仅可打印字符，还可描绘精度较高的彩色图表。本节介绍上述两种微型打印机与单片机的接口。

4.6.1　8051 与 GP16 微型打印机的接口

1. GP16 简介

GP16 为带有 8039（MCS-48 系列）单片机作为控制器的智能微型打印机。它具有一个双向三态数据总线，用以和主机通信。GP16 的接口信号如表 4-19 所列。

表 4-19　GP16 的接口信号

1	2	3	4	5	6	7	8
+5V	+5V	I/O_0	I/O_1	I/O_2	I/O_3	I/O_4	I/O_5
I/O_6	I/O_7	$\overline{CS}$	$\overline{WR}$	$\overline{RD}$	BUSY	GND	GND
9	10	11	12	13	14	15	16

GP16 有 13 根线连到微机。它们是 $I/O_0 \sim I/O_7$、$\overline{CS}$、$\overline{WR}$、$\overline{RD}$、BUSY、GND。其中 $I/O_0 \sim I/O_7$ 为双向三态数据总线，用来传送命令、状态和数据；$\overline{CS}$ 为设备选择线；$\overline{RD}$、$\overline{WR}$ 为读、写信号线；BUSY 是打印机状态输出线，高电平表示打印机处于忙状态，不接收 CPU 的命令或数据。这些信号与 8051 单片机完全兼容，因而可方便地与 8051 单片机相连接。

单片机和 GP16 的信号传送可以采用查询方式，只有当主机查询到 GP16 微型打印机处于空闲状态时，才可以向 GP16 微型打印机发出命令或数据。单片机也可以用中断方式控制 GP16 微型打印机，此时可以把 GP16 打印机的忙状态信号 BUSY 连到单片机的外中断请求输入端（如 $\overline{INT_0}$、$\overline{INT_1}$），并赋予一定的中断级别。当 BUSY=0，即 GP16 空闲时，便向单片机发出中断请求。

2. 打印命令和工作方式

打印命令占两个字节，其格式为

$$\begin{array}{cccc} D_7 & \cdots & D_4 \quad D_3 & \cdots & D_0 \end{array} \qquad \begin{array}{ccc} D_7 & \cdots & D_0 \end{array}$$

操作码	点行数 n		打印行数 NN

操作码为第一字节的高 4 位（$D_7 \sim D_4$）：1000 定义为空走纸 SP 命令；1001 定义为打印字符串 PA 命令；1010 定义为打印 16 进制数据 AD 命令；1011 定义为图形打印命令。

n 为字符行距参数。字符本身占 7 个点行，若行距为 3 个点行数，则 $n=7+3=10$，所以 n 值应大于或等于 8。NN 为打印字符行数（含空打）。

（1）空走纸命令（8nNNH）。打印机自动走纸 NN×n 个点行。

（2）打印字符串（9nNNH）。打印机接收完 CPU 写入的 16 个字符（一行）后进行打印，打印一行约需 1s。收到非法字符按空格处理，收到换行（0A）作停机处理。当打完规定的 NNH 行数后，BUSY 清零。GP16 打印机打印字符及其编码如表 4-20 所列。表左侧为代码的高半字节，表顶部为代码低半字节，代码为十六进制。

表 4-20　GP16 打印机打印字符及其编码

打印的字符			编码的低半字节（十六进制）														
			0	1	2	3	4	5	6	7	8	9	A	B	C	D	E	F
ASCII 字符	编码的高半字节（十六进制）	0															
		1															
		2		!	"	#	$	%	&	•	(	)	*	+	,	–	;	/
		3	0	1	2	3	4	5	6	7	8	9	"	:	<	=	>	?
		4	@	A	B	C	D	E	F	G	H	I	J	K	L	M	N	O
		5	P	Q	R	S	T	U	V	W	X	Y	Z	[	/	]	↑	←
		6		a	b	c	d	e	f	g	h	i	j	k	l	m	n	o
		7	p	q	r	s	t	u	v	w	x	y	z	{			}	~	*
非 ASCII 字符		8	○	一	二	三	四	五	六	七	八	九	十	¥	甲	乙	丙	丁
		9	个	百	千	万	元	分	年	月	日	共	ㄴ	ㄱ			—	—	3
		A	2	0	φ	<	…	±	×									

（3）打印 16 进制数据命令（AnNNH）：打印内存数据常用本指令。GP16 收到此命令后，把 CPU 写入的数据字节分两次打印，先打高 4 位、后打低 4 位，每行打印 4 个字节。行首为相对地址，格式为：

```
00H： **      **      **      **
04H： **      **      **      **
...
```

（4）图形打印命令（BnNNH）：GP16 接收到图形打印命令和规定的行数后，等待主机送来一行 96 个字节的数据，开始打印。把这些数据所确定的图形打印出来，然后再接收 CPU 的图形数据，直到规定的行数打完为止。例如，若图形数据规则如图 4-57 所示。

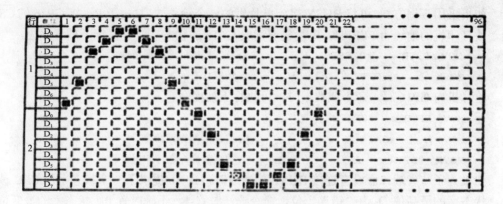

图 4-57 图形数据编排示例

图中打印图形为一正弦波。打印点为 1，空白点为 0。设正弦波分两次打印，先打印正半周，后打印负半周。下面为 2 行正弦波图形数据。

第一行：

80H,20H,04H,02H,01H,01H,02H,04H,20H,80H,00H,00H,00H,00H,00H,00H,00H,00H,00H,00H…

第二行：

00H,00H,00H,00H,00H,00H,00H,00H,00H,00H,01H,04H,20H,40H,80H,80H,40H,20H,04H,01H…

3. 状态字

GP16 内部有一个状态字可供 CPU 查询，其格式如下：

D_7				...			D_0
错							忙

D_0 为忙位（BUSY），当 CPU 输入的数据、命令等还没有处理完或处于自检状态时为 1，闲时置 0。D_7 位为错误位，在接收到非法命令时置 1，接收到正确命令后复位。

4. 8051 与 GP16 微型打印机的接口实例

GP16 微型打印机的控制电路中有三态锁存器，所以可直接与 CPU 的数据总线连接。图 4-58 为一种连接方案。图中 BUSY 接 $\overline{INT_1}$，采用中断方式与 CPU 连接。

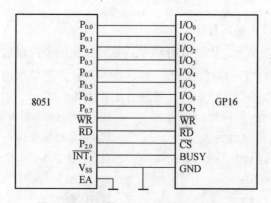

图 4-58　8051 与 GP16 微型打印机接口

如果采用查询方式,可将 BUSY 接到单片机的一个输入端口。由于 $P_{2.0}$ 接 GP16 的 $\overline{CS}$ 端, 故打印机的地址为 FEFFH。单片机要读取 GP16 的状态字时, 执行下列程序段:

```
MOV DPTR , #0FEFFH        ;打印机地址送数据指针
MOVX A , @DPTR            ;读取状态字
```

单片机向 GP16 写入命令或数据时, 可执行下列程序:

```
MOV DPTR , #0FEFFH
MOV A , #DATA             ;向 A 送数据或命令
MOVX @DPTR , A            ;数据或命令送打印机
```

如果为了节省端口而没有连接 BUSY 信号线时, GP-16 提供了一个状态字供 CPU 读取。状态字的最高位 D_7 为"错误"位, 命令非法时置 1, 正确时置 0。状态字的最低位 D_0 为"忙"位, 当主机写入命令或参数没处理完时置 1, 不能接收新的命令或数据; 反之置 0。利用状态字进行命令或数据传送的程序如下 (以空走纸命令为例):

```
PASS:  MOV  DPTR , #0FEFFH    ;指向 GP-16 微型打印机
PASS1: MOVX A , @DPTR         ;读取 GP-16 的状态字
       ANL  A , #81H          ;选取错误和忙信息
       JNZ  PASS1             ;是否空闲
       MOV  A , #8AH          ;空走纸 30 点行
       MOVX @DPTR , A
       MOV  A , #3            ;送打印命令第 2 字节,#3 表示 3 行
       MOVX @DPTR , A
       RET
```

5. 编程举例

设 8051 片内 RAM 的 30H、31H、32H 单元为 1 号设备的温度数据缓冲区; 33H、34H、35H 单元为 2 号设备的温度数据缓冲区; 36H、37H、38H 单元为 3 号设备的温度数据缓冲区。温度数据的前两个字节是整数部分, 后一个字节为小数部分, 温度数据以压缩的 BCD 码存放。要求打印格式为:

一 T: ⊔×× ××·××℃

二 T: ⊔×× ××·××℃

三 T: ⊔×× ××·××℃

请采用查询工作方式编写打印子程序。

为了节省数据缓冲单元, 把格式打印中重复且不变的字符以数据表格的形式存放在 EPROM 中 (如本例中"T: ⊔","℃: ⊔⊔⊔"), 而把单次出现的常数以代码形式置于程序中 (如"一"、"二"、"三")。接线方法如图 4-58 所示, 打印子程序清单如下:

```
PRINT: MOV  DPTR , #0FEFFH    ; 打印机地址送数据指针
LPO:   MOVX A , @DPTR         ; 读取打印机状态子
       ANL  A , #81H          ; 查询状态字 D_0、D_7 位
       JNZ LPO                ; 如为"忙"、"错", 则返回
LOOP1: MOV  A , #9AH          ; 送打印命令
```

208

```
          MOVX   @DPTR , A            ; 打印字符串, 点行数为 0AH
  LP2:    MOVX   A , @DPTR            ; 查询打印机状态字
          JB  $A_{CC.7}$ , LOOP1      ; "错"则重送打印命令
          JB  $A_{CC.0}$ , LP2        ; "忙"则再次查询
          MOV   A , #03H              ; 送打印行数 NNH
          MOVX   @DPTR , A            ; NNH 送往打印机
  LPP:    MOVX   A , @DPTR            ; 查打印机状态
          JB  $A_{CC.0}$ , LPP        ; "忙"则等待
          MOV   $R_1$ , #30H          ; 送打印数据缓冲区首址
          MOV   $R_7$ , #00H
 LP12:   MOV   A , $R_7$
          ADD   A , 81H               ; 形成一、二、三的代码 81H~83H
          MOVX   @DPTR , A            ; 打印字符代码送打印机
  LPP1:   MOVX   A , @DPTR            ; 查打印机状态
          JB   $A_{CC.0}$ , LPP1      ; "忙"则等待
          MOV   $R_4$ , #RELDB1       ; REL DB1 为 DB1 表首偏移量
 LOOP3:  MOV   A , $R_4$              ; DB1 表首偏移量送 $R_4$
          MOVC   A , @A+PC            ; 查表, 得 T 的代码 54H
          MOVX   @DPTR , A            ; T 的代码送打印机
  LPP2:   MOVX   A , @DPTR            ; 查打印机状态
          JB  $A_{CC.0}$ , LPP2       ; "忙"则等待
          INC   $R_4$                 ; 指向 DB1 的下一个字符
          MOV   A , $R_4$             ; 字符送往累加器
          XRL   A , #RELDB1+03H       ; 查 "T: ⊔" 代码是否送完
          JNZ   LOOP3                 ; 未完, 再送
 LOOP4:  ACALL   SUBI                 ; 调数据打印
          MOV   A , $R_7$             ; ($R_7$) 送 A
          ADD   A , $R_7$             ; 行数 $R_7 \times 3$
          ADD   A , $R_7$
          ADD   A , #32H              ; 该行整数部分是否打印完
          XRL   A , $R_1$
          JNZ   LOOP4                 ; 整数部分未打印完, 返回
  LPP3:   MOVX   A , @DPTR            ; 查打印机是否忙
          JB  $A_{CC.0}$ , LPP3
          MOV   A , #2EH              ; 打印小数点
          MOVX   @DPTR , A
  LPP4:   MOVX   A , @DPTR            ; 查打印机是否忙
          JB  $A_{CC.0}$ , LPP4       ; "忙"则返回
          ACALL   SUB1                ; 打印小数点数据
          MOV   $R_6$ , #05H          ; 打印 "℃⊔⊔⊔" 5 个字符
          MOV   $R_4$ , #RELDB2       ; RELDB2 为 DB2 的偏移量
  LPP8:   MOVX   A , @DPTR            ; 查打印机是否忙
```

```
                JB  A_cc.0,  LPP8
                MOV  A ,  R_4                      ; 查表
                MOVC  A ,  @A+PC
                MOVX  @DPTR ,  A                   ; 送字符代码打印
                INC  R_4                           ; 指向下一字符偏移量
                DJNZ  R_6 ,  LPP8                  ; 字符串是否打印完
                INC  R_7                           ; 打印完转打下一行
                MOV  A ,  R_7
                XRL  A ,  #03H                     ; 3 行都打印完毕
                JNZ  LP12                          ; 未打完转 LP12
                RET
        SUB1:   MOVX  A ,  @DPTR                   ; 查打印机是否忙
                JB  A_cc.0,  SUB1
                MOV  A ,  @R_1                     ; 取数据缓冲区中的打印数据
                ANL  A ,  #0F0H                    ; 字节分离并转换为 ASCII 码
                SWAP  A
                ACALL  ASCII
                MOVX  @DPTR ,  A
        LS1:    MOVX  A ,  @DPTR
                JB  A_cc.0,  LSI
                MOV  A ,  @R_1
                ANL  A ,  #0FH
                ACALL  ASCII
                MOVX  @DPTR ,  A
                INC  R_1
                RET
        ASCII:  ADD  A ,  #90H                     ; 分离的 BCD 码转化为 ASCII 码
                DA  A
                ADDC  A ,  #40H
                DA  A
                RET
                DB1  54H ,  3AH ,  20H             ;T: ⊔
                DB2  A1H ,  43H ,  20H ,  20H ,  20H  ;℃⊔⊔⊔
```

4.6.2 8051 与 PP40 绘图打印机的接口

1. PP40 简介

LASTER PP40 是 40 行的彩色绘图打印机。它具有打印和绘图功能，体积较小，价格适中，能打印字符和描绘精度较高的彩色图表，是一种较为理想的智能仪器输出设备。

绘图打印机 PP40 有两种工作方式：文本（字符）方式与图案（图形）方式。上电后初始状态为文本模式；在文本模式状态下，如果主机将回车控制字符 CR（0DH）和绘图控制字符 DC_2（12H）写入 PP40，则 PP40 由文本模式变为图案模式；若将回车控制字符

和文本模式控制字符 DC$_1$（11H）写入 PP40，则 PP40 又回到文本模式。

1）文本模式下的控制字符及 ASCII 编码

在文本模式下，PP40 可以用 4 种颜色（黑、蓝、红、绿）打印所有 96 个 ASCII 码字符、52 个符号，如表 4-21 所列。

表 4-21　PP40 文字符号编码

	0	1	2	3	4	5	6	7	8	9	A	B	C	D
0				0	@	P	(	p			Å	δ	μ	
1		DC$_1$	!	1	A	Q	a	q			â	À	ε	φ
2		DC$_2$	"	2	B	R	b	r			à	Ä	ζ	χ
3			#	3	C	S	c	s			ä	É	ɷ	ψ
4			$	4	D	T	d	t			é	Ê	θ	ω
5			%	5	E	U	e	u			ê	È	ι	
6			&	6	F	V	f	v			è	ë	κ	
7			,	7	G	W	g	w			ë	I	λ	
8	BS		(	8	H	X	h	x			i	Î	μ	
9			)	9	I	Y	i	y			Î	Ô	ν	
A	LF		*	:	J	Z	j	z			ô	õ	ξ	
B	(VT) LU		+	;	K	[	k	{			Ǔ	Ù	o	
C			,	<	L	\	l	|			Ù	Ü	π	
D	CR	NC	—	=	M	]	m	}			Ü	α	ρ	
E			。	>	N	^	n	~			ç	β	σ	
F			/	?	O	—	o	⊗			æ	ʊ	τ	

表中 00H～1FH 中有 7 个控制字符，分别定义如下。

回位 BS（08H）：使笔回到前一个字符位置，若描图笔已处于最左边位置，该命令失效。

进纸 LF（0AH）：将纸推进一行。

退纸 LU（0BH）：将纸倒退一行。

回车 CR（0DH）：描图笔返回到最左边位置上。

文本模式控制 DC$_1$（11H）：PP40 进入文本模式工作方式。

图案模式控制 DC$_2$（12H）：PP40 进入图案模式工作方式。

转色 NC（1DH）：笔架转动一个位置至另一颜色笔。

当超过一行的字数后，PP40 自动回车并进纸一行。

2）图案模式下绘图操作命令

PP40 在图案模式工作时可选择各种绘图操作命令，以便绘出各种图形、表格、曲线。绘图命令格式及功能如表 4-22 所列。

表 4-22　绘图命令格式及功能

命　令	格　式	功　　能
线形式	L_p（p 由 0 至 15）	所绘划线的形式，实线：$p=0$，点线 $p=$ 由 1 至 15，而且具有指定格式
重　置	A	笔架返回 X 轴最左方，而 Y 轴不变动，返回文字模式，并以笔架停留作为起点
回　档	H	笔嘴升起返回起点
预　备	I	以笔架位置作为起点
绘　线	$Dx,y,\cdots,X_n,Y_n$（$-999 \leqslant x,y \leqslant 999$）	由现时笔嘴位置（x,y）连线
相对绘线	$J \Delta x, \Delta y \cdots \Delta X_n, Y_n$（$-999 \leqslant \Delta x, \Delta y \leqslant 999$）	由现时笔嘴位置划一直线至笔嘴点 Δx，Δy 距离之点上
移　动	Mx,y（$-999 \leqslant x,y \leqslant 999$）	笔嘴升起，移动至起点相距 Δx，Δy 之点上
相对移动	$R \Delta x, \Delta y$（$-999 \leqslant \Delta x, \Delta y \leqslant 999$）	笔嘴升起，移动至现时笔架相距 Δx，Δy 之新点上
颜色转换	Cn（$n=$ 由 0 至 3）	颜色转换由 n 所指定 0：黑；1：蓝；2：绿；3：红
字符尺码	Sn（$n=$ 由 0 至 63）	指定字符尺码
字母绘制方向	Qn（$n=$ 由 0 至 3）	指示文字编印方向（只在图案模式下适用）
编　印	$PC,C,\cdots Cn$（n 无限制）	编印字符（C 为字符）
轴	Xp,q,r（$p=$ 由 0 至 1）（$q=-999$ 至 999）（$r=1$ 至 255）	由现时笔架位置绘划轴线 Y 轴：$p=0$　X 轴：$p=1$ $q=$ 点距　$r=$ 重复次数

X、Y 方向定义，字母描绘方向定义以及 X 指令示例如图 4-59 所示。

X 命令实例：当执行指令 "X1，100，5"（将 58H，31H，2CH，31H，30H，30H，2CH，35H，0DH 写入 PP40）以后，PP40 描绘出的图形如图 4-59(c)所示。

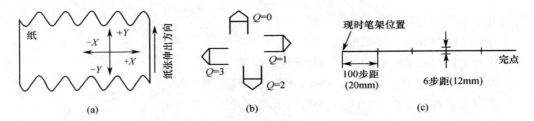

图 4-59　绘图命令的几个定义与实例

(a) X,Y 方向定义；(b) 字母绘制方向定义；(c) X1,100,5 命令执行结果。

PP40 的绘图命令可分为以下 5 类：

（1）不带参数的单字符命令。这类命令包含 A，H 和 I 命令。

（2）单参数的命令。这类命令包含 L，C，S，Q 4 条命令，参数跟在命令符号后面。

（3）多参数的命令。这类命令包括 D，J，M，R 4 条命令，参数之间以"，"作为分隔符，指令以回车符（0DH）结束。

（4）P 指令。用以编绘字符，字符与字符间以"，"分隔，以回车符结束。

（5）X 指令。用以绘制坐标及分度线，带有 3 个参数。参数之间以"，"分隔，以回车符结束。

绘图命令的编排有下列约定：

① 单字符命令后可直接跟其他指令（返回文本命令除外，它后面必须跟回车符 0DH），例如 HJ300，-100[CR]等价于

    H[CR]

    J300，-100[CR]

② 单参数的命令可以在参数后面加"，"后跟其他命令。

例如 L2，C3，Q3，S0，M-150，-200[CR]。

③ 多参数的命令必须以回车符 CR（0DH）结束，不可省略。

2. 8051 与 PP40 的接口

1）LASER PP40 描绘器插座及接口信号

LASER PP40 与主机通过 AMP CHAPM36 球锁式插座相连。插座如图 4-60 所示，共有 36 芯，实际只使用了 13 芯。各芯位信号说明如表 4-23 所列。

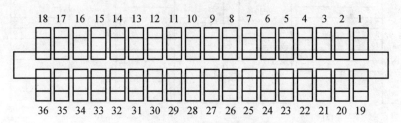

图 4-60　PP40 描绘器接口插座

表 4-23　PP40 接口插座芯位、信号及功能

芯　位	信　号	功　能　说　明
1	$\overline{STRBE}$	选通信号
2～9	DATA$_{1\sim8}$	8 位并行数据总线
10	$\overline{ACK}$	应答信号，表示描绘器准备接收下一批数据
11	BUSY	描绘器"忙"状态信号，该信号高电平表示描绘器正在工作中，不能接收新数据送入
12，15	GND	
其余	不接	

2）PP40 与 80C51 单片机的接口

接口信号时序如图 4-61 所示。

PP40 与 80C51 单片机的接口形式很多。通常可以采取片上 I/O 口、扩展 I/O 口或者总线口的连接方法。

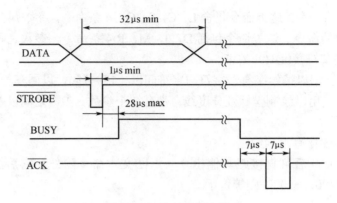

图 4-61 PP40 时序波形

图 4-62 是通过片上 I/O 口和扩展 I/O 的连接方法。这种方法接口简单，但要占用 I/O 口线。图 4-62(a)是占用 P₁ 口作为数据通道。图 4-62(b)是用 8255PB 口作为数据通道。一般来说，只需要再加上一对握手线即可。扩展 I/O 口也可以用应用系统中任何并行 I/O 口线。

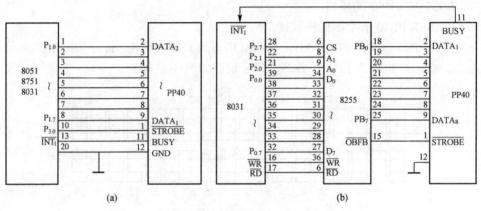

图 4-62 PP40 通过 I/O 口与 80C51 单片机的接口方法

(a) 通过 P1 口连接；(b) 通过扩展 I/O 口相接。

对于握手线的选用及连接方法可以配合软件方案选择。在采用查询方式时，使用的一对握手线为 BUSY 和 $\overline{\text{STROBE}}$。因为 BUSY 有足够的状态时间可供查询使用。若采用中断方式时，握手线除可采用 BUSY 和 $\overline{\text{STROBE}}$ 外，也可将 BUSY 改用应答线 $\overline{\text{ACK}}$。但是由于 $\overline{\text{ACK}}$ 的有效信号宽度较小，所以在查询方式中很少使用。

图 4-63 是 80C51 单片机总线与 PP40 连接的接口电路。

3. 文本模式及图案模式的编码设计

在程序设计之前，要对绘制的字符或图案进行编码设计。首先将要绘制的字符、表格及图案变成一系列由命令码、控制码及文字字符组成的字符串，然后再将它们"翻译"成相应的以十六进制表示的数据串，作为提供给 PP40 微型绘图机使用的数据表。

1）文本模式的编码设计

首先列出所绘制字符的编排格式，然后排出所设计的编码，编码必须严格按照文本模式编码表及控制码的功能要求进行。

214

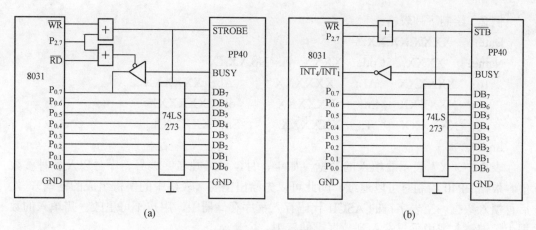

(a)

图 4-63　PP40 与 MCS-51 通过总线连接的接口方法

(a) 查询方式接口；(b) 中断方式接口。

例 1　绘制下列字符：

SYMPOSIUM OF SINGLE CHIP
MICRO-COMPUTER CONFERENCE
3-5 NOV. 1988
NANJING
CHINA

根据上述字符绘制要求，其编码设计如下：

DC_2,S_2,C_3CRLF

DC_1CRLF

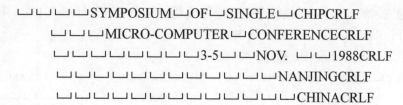

在上述编码中：

DC_2 是图案模式编码。在文本模式中，可以利用图案模式选择字符尺寸、颜色转换等。S_2 表示选 2 号尺寸，C_3 为选红色笔。

DC_1 是设文字模式命令。此命令执行后 PP40 将送入的 ASCII 码按照此命令前图案模式设定的尺寸大小及颜色等，打印出这些 ASCII 字符。

每行命令结束应以 CR（回车）和 LF（走纸一行）结尾，如果有两个 LF，则表示空出一行。"⊔" 为空格字符。

在编制文字绘制程序中，将上述编码转换成下列数据，存放在数据存储器或程序存储器中，然后逐个送入 PP40 中，即可绘制出上述格式的字符。

12,2C,53,32,2C,43,33,0D,0A,11,0D,0A,20,20,20,20,53,59,

4D,50,4F,53,49,55,4D,20,4F,46,20,53,49,4E,47,4C,45,20,43,

48,49,50,0D,0A,20，…，20,43,48,49,4E,41,0D,0A

例2 绘制下列表格：

```
Date:      XXXX.XX.XX.
Name:    XXXX    Code: XXXX        No.XXXX
  To:   XXXXXX    AL:    XXXXXX        Ab: XXXXXX
  C:   XXXXXX    Sn:    XXXXXX        σb: XXXXXX
  φ:   XXXXXX    T:    XXXXXX        Sn: XXXXXX
End
```

表格中"X"表示要填入的数据，如年、月、日、姓名、编号、序号以及各种参数值。根据 PP40 绘制时可以退纸，因此可以先绘出空表（表格中的字符组成的格式），然后再填入数据。空表字符的 ASCII 代码存入程序存储器中，用户不可更改。需填入的数据由按键键入或由采集存入到数据存储器中。

根据上述表格可以分别编写出下列编码：

（1）空表编码。

DCICRLF

Date:CRLFLF

Name: ⊔⊔⊔⊔⊔⊔⊔Code: ⊔⊔⊔⊔⊔⊔⊔NO.CRLFLF

TO: ⊔⊔⊔⊔⊔⊔⊔⊔⊔⊔⊔⊔AL: ⊔⊔⊔⊔⊔⊔⊔⊔⊔⊔⊔ Ab:CRLF

C⊔:⊔⊔⊔⊔⊔⊔⊔⊔⊔⊔⊔⊔Sn: ⊔⊔⊔⊔⊔⊔⊔⊔⊔⊔σb:CRLF

Φ⊔:⊔⊔⊔⊔⊔⊔⊔⊔⊔⊔⊔⊔T⊔:⊔⊔⊔⊔⊔⊔⊔⊔⊔⊔Sn:CRLFLF

EndCRLULULULULULULULU

（2）数据填表编码。

根据空表编码，PP40 执行完空表绘制后利用 8 个后退一行指令 LU，笔头退回空表的第一行，以便填写数据。数据填表编码如下：

⊔⊔⊔⊔⊔⊔XXXXXXXXXXCRLFLF

⊔⊔⊔⊔⊔⊔XXXX⊔⊔⊔⊔⊔⊔⊔XXXX⊔⊔⊔⊔⊔⊔⊔⊔XXXXCRLFLF

⊔⊔⊔⊔⊔⊔XXXXXX⊔⊔⊔⊔⊔⊔⊔⊔XXXXXX⊔⊔⊔⊔⊔⊔⊔XXXXXXXC

RLF

⊔⊔⊔⊔⊔⊔XXXXXX⊔⊔⊔⊔⊔⊔⊔⊔XXXXXX⊔⊔⊔⊔⊔⊔⊔XXXXXXXC

RLF

⊔⊔⊔⊔⊔XXXXXX⊔⊔⊔⊔⊔⊔⊔⊔XXXXXX⊔⊔⊔⊔⊔⊔⊔XXXXXXXC

RLF

在表格绘制中，无论是空表编写或者数据填表编写中总会有许多空白码（20H），这些空白码会浪费存储空间。这时可采取软件设计技巧，避免空白码占据过多存储单元。

2）图案模式的编码设计

在图案模式下，PP40 不仅可以绘出各种图形、曲线、坐标，也可以在其上绘出字符。图案模式有专门的命令表（表 4-21）可供编程使用。同样，为了程序编制方便，对于要求绘制的图形及字符，都应事先进行编码设计。下面介绍几个图案模式的编码设计。

例3 绘制图 4-64 所示的"九"字图形。

216

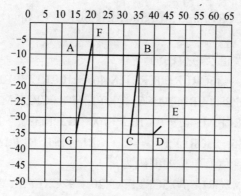

图 4-64　字符"九"的图案坐标

（1）图案"九"的编码设计如下：

CRDC2CR

HM15，-10CR ；笔头抬起先回起点再移至 A 点

L0，J20，0，-2，-25，8，0，1，4CR ；描绘 AB、BC、CD、DE 线段

M20，-5CR ；笔头移至 F 点

L0，J-5，-30CR ；描绘 FG 线段

（2）"翻译"成下列数据代码串：

根据 PP40 的文字符号编码及绘图命令表，将上述符号编码变换成 ASCII 代码及其他符号的十六进制代码。上述图案"九"编码的代码数据如下：

0D,12,0D,48,4D,31,35,2C,2D,31,30,0D,4C,30,2C,4A,32,30,2C,30,2C,2D,32,2C,2D,32,35,2C,
38,2C,30,2C,31,2C,34,0D,4D,32,30,2C,2D,35,0D,4C,30,2C,4A,2D,35,2C,2D,33,30,0D。

将这 54 个字节数据送入 PP40，PP40 就能描绘出图 4-64 的字符"九"图案。

例 4　绘制图 4-65 的坐标曲线。

要绘制图中曲线，首先要绘制二维坐标及标轴分度，然后绘出温度—时间曲线。

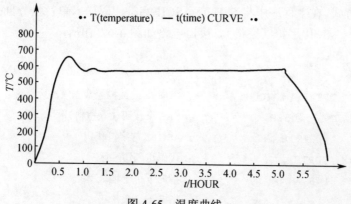

图 4-65　温度曲线

二维坐标及标轴分度的编码设计如下。

绘制坐标中注释字符编码为：

DC2,S1,Q1CRLF;IM468,-150CRLF;P ● ● TCRLF;S0CRLF;M470，-186CRLF;P

（temperature） CRLF;S2CRLFP-tCRLFS0CRLFS0CRLFP（time）CRLFS1CRLF;PCURVE
·· CRLF;

绘制纵坐标标轴分度值及单位的编码为：

HS0,M30,0CRLF;IM-20, -36CRLF;P0CRLF;M46, -10CRLF;P100CRLF;M96, -10CRLF;
P200CRLFM146,-10CRLF;P300CRLF;M196, -10CRLF;P400CRLF;M246, -10CRLF;P500CRLF;
M296, -10CRLF;P600CRLF;M346, -10CRLF;P700CRLF;M396, -10CRLF;P800CRLF;M439,
-32CRLF;P0CRLF;M435,-25CRLF;P（⌴C）CRLFHS1CRLF;IM435-15CRLF;PTCRLF;

绘制横坐标标轴分度值及单位的编码为：

HS0CRLF;IM-20, -42CRLF;P0.5CRLF;M-20, -92CRLF;P1.0CRLFM-20, -142CRLF;
P1.5CRLF;M-20, -192CRLF;P2.0CRLF;M-20, -242CRLF;P2.5CRLF;M-20, -292CRLF;
P3.0CRLF;M-20, -342CRLF;P3.5CRLF;M-20, -392CRLF;P4.0CRLF;M-20, -442CRLF;
P4.5CRLF;M-20, -492CRLF;P5.0CRLF;M-20, -542CLF;P5.5CRLF;M-20, -592CRLF;
P6.0CRLF;M10,-562CRLF;P（HOUR）CRLF;S2CRLF;M10,-546CRLFPtCRLF;HS0CRLF;

将上述编码"翻译"成十六进制 ASCII 代码后，固化在单片机应用系统的程序存储器中指定的地址区域内。当 CPU 依次将这些代码送 PP40 后，PP40 将描绘出图 4-65 中的纵横坐标及注释字符。

如果图中的曲线是实时采集的数据，则将采得的数据经过处理后，分成百位、十位、个位数放在指定的数据存储器中，然后由定时器设定定时时间，每次定时时间到，取出这些量来决定坐标位置，送入 PP40 绘出相应的数据曲线，将走纸方向定义成时间方向。

4．程序设计实例

1）用文本模式绘制 ASCII 字符

（1）程序设计要点。

按照 PP40 文字符号编码，全部 ASCII 字符代码从 20H～7FH 共 60H 个。设计应用系统中外部 RAM 地址为 0000H～07FFH（扩展一片 6116），其中 0700H～075EH 开辟为描绘数据缓冲区，存放除空格以外的全部 ASCII 代码数据。ASCII 代码见表 4-21。PP40 接口采用中断方式，在主程序中将 5FH 个 ASCII 字符代码送入单片机外部扩展 RAM 中，并描绘出第一个 ASCII 字符（空格）。接口电路如图 4-62(a)所示。

（2）程序清单：

主程序如下：

```
MAIN: MOV DPTR , #0700H      ; 指向外 RAM 描绘数据缓冲区首址
      MOV R₇ , #05FH          ; 5FH 个代码（除空格）
      MOV A , #21H            ; ASCII 首字符代码
LOOP: MOVX @DPTR , A          ; 代码送入缓冲区
      INC DPTR               ; 指向下一个地址单元
      INC A                  ; 指向下一个代码
      DJNZ R₇ , LOOP
      ORL PSW , #18H         ; 描绘工作初始化，选用工作寄存器区 3
      MOV R₇ , #5FH          ; 5FH 个 ASCII 代码
      MOV R₅ , #00H          ; 描述数据缓冲区首址为 0700H
```

218

```
        MOV   R₆ , #07H
        ANL   PSW , #07EH                    ; 恢复至工作寄存器区 0
        MOV   P₁ , #20H                      ; 启动 PP40，描绘空格符
        SETB  P₃.₀                           ; 模拟选通信号
        CLR   P₃.₀
        SETB  P₃.₀
        SETB  IT₁                            ; 置 INT₁ 为下降沿触发方式
        MOV   IE , #84H                      ; 允许 INT₁ 中断请求并 CPU 中断开放
        MOV   PSW , #00H                     ; CPU 可用于其他工作
        ...
```

中断服务程序清单如下：

```
PRINT: PUSH  A_CC
       PUSH  PSW
       PUSH  DP_H
       PUSH  DP_L
       ORL   PSW , #18H                     ; 选用工作寄存器区 3
       MOV   DP_L , R₅                       ; 送数据缓冲区地址
       MOV   DP_H , R₆
       MOVX  A , @DPTR                       ; 取描绘数据
       MOV   P₁ , A                          ; 送数据至 PP40
       CLR   P₃.₀                            ; 模拟选通信号脉冲
       NOP
       NOP
       SETB  P₃.₀
       INC   DPTR                            ; 指向下一数据缓冲区
       MOV   R₅ , DP_L                       ; 缓冲区地址送入 R₅、R₆ 保护
       MOV   R₆, DP_H
       DJNZ  R₇, PIRI                        ; 字符未描绘完，返回继续
       SETB  00H                             ; 设置描绘结束标志供主程序查询
       CLR   EX₁                             ; 关 INT₁
PIRI:  POP   DP_L                            ; 恢复 8051 现场
       POP   DP_H
       POP   PSW
       POP   A_CC
       RETI
```

2）用图案模式绘制图形

用 PP40 图案模式绘制图 4-64 字符"九"的图形。

（1）程序设计要点。

使用 4-62(b)的接口电路，8051 采用查询方法。INT₁ 为 P₃.₃ 输入口功能。按照图 4-64 的坐标安排，字符"九"的图案模式编码为：

HM15,-10CR;L0,J20,0,-2,-25,8,0,1,4CR;M20,-5CR;L0,J-5,-30CR

　　将上述编码"翻译"成十六进制代码，作为表格数据固化在程序存储器中。依次将这些数据送至 PP40，即可描绘出字符"九"的图案，同时还可描绘出中文字符。

　　（2）程序清单。

　　主程序如下：

```
MAIN: MOV  P2 ， #7FH        ;指向 8255 命令口
      MOV  A ， #84H          ;8255 设成方式 1 工作状态，PP40 的选通信号
                                由 8255 的 PC1 提供

      MOVX @R0, A
      MOV  P2 ， #7DH         ;指向 8255PB 口
      MOV  A ， #00H
      MOV  R7 ， #33H          ;在文本模式下，绘出 33H 个编码表
      ACALL PRINT            ;调用 PP40 操作子程序
      MOV  A ， #01H
      MOV  R7 ， #36H
      ACALL  PRINT
STOP: AJMP  STOP
```

PP40 操作子程序如下：

```
PRINT: RL A                 ;乘 2，空出地址间隔
       PUSH  A
       MOV DPTR ， #TABAD    ;查表求代码存放首地址
       MOVC A ， @A+DPTR     ;在主程序中 A=00H 时查得首地址为 ADR0；当 A＝01H 时
                              查得首地址为 ADR1

       MOV R0 ， A
       POP A
       INC A
       MOVC A ， @A+DPTR
       MOV DPL ， A
       MOV DPH R0           ;查得首地址送 DPTR
  PLO: CLR A
       MOVC A ， @A+DPTR     ;查表求扫绘代码数据
       MOVX @R0 ， A          ;数据送 8255PB 口
  PL1: JB P3.3 ， PL1
       INC DPTR             ;指向下一个代码数据
       DJNZ R7, PLO          ;代码数据是否送完
       RET
TABAD: DW ADR0
       DW ADR1
 ADR1:DB  0DH,12H,0DH        ;选图案模式代码
```

220

```
ADR0:DB    48H,4DH,31H,35H,2CH,2DH,31H,
           30H,0DH,4CH,30H,2CH,4AH,32H,
           2DH,32H,35H,2CH,38H,2CH,30H,
           2CH,31H,2CH,34H,0DH,4DH,32H,
           30H,2CH,2DH,35H,0DH,4CH,30H,
           2CH,4AH,2DH,35H,2CH,2DH,33H
           30H,0DH        （33H 个代码）
```

习题与思考题

1. 编码键盘和非编码键盘各有什么特点?

2. 键盘接口需要解决哪几个主要问题? 什么是按键弹跳? 如何解决按键弹跳的问题?

3. 试比较行扫描式非编码键盘和线反转式非编码键盘的工作原理。

4. 试比较七段 LED 显示器静态与动态多位数字显示系统的特点。

5. 设计一个软件译码采用 6 位七段 LED 显示器的动态扫描接口电路，并编写显示控制程序。

6. 设计一个动态扫描的键盘/LED 显示器组合接口电路，要求键盘扫描与显示器扫描共用同一组端口线。试画出电路原理图和控制程序的流程图。

7. 试述光栅扫描字符 CRT 显示系统中字符发生器的作用及其工作机理。

8. 试比较光栅扫描字符 CRT 显示系统与图形 CRT 显示系统的特点。

9. 试叙述打印记录方式或描绘记录方式各自的特点。

10. 试述点阵打印机工作原理。GP-16 微型打印机打印命令有几条?

11. PP40 微型打印机有几种工作模式? 它们是如何转换的?

第 5 章　测量算法与系统优化设计

5.1　测 量 算 法

所谓测量算法，就是为仪器实现测量功能所编制的各种程序。它随仪器的功能、类型及硬件等的不同而不同，没有统一的结构。本书各章所讨论的许多程序都是具体的算法，本节先介绍几种智能仪器中较典型的算法，最后介绍 BY1951A 型数字多用表的软件总流程图，使读者对智能仪器的典型功能和软件总体结构有所了解。

5.1.1　量程选择

智能仪器中量程的选择通常有 3 种方式：一种是手动方式，由程序员通过键盘按键向仪器发出选择量程的命令；另一种是自动方式，即通过智能仪器内部已编制好的程序对测量进行自动控制；还有一种就是可以通过 GP-IB 接口由系统控制器来遥控。

1. 手动选择量程

用户从键盘输入所需量程的命令，仪器内部的微处理器通过读取键盘并译码后送出相应的开关量而使仪器置于相应的量程上。在实际仪器中，许多物理量往往化成电压来测量，一般以电压量程的选择来说明。

改变电压量程，最简单的方法是在电压的输入电路中设置电阻衰减器。其中量程开关是电子式的，由一个输出口来控制。微处理器根据按键编码即可判明用户所选的量程而送出相应的开关量来选择相应的量程。如果被测量超过该量程范围，则仪器显示超量程。

2. 自动选择量程

智能仪器可自动判断被测量的大小，并置于适当的量程上。设某数字电压表设置 6 个量程，由小到大量程档次编号为 1、2、…、6，相邻两个量程相差 10 倍。每个量程设置了两个数据限，满刻度值称为上限 HQ，满刻度值的 9 ％为下限 LQ。微机判断被测量超出 HQ 时，应升量程；若被测量低于 LQ 时，应降量程。当被测量处于上、下限之间时，表示目前所处的量程是最佳的量程档。图 5-1 是自动选择量程的流程图。

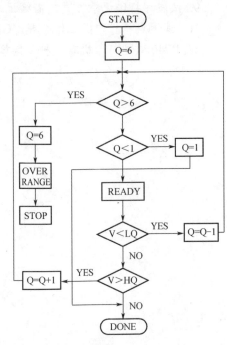

图 5-1　量程自动选择流程图

3. 由系统控制器选择量程

智能仪器工作在远地方式时，可由系统的控制器发布选择量程的命令，通过 GP-IB 总线送到仪器内部，仪器内部的 CPU 据此命令选择相应的量程。

5.1.2　极限判断与越限报警

智能仪器在自动检测参数时，往往要判断被测参数是否超出某个界限，如水位是否超出警戒线，温度是否超出最高点，压力是否超出最大限度，或者确定被测参数是否合格，即有无超出允差等。确定越限后，还要给出报警信号或进行分类操作。例如，用智能电阻测量仪测试自动线上成批生产电阻的阻值时，因电阻有一定的允差，阻值超过允差即认为不合格。在测试前，可由操作人员通过键盘输入规定的允差，即可进行测量。

极限判断与越限报警就是将每个被测零件的实际参数与事先规定的上、下限进行比较，根据比较结果做出相应的判断，并给出分类操作与报警。图 5-2 是极限判断与越限报警程序流程图。

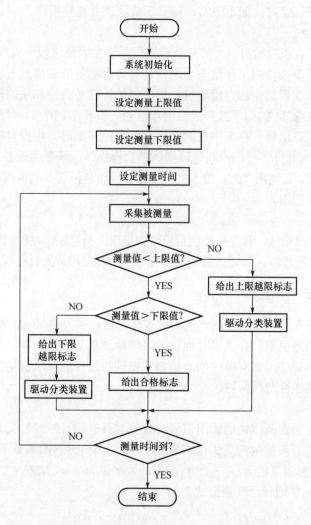

图 5-2　极限判断与越限报警程序流程图

5.1.3　自检算法

智能仪器的一个重要功能是可进行自测试和自诊断，即自检操作。其自检内容比较广泛，通常包括 ROM、RAM、键盘、显示器、总线、接插件的检查等。

仪器自检通常是检测电路中的一些测试点，这些测试点在电路正常时的测试值设计时就存于 ROM 中。在自检过程中 CPU 把当时的测试值与正常值进行比较，如果两者相等或在允许误差的范围之内，则显示 PASS（通过），否则显示错误（用代码显示故障部位）。自检主要由软件完成，设计者的任务是找出一些适合于某项自检测试的方法，并尽可能利用被测对象本身提供的信号、电路等现有条件。自检分下面 3 种类型。

1. 开机自检

每当电源接通（或仪器复位）就进行一次，在以后的测量过程中不再进行。主要检查显示器、仪器的接插件、RAM、ROM 等，如果正常，使面板显示器全亮，即 888…或显示仪器的某些特征字符；如不正常，则显示故障代号提醒用户。

2. 周期性自检

智能仪器除了开机自检外，大部分自检操作需要在测量过程中周期性、重复地进行，以便使仪器一直处于最佳的工作状态。通常是在每次测量间歇插入一项自检操作，多次测量之后便可完成仪器的全部自检项目，周而复始。这种自检算法的核心是将自检例程 TST_i 按自检序号 TNUM 的顺序排列成自检项目表，如表 5-1 所列。自检例程实际就是该项自检的子程序入口地址，在表中占两个字节。自检开始时，根据自检序号和自检项目表的首址 TPT 找到自检例程，控制便转向该项自检操作。程序中设置故障标志 TF_i，检测有故障则置"1"，否则清"0"。图 5-3 表示进行一项自检操作的流程图，图 5-4 是包括自检的系统操作流程图。

3. 键控自检

除了上述两种自检外，有些仪器的自检可由操作人员控制，在仪器的面板上设置自检按键，用来启动自检程序，微处理器根据按键译码后转到相应的自检程序执行自检操作。

5.1.4　标度变换

智能仪器中各种非电量的检测一般均通过传感器转换为电量，再经过 A/D 转换得到与检测量相对应的数字量。在人机界面中，这些检测量必须以有单位的十进制数显示或打印出来。完成从数字量到有单位的十进制数据转换过程的算法就是标度变换。标度变换有线性变换和非线性变换两种。

1. 线性变换

很多传感器在额定范围内的输出信号与被测量具有较好的线性关系，就可以采用线性标度变换算法。若被测量的变化范围为 $A_0 \sim A_m$（即传感器的测量下限为 A_0，上限为 A_m），物理量的实际测量值为 A_x；而 A_0 对应的数字量为 N_0，A_m 对应的数字量为 N_m，A_x 对应的数字量为 N_x，则标度变换公式为

$$A_x = (A_m - A_0)(N_x - N_0)/(N_m - N_0) + A_0 \tag{5-1}$$

即若计算机得到一个 A/D 转换结果 N_x，代入式(5-1)就可以求得相应的被测量 A_x。

表 5-1　自检项目表

TPT	TST_0
	TST_1
	TST_2
	⋮

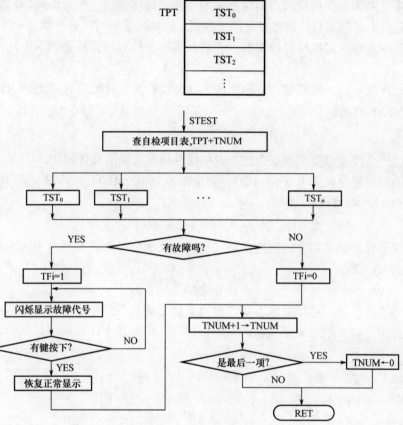

图 5-3　进行一项自检操作流程图

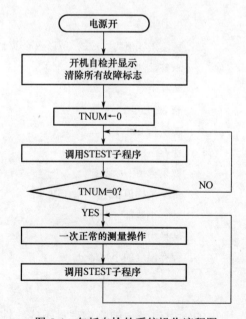

图 5-4　包括自检的系统操作流程图

对于智能仪器的某一检测量来说，式(5-1)中的 A_0、A_m、N_0、N_m 均为常数，可事先存入计算机中。若为多参量检测，则对不同的参量，这些数值一般是不同的；如果某些参量的测量还具有多档量程，则即使是同一参量，在不同量程时，这些数值也不同。因此，此时计算机中应存入多组这样的常数，在进行标度变换时根据需要调入不同的常数组来计算。

为使程序简单，一般通过一定的处理可以使被测参量的起点 A_0 对应 A/D 转换值 N_0 为 0，这样式(5-1)就变为

$$A_x=(N_x/N_m)(A_m - A_0)+A_0 \tag{5-2}$$

下面以一个简易温度控制仪为例来说明线性标度变换的具体应用。

某智能温度测量仪采用 8 位 ADC，测量范围为 $10\sim100℃$。此时，式(5-2)中 $A_0=10$ ℃，$A_m=100℃$，$N_m=FFH$，则

$$A_x = (N_x / N_m)(A_m - A_0) + A_0 = (6/17)N_x + 10$$

仪器采样并经滤波和非线性校正后（即温度与数字量间的关系已为线性）的数字量为 28H，即 40，则

$$A_x=24.1℃$$

该系统功能简单，精度要求不高，没有必要采用复杂的浮点运算。通常对温度数据进行简单约定，以 2 字节表示温度的显示值，1 字节表示 A/D 转换值，则标度变换的定点算法子程序如下：

```
      ADC    EQU  30H        ;温度采样值（十六进制）
      WDH    EQU  31H        ;温度显示值的整数部分（BCD 码）
      WDL    EQU  32H        ;温度显示值的小数部分（BCD 码）
BDBH: MOV  A , ADC           ;取温度采样值
      MOV    B, #6
      MUL  AB
      MOV    B, #17          ;每度采样值为 17/6，所以应除以 17，乘以 6
      DIV  AB                ;求整数部分
      MOV  WDL, B            ;暂存余数
      ADD  A, #10            ;整数部分加上基数 10
      LCALL  HBCD            ;转换为 BCD 码
      MOV  WDH, A            ;保存温度的整数部分
      MOV  A, WDL            ;取采样值的余数部分
      MOV  B, #35            ;每个采样值相当于 0.35V
      MUL  AB               ;计算小数部分
      LCALL  HBCD            ;转换为 BCD 码
      MOV  WDL, A            ;保存温度的小数部分
      RET
```

2. 非线性变换

如果传感器在额定范围内的输出信号与被测物理量不成线性关系，就只能采用非线

性标度变换。如果这种非线性关系可以用数学表达式描述，就可以用数学运算来完成非线性标度变换。描述非线性关系的数学表达式可能是二次以上的多项式，也可能包含开方或其他超越函数的表达式。为了保证运算精度，非线性标度变换算法多采用浮点算法。

如果传感器的非线性不能用数学表达式描述，则只好用表格来处理。表格中的数据通过定标来获得，这时非线性标度变换通过查表和插值运算来完成。

5.1.5 智能仪器的软件主流程实例

BYl951A 型数字多用表可测量直流电压、交流电压、电阻和频率。测量直流电压的精度为 0.005%，最高分辨率达 $0.1\mu V$。它带有 GP-IB 接口，具备除控制功能之外的其他 9 种接口功能，仪器具有包括开方、乘法、偏差、比例、统计等在内的 12 种运算功能，具有自校和自诊断功能，能诊断 A/D 转换器、数字逻辑电路及显示器等部件的功能，最高采样速率接近 300 次/s。

该仪器采用电压反馈 V/F 式的 A/D 转换器，原理框图如图 5-5 所示。V/F 转换器把电压转换为与其成比例的频率，而 F/V 转换器则相反，把频率转换为与其成比例的电压。反馈环的输出为频率 f，输入为被测电压 U_i，两者的关系为

$$f = (U_i - f K_3 K_4) \cdot K_1 K_2 = U_i K_1 K_2 - f K_1 K_2 K_3 K_4$$

所以

$$f + f K_1 K_2 K_3 K_4 = U_i K_1 K_2$$

$$f (1 + K_1 K_2 K_3 K_4) = U_i K_1 K_2$$

得

$$\frac{f}{U_i} = \frac{K_1 K_2}{1 + K_1 K_2 K_3 K_4} \tag{5-3}$$

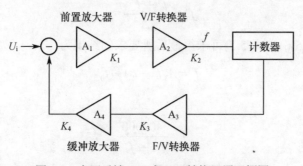

图 5-5　电压反馈 V/F 式 A/D 转换器原理框图

$K_1 \sim K_4$ 为电路开环增益。若选择电路参数使其满足 $K_1 K_2 K_3 K_4 \gg 1$，则上式简化为

$$\frac{f}{U_i} \approx \frac{1}{K_3 K_4} \tag{5-4}$$

若 K_3、K_4 保持恒定，则 $U_i - f$ 保持线性关系。因为这种转换器把电压直接转换为频率，因而称为 V／F 式 A／D 转换器。

实际上由于元器件的老化和环境条件的变化，K_3、K_4 的数值会变化，使 U_i-f 的定量关系受到破坏，产生误差。为此，仪器每隔 2min 自校准一次，校准原理如下。

在图 5-6 中直线①是原始的或设计时的 U_i-f 关系曲线，其方程式为

$$f = aU_i + f_0 \tag{5-5}$$

选择常数 $a = 100000$，f_0 为已知常数。

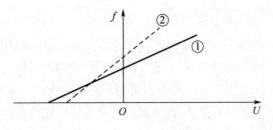

图 5-6　$U-f$ 关系曲线

当 K_3、K_4 发生变化时，实际测量的的 U_i-f 关系如曲线②所示，表示为

$$f' = a'U_i + f_0' \tag{5-6}$$

自校准时，仪器对 $\pm 2V$ 高稳定直流电压进行测量，结果为

$$\begin{aligned} f_+' &= a'(+2.00000) + f_0' \\ f_-' &= a'(-2.00000) + f_0' \end{aligned} \tag{5-7}$$

得

$$a' = \frac{f_+' - f_-'}{4.00000} \tag{5-8}$$

$$f_0' = \frac{f_+' + f_-'}{2}$$

由式(5-5)、式(5-6)和式(5-7)可求得最后所要求的结果为

$$f = A(f' - B) + f_0 \tag{5-9}$$

式中

$$A = \frac{400000}{f_+' - f_-'}$$

$$B = f_0'$$

在校准期，微处理器根据测量值 f_+'、f_-'，求出 A 和 B，并存于 RAM 中。在测量期，根据实际测量值 f'，利用式（5-9）求出较为准确的 f 值。若用户不希望中断数据测量，则可通过按键使仪器处于禁校状态。

图 5-7 是整机程序流程图。流程主要包括各种初始化、自校求系数 A 和 B、判断本地/远地方式、采样计数器数据、量程处理、数学运算、显示结果及若为讲者则输出数据等操作。

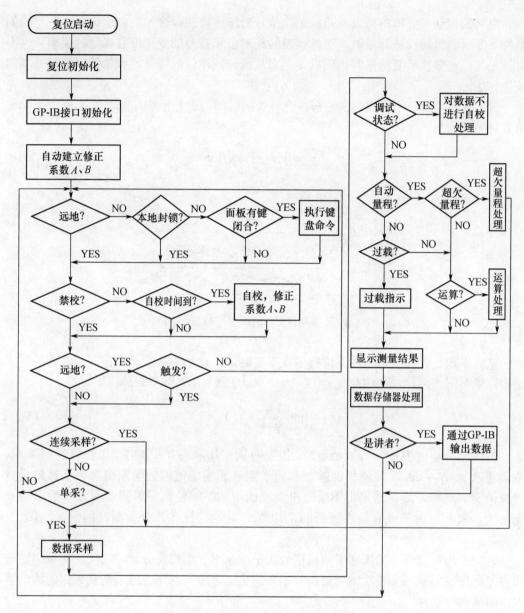

图 5-7 BY1951A 数字多用表总流程图

5.2 测量精确度的提高

智能仪器的主要特点之一是可以利用内部的微型计算机对测量数据进行加工与处理，减少测量过程中产生的随机误差和系统误差，从而大大提高仪器的测量精度。

5.2.1 随机误差与数字滤波

1. 随机误差及其处理方法

随机误差是由一系列互不相关的独立因素，如外界电磁场的微小变化，热状态的起

229

伏、空气的扰动、大地的微震、随机干扰信号对测定值的综合影响所造成的。在相同的条件下多次测量同一被测量时，随机误差的绝对值和符号的变化没有确定的规律，也不可预见。但在多次重复测量时，随机误差服从统计规律。时间平均和总体平均是基本的统计方法。

时间平均是对一个不规则的波形在充分长的时间内进行平均，如对图 5-8 中 $x_1(t)$ 波形求时间平均为

$$\overline{x_1} = \lim_{T \to \infty} \frac{1}{T} \int_0^T x_1(t) \mathrm{d}t \tag{5-10}$$

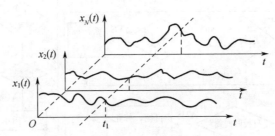

图 5-8　不规则波形的时间平均和总体平均

总体平均是先在相同条件下进行多次重复测量，然后求各次测量在同一时刻的算术平均。如对图 5-8 所示的 $x_1(t)$、$x_2(t)$、$\cdots$、$x_N(t)$ 波形求 t_1 时刻的总体平均为

$$\overline{x}(t_1) = \lim_{N \to \infty} \frac{1}{N} \sum_{k=1}^{N} x_k(t_1) \tag{5-11}$$

当以相等精度测量某一被测量时，根据时间平均和总体平均法，当测量时间 $T \to \infty$ 或测量次数 $N \to \infty$ 时，其随机误差之和趋于零，即测定值的数学期望将等于被测量 x 的真值 x_0。这时，测量结果将不受随机误差的影响。即使测量时间或测量次数不趋于无限大，取有限时间或有限次测量的平均值 $\overline{x}$，也远比各次分别测定的值 x_i 逼近于真值。

时间平均和总体平均描述了随机信号的平均水平，即静态分量。在实际应用中还采用方差即标准偏差 σ（各次测量值与算术平均值 $\overline{x}$ 之差）的平方值来衡量数据的波动情况，即动态分量。

$$\sigma^2 = \frac{1}{N-1} \sum_{i=1}^{N} (x_i - \overline{x})^2 \tag{5-12}$$

总体平均的缺点是要进行多次同步的测量，因而操作麻烦、速度较慢。为提高速度，可采用滑动平均法。这种方法只需进行一次测量，对测量数据边平均边移动窗口，平均的次数总是 N。

2. 数字滤波程序

在微机应用系统的输入信号中，一般都含有种种噪声和干扰，它们主要来自被测信号本身、传感器或者外界的干扰。为了提高信号的可靠性，减小虚假信息的影响，可采用软件方法实现数字滤波。数字滤波程序就是通过一定的计算或判断来提高信噪比，它与硬件 RC 滤波器相比具有以下优点：

（1）数字滤波是用程序实现的，不需要增加任何硬件设备，也不存在阻抗匹配问题，可以多个通道共用。它不但可以节约投资，还可提高可靠性、稳定性。

（2）可以对频率很低的信号实现滤波，而模拟 RC 滤波器由于受电容容量的限制，频率不可能太低。

（3）灵活性好，可以用不同的滤波程序实现不同的滤波方法，或改变滤波器的参数。

正因为用软件实现数字滤波具有上述优点，所以在计算机检测及控制系统中得到了越来越广泛的应用。

数字滤波方法有很多种，可以根据不同的测量参数进行选择。下面介绍几种常用的数字滤波方法及程序。

1）程序判断滤波

程序判断滤波是根据经验确定出两次采样输入信号可能出现的最大偏差 Δx。若超过此偏差，则表明该输入信号是干扰信号，应该去掉，用上次采样值作为本次采样值；若小于或等于 Δx，表明没有受到干扰，本次采样值有效。当采样信号受到随机干扰和传感器不稳定而引起严重失真时，可以采用程序判断法进行滤波。

例如，在热处理车间的大型回火炉里，工件的温度是不可能在短时间（几秒钟）内发生剧烈变化（例如上百摄氏度）的。

通常可以从经验出发，定出一个最大可能的变化范围，每次采样后都和上次的有效采样值进行比较，如果变化幅度不超过经验值，本次采样有效；否则，本次采样值应视为干扰而丢弃，以上次采样值为准。为了加快判断速度，将经验限额值取反（即加 1 后取补）后以立即数的身份编入程序中，然后用与采样值相加运算来取代比较（减法）运算。例如，相邻两次采样值最大变化范围（经验限额）不超过#2H，#2H 取反后为#FDH。当采样值变化量（差值）为#03H 时，相加（FDH+03H）即产生进位，从而实现一条指令判断超限（干扰）的目的。程序流程如图 5-9 所示。

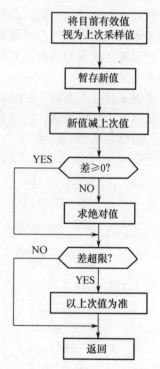

图 5-9　程序判断滤波程序流程图

设当前有效采样值放在 31H 单元，上次采样有效值存放在 30H 单元。超限量#02H 以反码立即数方式#FDH 编入程序中。

程序如下：

```
FILT1:  MOV  30H,31H      ；采样系列迭代
        ACALL  LOAD        ；采样新值（调用子程序）在 A
        MOV  31H,A         ；暂存新值
        CLR  C
```

231

```
        SUBB  A, 30H              ; 求与上次采样值差
        JNC   FILT11             ; 大于 0，转
        CPL   A                  ; 小于 0 则求绝对值，即求补
        INC   A
FILT11:ADD  A, #0FDH            ; 新采样差值与超限量相加（比较），超限否？
        JNC   FILT12             ; 不超限，本次有效
        MOV  31H, 30H            ; 超限，以上次为准
FILT12: RET
```

本程序执行后，31H 中即为当前有效采样值。本算法适用于缓慢变化物理参数的采样过程，如温度、湿度、液位等。使用时关键问题是最大允许误差 Δx 的选取，Δx 太大，各种干扰信号将"乘机而入"，使系统误差增大；Δx 太小，又会使某些有用信号被"拒之门外"，使计算机采样效率变低。因此，门限值 Δx 的选取是非常重要的。

2）中值滤波

所谓中值滤波是对某一参数连续采样 n 次（n 一般取奇数），然后把 n 次的采样值从小到大或从大到小排列，再取中间值作为本次采样值。该算法的采样次数常为 3 次或 5 次。对于变化很慢的参数，有时也可增加次数，例如 15 次。对于变化较为剧烈的参数，此法不宜采用。

现以采样 3 次为例，3 次采样值分别存放在 R_2、R_3、R_4 中，程序运行之后，将 3 个数据从小到大顺序排队，仍然存放在 R_2、R_3、R_4 中，中值在 R_3 中。

```
    FILT2: MOV  A, R₂            ; (R₂)<(R₃) 否？
          CLR  C
          SUBB  A, R₃
          JC   FILT21            ; 是，转
          MOV  A, R₂             ; (R₂)>(R₃) 时，交换 R₂、R₃
          XCH  A, R₃
          MOV  R₂, A
   FILT21: MOV  A, R₃            ; (R₃)<(R₄) 否？
          CLR  C
          SUBB  A, R₄
          JC   FILT22            ; (R₃)<(R₄) 时，排序结束
          MOV  A, R₄             ; (R₃)>(R₄) 时，交换 R₃、R₄
          XCH  A, R₃
          XCH  A, R₄             ; (R₃)>(R₂) 否？
          CLR  C
          SUBB  A, R₂
          JNC  FILT22            ; (R₃)>(R₂) 时，排序结束
          MOV  A, R₂             ; (R₃)<(R₂) 时，以 R₂ 为中值
          MOV  R₃, A             ; 中值在 R₃ 中
    FILT22: RET
```

232

采样次数为 5 次以上时，排序就没有这样简单了，可采用几种常规的排序算法，如冒泡算法。

中值滤波对于去掉由于偶然因素引起的波动或采样器不稳定而造成的脉动干扰比较有效。若变量变化比较缓慢，采用中值滤波效果比较好，但对快速变化过程的参数（如流量）则不宜采用。

3）算术平均值滤波

算术平均值滤波法是按输入的 N 个采样数据 x_i（$i=1\sim N$），取其平均值作为输入信号 Y，即

$$Y = \frac{1}{N}\sum_{i=1}^{N}x_i \qquad (5\text{-}13)$$

式中　Y——N 个采样值的算术平均值；

　　　x_i——第 i 次采样值；

　　　N——采样次数。

该算法适用于抑制随机干扰。采样次数 N 越大，平滑效果越好，但系统的灵敏度要下降。为便于求平均值，N 一般取 4、8、16 等 2 的整数次幂，以便用移位来代替除法。因此这种方法只适用于慢变信号。

当满足采样时间 $T=N\times T_s$（T_s 为采样间隔）时，对周期为 T 的干扰有很好的抑制作用。

设 8 次采样值依次存放在 30H～37H 的连续单元中，平均值求出后，保留在累加器 A 中。程序如下：

```
    FILT3: CLR   A                   ；清累加器
           MOV   R2, A               ；R2 放累加和高字节
           MOV   R3, A               ；R3 放累加和低字节
           MOV   R0, #30H            ；指向第一个采样值
   FILT30: MOV   A, @R0              ；取一个采样值
           ADD   A, R3               ；累加到 R2、R3 中
           MOV   R3, A
           CLR   A
           ADDC  A, R2               ；进位位加到 A
           MOV   R2, A               ；R2 中为进位位累加和
           INC   R0
           CJNE  R0, #38H, FILT30    ；累加完 8 次
   FILT31: MOV   R4, #03H            ；将 (R2、R3)/8，用右移 3 位实现
    LOOP:  CLR   C
           RRC   A                   ；先右移累加和高字节，再移累加和低字节
           XCH   A, R3
           RRC   A
           XCH   A, R3
           DJNZ  R4, LOOP
           MOV   A, R3
```

```
        ADDC  A, #00H                    ；四舍五入，结果在 A 中
        RET
```

4）滑动平均值滤波

上面介绍的算术平均值法，每计算一次数据，需测量 N 次。对于测量速度较慢或要求数据计算速率较高的实时系统，该方法是无法使用的。例如 A/D 数据采样速率为每秒 10 次、而要求每秒输入 4 次数据时，则 N 不能大于 2。下面介绍一种只需进行一次测量，就能得到一个新的算术平均值的方法——滑动平均值法。

滑动平均值法采用队列作为测量数据存储器，队列的队长固定为 N，每进行一次新的测量，把测量结果放入队尾，而扔掉原来队首的一个数据，这样在队列中始终有 N 个"最新"的数据。计算平均值时，只要把队列中的 N 个数据进行算术平均，就可得到新的算术平均值。这样每进行一次测量就可计算得到一个新的算术平均值。

滑动平均值法中的队列一般均采用循环队列来实现。下面用一个例子来说明滑动平均值法的实现方法。

功能：调用子程序 RDXP（根据实际情况自己编制，输入一个 X 值（3 字节浮点数），放入 80C51 的现行工作寄存器区的 R_6（阶）$R_2 R_3$ 中，然后把它放入外部 RAM 2000H～202FH 的队列中（队长为 16，队尾指针为内部 RAM 的 7FH），最后计算队列中 16 个数据的算术平均值，结果放到（R_1）指向的三字节内部 RAM 中。

说明：本程序使用了从外部 RAM 2000H～202FH 的循环队列，它的队尾指针为内部 RAM 的 7FH，值为 0～15。初始时循环队列中各元素均为 0，指针也为 0。插入一个数据 x 后，指针加 1，当指针等于 16 时，重新调整为 0。累加时，最新一个数据已在工作寄存器中，故只需累加 15 次。再把累加的和除以 16 时，采用把阶码减 4 的方法，以加快程序运行速度。

程序如下：

```
FSAV: LCALL  RDXP               ；读入输入值 x
      MOV   A, 7FH              ；队尾指针
      MOV   B, #3               ；一个数据为 3 字节浮点数
      MUL   AB
      MOV   DPTR, #2000H        ；队首地址
      ADD   A, DPL             ；计算队尾地址
      MOV   DPL, A
      MOV   A, R6              ；存放 x 值
      MOVX  @DPTR, A
      INC   DPTR
      MOV   A, R2
      MOVX  @DPTR, A
      INC   DPTR
      MOV   A, R3
      MOVX  @DPTR, A
      MOV   A, 7FH              ；调整队尾指针
```

234

```
        INC    A
        CJNE   A, #16, FSA1          ; 循环队列
        CLR    A
 FSA1:  MOV    7FH, A
        MOV    R0, #15               ; 累加 15 次
        INC    DPTR
 FSA2:  MOV    A, DPL
        CJNE   A, #30H, FSA3
        MOV    DPL, #0               ; 循环
 FSA3:  MOVX   A, @DPTR
        MOV    R7, A
        INC    DPTR
        MOVX   A, @DPTR
        MOV    R4, A
        INC    DPTR
        MOVX   A, @DPTR
        MOV    R5, A
        INC    DPTR
        CLR    3AH                   ; 执行加法
        LCALL  FABP                  ; R6（阶）R2R3+R7（阶）R4R5→R4（阶）R2R3
        MOV    A, R4
        MOV    R6, A
        DJNZ   R0, FSA2
        MOV    C, ACC.7              ; 暂存累加和的符号位
        DEC    A                     ; 阶码减 4，相当于除以 16
        DEC    A
        DEC    A
        DEC    A
        MOV    ACC.7, C             ; 恢复 y 的符号位
        MOV    R4, A
        LCALL  FSTR                  ; 存放 y
        RET
```

上面介绍的这两种求平均值的方法都是采用算术平均的方法，而在某些应用场合也可采用加权平均的方法，以加大某些数据的应用。

5）去极值平均滤波

算术平均滤波不能将明显的脉冲干扰消除，只是将其影响削弱。因明显干扰使采样值远离真实值，所以可以比较容易地将其剔除，不参加平均值计算，从而使平均滤波的输出值更接近真实值。

去极值平均滤波法的思想如下：连续采样 N 次后累加求和，同时找出其中的最大

值与最小值，再从累加和减去最大值和最小值，按 $N-2$ 个采样值求平均，即得有效采样值。

为使平均滤波算法简单，$N-2$ 应为 2、4、6、8、16，故 N 常取 4、6、8、10、18。具体做法有两种：对于快变参数，先连续采样 N 次，然后再处理，但要在 RAM 中开辟出 N 个数据的暂存区；对于慢变参数，可一边采样，一边处理，而不必在 RAM 中开辟数据暂存区。下面以 $N=4$ 为例，即连续进行 4 次数据采样，去掉其中最大值和最小值，然后求剩下的两个数据的平均值。R_2R_3 存放最大值，R_4R_5 存放最小值，R_6R_7 存放累加和及最后结果。连续采样不仅限于 4 次，可以进行任意次，这时只需改变 R_0 中的数值，程序流程如图 5-10 所示。

程序清单：

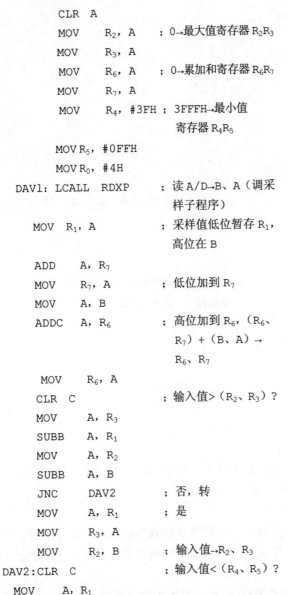

```
        CLR  A
        MOV   R2, A     ; 0→最大值寄存器 R2R3
        MOV   R3, A
        MOV   R6, A     ; 0→累加和寄存器 R6R7
        MOV   R7, A
        MOV   R4, #3FH  ; 3FFFH→最小值
                          寄存器 R4R5
        MOV R5, #0FFH
        MOV R0, #4H
DAV1: LCALL RDXP      ; 读A/D→B、A（调采
                          样子程序）
        MOV  R1, A     ; 采样值低位暂存 R1，
                          高位在 B
        ADD   A, R7
        MOV   R7, A     ; 低位加到 R7
        MOV   A, B
        ADDC  A, R6     ; 高位加到 R6，（R6、
                          R7）＋（B、A）→
                          R6、R7
        MOV   R6, A
        CLR  C          ; 输入值>（R2、R3）？
        MOV   A, R3
        SUBB  A, R1
        MOV   A, R2
        SUBB  A, B
        JNC   DAV2      ; 否，转
        MOV   A, R1     ; 是
        MOV   R3, A
        MOV   R2, B     ; 输入值→R2、R3
DAV2: CLR  C          ; 输入值<（R4、R5）？
    MOV   A, R1
```

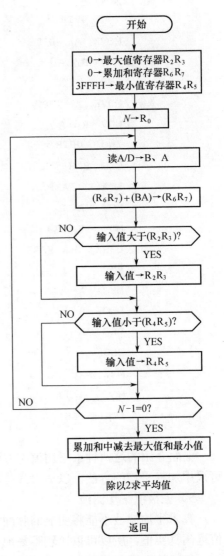

图 5-10　去极值平均滤波程序流程图

236

```
        SUBB   A, R₅
        MOV    A, B
        SUBB   A, R₄
        JNC    DAV3              ; 否，转
        MOV    A, R₁             ; 是
        MOV    R₅, A             ; 输入值→R₄、R₅
        MOV    R₄, B
DAV3:   DJNZ   R₀, DAV1          ; N-1=0?
        CLR    C
        MOV    A, R₇
        SUBB   A, R₃
        XCH    A, R₆             ; N个采样值的累
        SUBB   A, R₂             ; 加和减去最大值
        XCH    A, R₇             ; 和最小值，N=4
        SUBB   A, R₅
        XCH    A, R₆
        SUBB   A, R₄
        CLR    C
        RRC    A
        XCH    A, R₇             ; 剩下数据求平均值
        RRC    A                 ;（除 2）
        XCH    A, R₇
        RET
```

5.2.2　系统误差的处理

系统误差是由测量系统本身缺陷所造成的。它的特点是在相同的条件下，多次测量某一量时，误差保持恒定；当条件改变时，其值服从于某种确定的函数规律。对系统误差没有通用的处理方法，只能根据具体情况采取相应的措施，下面介绍几种智能仪器中常用的处理方法。

1. 非线性特性的校正

许多传感器、检波器及其他器件的输出信号与被测参数间存在明显的非线性，为使智能仪器直接显示各种被测参数并提高测量精度，必须对非线性特性进行校正，使之线性化。线性化的关键是找出校正函数。

1）校正函数

假设器件的输出 x 与输入 y 的特性 $x = f(y)$ 存在非线性，现计算下列函数：

$$R = g(x) = g[f(y)] \tag{5-14}$$

使量 R 与 y 间保持线性关系，函数 $g(x)$ 便是校正函数。例如，半导体二极管检波器的输出电压 U_o 与输入电压 U_i 成指数关系，为

$$U_o \propto e^{U_i/a}$$

237

a 为常数。为了得到线性结果，计算机必须对数字化后的输出电压进行一次对数运算 $R \propto \ln U_o \propto U_i$，使 R 与 U_i 间存在线性关系。

但有时校正函数很难求得，这时可用多项式或解析函数进行拟合。拟合校正函数可采用连续函数和分段函数拟合两种方法。前者要求运用较多的数学知识，但其误差函数是连续而平滑的；后者较易实现，但其误差函数有不平滑的转折点，若对信号要进行微分或其他非线性处理，则转折点将引起麻烦。

2）连续函数拟合

用连续函数进行拟合首先要确定拟合函数的类型，通常根据人们对所研究对象的了解来进行选择。若事先缺乏了解，则可根据曲线的形状来估计函数形式。常用的拟合函数有解析函数（如 $1/x$，x^m 和 $\log x$）和多项式。现以一个特性如图 5-11 所示的 J 型铁—康铜热电偶为例进行讨论。

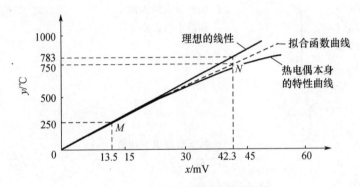

图 5-11 J 型热电偶特性的线性化

该热电偶的特性如图 5-11 中实曲线所示，其线性范围至 400℃，线性输出为 54μV/℃。设要求用连续函数进行拟合，使线性范围增大一倍（至 800℃），如图 5-11 中直线所示。热电偶的特性可用 2 次多项式进行拟合：

$$y = Ax + Bx^2 \tag{5-15}$$

拟合函数曲线如图 5-11 中虚线所示，现在曲线上取两点：M（13.5，250），N（42.3，750），于是有

$$\begin{cases} 250 = A*13.5 + B*13.5^2 \\ 750 = A*42.3 + B*42.3^2 \end{cases}$$

解得

$$A=18.85（℃/mV），B=-0.026（℃ / mV）$$

所以

$$Y = \left(18.85\frac{℃}{mV}\right)x - \left(0.026\frac{℃}{mV}\right)x^2$$

这一方程很好地拟合了热电偶的特性，使其线性范围达到800℃，在1000℃终点处误差增大到4%。

若要得到更高的精确度，则可采用最小二乘法来拟合曲线，此方法能消除测量过程中随机误差的影响。

Solartron 7055/7056 型微处理器电压表能校正 4 种最常用热电偶的非线性，直接给出以℃表示的读数。4 种热电偶的校正常数已固化在 ROM 内，使用者只需要通过键盘选择所用的热电偶并输入环境（冷结）温度，电压表就能直接显示温度读数。

在仪器内部，微处理器计算下列 3 次多项式以得到温度读数：

$$R = a + bx_p + cx_p^2 + dx_p^3 \tag{5-16}$$

式中 x_p——计算另一个 2 次多项式得到的：

$$x_p = x + a'b + b'A + c'A^2 \tag{5-17}$$

式中 A——用户以℃为单位预置的环境温度值；

a, b, c, d, a', b', c'——存储在 ROM 内的常数；

x——被校正量，即测得的电压值。

所有热电偶及其编号如下：

（1）选用件 0：T 型，铜—康铜。

（2）选用件 1：R 型，铂—铂（13%）。

（3）选用件 2：J 型，铁—康铜。

（4）选用件 3：K 型，镍铬—镍铝。

3）分段拟合

分段拟合是把器件非线性函数的整个区间划分成若干段，每段用一个多项式来拟合，通常是用直线或抛物线段来拟合的。

（1）分段直线拟合。分段直线拟合是用一条折线来拟合器件的非线性曲线，如图 5-12 所示。图中 y 是被测量，x 是测量数据，用 3 段直线来逼近器件的非线性曲线。

直线由下列方程描述：

$$y = ax + b \tag{5-18}$$

式中 a、b——系数。

每条直线段有两个点是已知的，如图 5-12 中直线 II 的（x_1，y_1）和（x_2，y_2）点是已知的。因此通过解下列方程

$$y_{i-1} = a_i x_{i-1} + b_i$$
$$y_i = a_i x_i + b_i$$

就可得直线段 i 的系数 a_i 和 b_i。

$$a_i = \frac{y_i - y_{i-1}}{x_i - x_{i-1}} \tag{5-19}$$

$$b_i = \frac{x_{i-1} y_i - x_i y_{i-1}}{x_{i-1} - x_i} \tag{5-20}$$

在智能仪器中，预先把每段直线方程的系数及测量数据 x_0、x_1、x_2、…存于存储器内。微处理器进行校正时，先根据测量值 x 的大小找到合适的校正直线段，从存储器取出该直线段的系数，然后计算直线方程式（5-18），就可获得实际被测值 y。

（2）分段抛物线拟合。

分段抛物线拟合是用多段抛物线来拟合器件的非线性曲线。每段找出 3 点 x_{i-1}，x_{ij}，x_i，如图 5-13 中线段 I 的 x_0，x_{1j}，x_1 点，对应的 y 值为 y_0，y_{1j}，y_1，然后解下列联立方程：

$$\begin{cases} y_{i-1} = a_i x_{i-1}^2 + b_i x_{i-1} + c_i \\ y_{ij} = a_i x_{ij}^2 + b_i x_{ij} + c_i \\ y_i = a_i x_i^2 + b_i x_i + c_i \end{cases} \tag{5-21}$$

求得系数 a_i、b_i 和 c_i，把这些系数和 x_0、x_1、$\cdots$、x_n 值一起存入存储器。当计算 x 点的 y 值时，首先确定 x 所在的曲线段，从存储器取出对应该段的系数 a_i，b_i，c_i，然后计算公式 $y = a_i x^2 + b_i x + c_i$ 就得到所要求的 y 值。

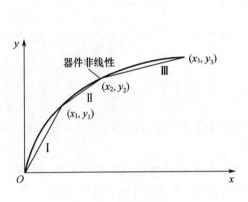

图 5-12　折线拟合

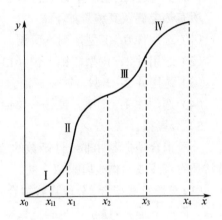

图 5-13　非线性特性分段抛物线拟合

图 5-14 表示用分段抛物线拟合法校正非线性的程序框图。

4）查表和插值法

这种方法先将校准数据点 (x_0, y_0)、(x_1, y_1)、$\cdots$、(x_n, y_n) 存于存储器内。设有测量数据 x，$x_{i-1} < x < x_i$，校准时先根据 x 值查表得 (x_{i-1}, y_{i-1})，(x_i, y_i) 点，再用插值法求较精确的 y 值。

常用的线性插值公式如下：

$$y = y_{i-1} + \frac{y_i - y_{i-1}}{x_i - x_{i-1}}(x - x_{i-1}) \tag{5-22}$$

2. 偏移和增益误差的自动校准

通过微处理器的计算能力，可自动校准由零点电压偏移和漂移、各种电路的增益误差及器件参数的不稳定等引起的误差，从而提高测试精度和读数稳定性，简化硬件，降低对精密元件的要求。自动校准的基本思想是仪器在开机后或每隔一定时间自动测量基准参数，如数字电压表中的基准电压或地电位等，然后计算误差模型，获得并存储误差因子。在正式测量时，根据测量结果和误差因子计算校准方程，从而消除误差。自动校准技术多种多样，下面结合两个典型例子进行讨论。

240

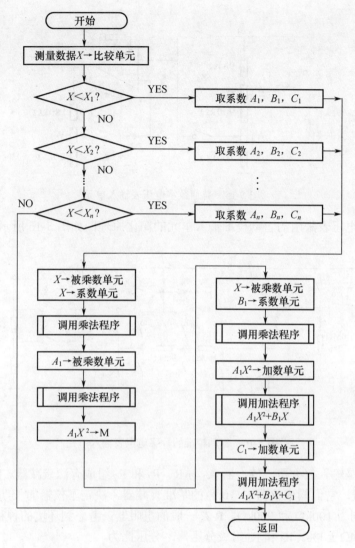

图 5-14　分段抛物线拟合进行非线性校正的程序框图

1）数字电压表输入单元的自动校准

（1）普通数字电压表的输入单元。

数字电压表的输入单元主要由输入衰减器和输入放大器组成。输入单元的衰减系数或放大系数的误差以及输入放大器的零点漂移都将使整机测量产生误差。图 5-15 是输入单元的典型原理电路。开关 $S_1 \sim S_3$ 控制衰减器的衰减系数，$S_4 \sim S_5$ 控制放大器增益。电位器 W_1 和 W_2 调节输入衰减器的衰减比。W_3 调节放大器的×10 闭环放大倍数。W_4 调节放大器的失调电压，使零点读数为 0。

（2）自动校准的输入单元。

在微处理器控制下，智能数字电压表随时测出零点偏移值和增益误差值。每当测量待测电压时，从读数中自动修正误差以获得正确的读数，从而降低对绝大多数元器件长期稳定性的要求，输入放大器失调电压的影响也可消除，甚至可以不需调节零点电位器 W_4。

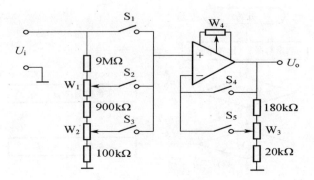

图 5-15 普通数字电压表输入单元

某数字电压表采用的自动校准输入单元的简化原理图如图 5-16 所示。

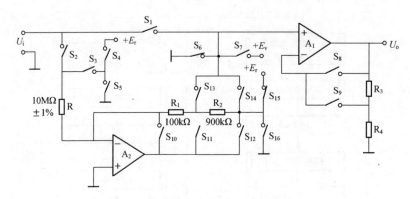

图 5-16 自动校准的数字电压表输入单元

图中 A_1 是输入放大器，放大器 A_2 与 R、R_1 和 R_2 组成有源衰减器。R_1 和 R_2 是高精度的精密电阻，它们构成仪器中 10:1 的基准衰减器，决定了仪器的长期稳定性，R_1 和 R_2 的阻值分别为 100kΩ 和 900kΩ。R 是一般的电阻器，考虑到环境的种种影响，它的阻值范围为 10MΩ±1%。R_3 和 R_4 组成分压器，分压比为

$$M = \frac{R_3 + R_4}{R_4} = 10 \pm 1\%$$

放大器 A_1 和 A_2 的失调电压分别等于 U_{os1} 和 U_{os2}，它们一般不等于零。A_1 和 A_2 的开环放大倍数分别为 K_1 和 K_2。这些放大器都具有高阻抗的场效应管输入级，所以失调电流可忽略。E_r 是一个正的基准电压，要求有很好的长期稳定性。各开关（绝大多数是场效应管）的激励状态不同，输入单元就完成不同量程的测量和校准。下面仅以 1V 量程为例进行讨论。

（3）1V 量程测量方式。

在 1V 量程时，图 5-16 中仅 S_1 和 S_9 接通，其余开关均断开，并且忽略放大器 A_1 的失调电流和输入阻抗的影响，仅考虑它的失调电压 U_{os1}。因而输入单元的简化等效电路如图 5-17 所示。

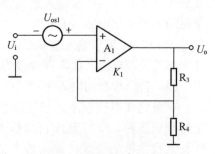

图 5-17 1V 量程等效电路之一

由图 5-17 可见，A_1 同相输入端上的电压为 $U_i + U_{os1}$，反相输入端上的电压为

$$U_o\left(\frac{R_4}{R_3 + R_4}\right) = \frac{U_o}{M}$$

于是可以写出

$$K_1\left[(U_i + U_{os1}) - \frac{U_o}{M}\right] = U_o$$

由此可以求出

$$U_o = \frac{M}{1 + \frac{M}{K_1}}U_i + \frac{M}{1 + \frac{M}{K_1}}U_{os1} \tag{5-23}$$

U_o 经 A/D 得到数字量 D_o，$D_o = \alpha U$。

（4）1V 量程零点偏移校准参数 B。

这时开关 S_6、S_9 闭合，其余开关均断开，相当于图 5-16 中的放大器输入端接地。把 $U_i = 0$ 代入式(5-23)后得

$$U_o = \frac{M}{1 + \frac{M}{K_1}}U_{os1}$$

U_o 进入模数转换器，得到数字量 B。

$$B = \alpha\frac{M}{1 + \frac{M}{K_1}}U_{os1} \tag{5-24}$$

式中　α —— A/D 转换器的转换系数，量纲为字数/V。

　　B —— "1V 量程零点偏移校准参数"，存入存储器 RAM 中备用。

（5）1V 量程增益误差校准参数 H。

这时 S_9、S_{10}、S_{13}、S_{15} 开关接通，其余开关均断开，输入单元等效电路如图 5-18 所示。

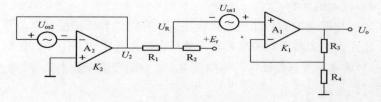

图 5-18　1V 量程等效电路之二

+10V 的精密基准电压 E_r 按理应该被精密分压器 R_1 和 R_2 分成准确的+1V 基准电压，但是这时电阻 R_1 并未直接接地，而是接在放大器 A_2 的虚地上，因而+1V 基准电压受到 A_2 失调电压 U_{os2} 的影响。设 A_2 的输出电压为 U_2，R_1 和 R_2 组成的分压器的中点电压为 U_R，则对于放大器 A_2 应有

243

$$- K_2(U_2 - U_{os2}) = U_2$$

$$U_2 = \frac{U_{os2}}{1 + \dfrac{1}{K_2}}$$

根据叠加原理不难得到

$$U_R = E_r \frac{R_1}{R_1 + R_2} + U_2 \frac{R_2}{R_1 + R_2}$$

而 U_R 与 U_o 的关系是(见式(5-23))

$$U_o = \frac{M}{1 + \dfrac{M}{K_1}} U_R + \frac{M}{1 + \dfrac{M}{K_1}} U_{os1} =$$

$$\left[E_r \frac{R_1}{R_1 + R_2} + \frac{R_2}{R_1 + R_2} \times \frac{U_{os2}}{1 + \dfrac{1}{K_2}} \right] \times \frac{M}{1 + \dfrac{M}{K_1}} + \frac{M \times U_{os1}}{1 + \dfrac{M}{K_1}} \tag{5-25}$$

经模数转换得到 1V 量程增益误差校准参数 H，它涉及了 U_{os1}、U_{os2} 和放大器 A_1 增益误差的影响。

（6）1V 增益—零点偏移误差校准参数 K。

为了从增益误差校准参数中扣除放大器失调电压的影响，还必须测出 1V 增益—零点偏移误差校准参数 K。这时 S_9、S_{10}、S_{13}、S_{16} 开关接通，其余开关断开，相当于图 5-18 中 R_2 不接 E_r 而改为接地。从式（5-25）可以容易的求出这时的输出电压 U_o。

$$U_o = \frac{R_2}{R_1 + R_2} \times \frac{U_{os2}}{1 + \dfrac{1}{K_2}} \times \frac{M}{1 + \dfrac{M}{K_1}} + \frac{M \times U_{os1}}{1 + \dfrac{M}{K_1}} \tag{5-26}$$

经 A/D 转换得到 1V 增益—零点偏移误差校准系数 K。显然，（$H - K$）因子仅涉及了放大器 A_1 增益误差的影响。

数字电压表每次接通电源后即进入自校模式，在微处理器的控制下，开关的激励状态自动改变，电压表将测得全部校准参数，并把它们存储在 RAM 中。以后每隔一定时间（例如 2min）重复一次自校动作，存储在 RAM 中的校准参数不断得到更新。测量全部校准参数的时间不超过 2s。

（7）校准方程。

在自校模式以外的时间，电压表处于测量模式。按照式(5-23)，可以在 1V 量程测量 U_i 得到 U_o，再经 A/D 转换得到数字量 D_o。但前面已说过，用 D_o 直接表示 U_i 将产生很大的误差。正确的做法是：测得 D_o 以后，根据所在量程，微处理器转入相应的校准程序，从 RAM 中取得有关的校准参数，通过计算校准方程获得真正的被测电压值。

在 1V 量程时，从式(5-23)可知

$$D_o = \alpha \left[\frac{M}{1 + \dfrac{M}{K_1}} U_i + \frac{M}{1 + \dfrac{M}{K_1}} U_{os1} \right] \qquad (5\text{-}27)$$

从 RAM 中取出校准参数 B、H 和 K_0，根据式(5-24)~式(5-27)可得

$$D_o - B = \alpha \frac{M}{1 + \dfrac{M}{K_1}} U_i \qquad (5\text{-}28)$$

注意式(5-28)中零点偏移已经消去。

$$H - K = \alpha \frac{R_2}{R_1 + R_2} \times \frac{M}{1 + \dfrac{M}{K_1}} E_r \qquad (5\text{-}29)$$

式(5-28)，式(5-29)相除就消除了增益误差的影响。

$$U_i = \frac{R_i}{R_1 + R_2} E_r \times \frac{D_o - B}{H - K}$$

$$U_i = \frac{E_r}{10} \times \frac{D_o - B}{H - K} \qquad (5\text{-}30)$$

这就是 0~1V 量程的校准方程，只要测出 D_o、B、H 和 K，就可以根据式(5-30)算出准确的 U_i。同理可以导出其余各量程的校准方程。

2）校准存储器方式

另一种较为常用的自动校准方式是在诸如 Fluke8502A 数字万用表内采用的所谓"校准存储器方式"。如果把精确度很高的10.0000V 电压加到仪器输入端，显示值为10.0004V，则得校准系数为0.0004，存入校准存储器。以后每测量一次，就把这一校准系数计入被测参数，从而消除误差，得到准确读数。

3. 归一化技术及频率响应误差的校准

通常所说的归一化是指某函数逐点被最大值去除，最大值是一确定的恒定值。因此，归一化后的函数与原来的函数形状相同，即与自变量 x 的对应关系不变。本节所指的归一化技术当然也是用已知量逐点去除所测得的函数，但已知量不是恒定量，而是一个函数。因此，归一化后的函数与原来的函数形状不同，与自变量 x（如频率等）的对应关系也就改变了。如果所选择的归一化函数恰能补偿器件的某种失真，如频率响应失真等，则归一化后的测试结果将消除该失真。在美国 HP 公司生产的多种频响测量与频谱分析等微波测试系统中都采用了归一化技术。该公司还生产了称为"存储归一化器"的设备。在其他仪器，特别是在智能仪器中，当然也能方便地利用归一化技术来提高测试精度，消除系统误差。

归一化的测量过程是：先不接入被测器件，测出系统本身的传输频响或反射频响等特性，经对数运算后存储起来，作为标量校准系数。然后接入被测器件，再测得相应的频响特性，经对数运算后，减去（相当于除以）相应的标量校准系数，经过正确的定标，所得的结果就是被测器件的真正频响。在图 5-19 中，曲线 a 代表测试系统本身的频响；

曲线 b 代表接入被测器件后的总的频响；曲线 c 表示测试系统归一化的频响，即理想化了的测试系统频响；曲线 d 表示被测件的真正频响，即归一化后的频响，它不包含系统本身的频响。

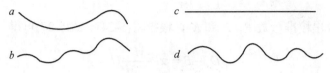

图 5-19　频响的归一化

a—测试系统本身的频响；　b—接入被测器件后总的频响；c—测试系统理想化的频响；d—被测件的真正频响。

4. 最佳测量方法的自动选择

大家知道，对一个物理量的测量通常有多种方法，各种测量方法在不同的条件下会得到不同的测量精度。例如，在直接测频的计数器中，被测频率越低，测量误差就越大。为提高测量低频频率的精度，可采用倒数计数法。那么能否在同一个仪器内设置多种测量方法测量某参数，当测量条件改变时自动选择一种最佳的测量方法呢?在智能仪器中能较容易地实现这一点。微处理器根据被测参数的状态，自动地或在人工干预下选择一种最佳测试方法，使在各种条件下都能获得较高的测量精度。一个例子是在 HP5335A 通用计数器中进行的相位测量。在通常情况下，如果测得两信号的时间间隔 T_1 及它们的周期 T，计算

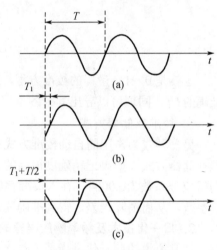

图 5-20　小相位的测量

$$\varPhi = \frac{T_1}{T} \times 360° \qquad (5\text{-}31)$$

就可求得相位 $\varPhi$。但当相位 $\varPhi$ 接近 $0°$ 时（如图 5-20 中(a)图和(b)图的信号），由于时间间隔 T_1 接近于零，测量精度将明显下降。为了提高小相位的测量精度，可把其中一个信号反相。如图 5-20 中把(b)图信号反相成(c)图信号，测量(a)图和(c)图信号之间的相位差，然后从测量结果中减去 $180°$，得到正确结果，避免了测量小相位的困难。测试方法的改变是在微处理器控制下自动完成的。

5.3　智能仪器的低功耗设计

5.3.1　低功耗设计概述

现在设计智能仪器时一般都有下列要求：

（1）首先要求仪器体积小、重量轻、便于携带。

（2）能用于没有交流供电的场合，各种电池（瓶）就成为它主要的供电手段。

（3）采用低功耗电路设计方法，以低功耗为主要技术指标。

（4）具有存储数据的能力，数据通信的能力。

这就是说通常智能仪器都有低功耗的要求，尤其是便携式智能仪器、仪表和长期无人值守自动监测、监控仪器仪表。进行智能仪器的低功耗设计具有如下重要的意义：

（1）实现"绿色"电子，节省能源。低功耗的实现能明显地降低应用系统所消耗的功率。消耗功率的降低可以使温升降低，改善应用系统的工作环境。

（2）提高了电磁兼容性和工作可靠性。目前单片机正在全盘 CMOS 化，CMOS 电路有较大的噪声容限；单片机的低功耗模式常采用休眠、掉电、关断及关闭电源等方式，在这些方式下，系统对外界噪声失敏，大大减少了因噪声干扰产生的出错概率。

（3）促进便携化发展。最小功耗设计技术有利于电子系统向便携化发展。如便携式仪器仪表可以在野外环境使用，仅靠电池供电就能正常工作；又如水表、数据采集仪表由于某些原因只能通过电池供电，并且要求能够连续供电几年而不用更换电池。

智能仪器的低功耗设计包括硬件电路设计和软件设计，为使以单片机为核心的智能仪器的功耗最小，硬件电路设计的关键是单片机和外围电路的选择。

5.3.2　51 系列单片机的低功耗运行

Intel 公司的 MCS-51 系列单片机中有 HMOS 和 CHMOS 两种工艺制作的芯片。其中 80C31 / 80C51 / 87C51/89C51 单片机是由 HCMOS 工艺制造而成，因而它的功耗低、抗干扰能力强，并具有掉电及待机运行模式。在 5V 供电 12MHz 时钟条件下，耗电仅为 16mA。若采用了待机运行模式，功耗将会更小。而 HMOS 的同类单片机功耗为 150mA。

1. 80C51 单片机的两种节电方式

80C51 单片机有两种节电运行模式：待机运行模式和掉电运行模式。待机工作方式是它们的标准节电运行工作方式。在这两种运行模式及正常运行模式下 80C51 的功耗如表 5-2 所列。

表 5-2　80C51 在 3 种运行模式下的功耗表

正常运行	5V 供电	12MHz 时钟	功耗 16mA
待机运行	5V 供电	12MHz 时钟	功耗 3.7mA
掉电运行	5V 供电	停　振	功耗 16μA

1）待机运行模式

将 80C51 单片机特殊功能寄存器中的功耗控制寄存器 PCON 的 D_0 位（IDL）置位后，80C51 即进入待机运行模式，如图 5-21 所示。一旦进入待机运行模式，虽然片内振荡器仍在继续振荡，但通往 CPU 的内部时钟已被门控电路所切断，CPU 处于睡眠冻结的状态，在进入待机运行前一瞬间 CPU 及 RAM 的状态被完整地保存下来。如堆栈指针、程序计数器、程序状态字、累加器及其他所有的寄存器均保存为待机前的状态，各口的片脚也都保存着待机前的逻辑状态，ALE 和 $\overline{PSEN}$ 均进入无效状态。从图 5-21 还可以看出，虽然 CPU 在睡眠，但是内部时钟仍旧供给中断电路、定时 / 计数器及串行口，所以中断电路、定时 / 计数器及串行口都可继续工作。

结束待机运行有两种方法：中断和复位。任何已开放的中断提出中断请求都会引起硬件对 IDL 位的清零，从而终止待机运行状态。于是单片机响应中断，在中断服务程序的 RETI 指令执行之后，单片机返回执行刚才申请待机指令的下一条指令。

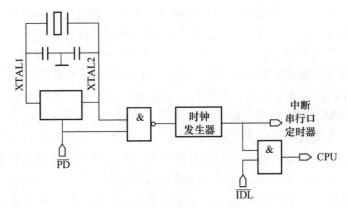

图 5-21　待机和掉电的硬件结构

结束待机运行模式的另一个方法是用硬件复位。由于时钟振荡器还在振荡，只需RESET 复位信号持续两个机器周期就可完成复位。

PCON：功耗控制寄存器，其各位功能如表 5-3 所列。

表 5-3　PCON 寄存器各位功能表

D_7	D_6	D_5	D_4	D_3	D_2	D_1	D_0
SMOD				GF1	GF0	PD	IDL
注：PD 与 IDL 同时为 1 时，取 PD 位有效							

SMOD：波特率控制位，该位置 1 时，波特率加倍。

GF1、CF0：供用户使用的通用标志位。

PD：掉电位，该位置 1 时单片机进入掉电运行模式。

IDL：待机位，该位置 1 时单片机进入待机运行模式。

标志位 GF0 和 GF1 可用于区分正常状态与休息状态下所发生的中断。在执行进入待机运行的指令之前，先设置这一个或两个标志。在以中断方式终止待机运行模式时，由中断服务程序检查这些标志来判断本次中断是在何种运行模式下发生。

2）掉电运行模式

将 80C51 中的 PCON 寄存器中 PD 位置 1，80C51 即进入掉电运行模式。这时片内振荡器停止工作，随着时钟的停止，单片机的各种活动即停止，只有片内 RAM 保持原来的数值；各片脚的输出值仍为各缓冲器原来的值；ALE 和 $\overline{\text{PSEN}}$ 输出处于低电平。

掉电运行模式主要用于掉电时片内 RAM 中的数据保存，这时单片机的电源电压可降至 2V，单片机的功耗也降至最小。但是电源电压的下降必须十分小心，一定要保证在掉电运行模式未进入前 V_{CC} 电压不能降低，而且电源电压 V_{CC} 在单片机结束掉电运行模式之前一定要恢复到正常水平，这样才能保证 RAM 中数据的有效保存。

80C51 的掉电工作方式和 8051 的掉电工作方式在硬件结构上不一样。它们不同的地方有两点，这就是 8051 的掉电工作方式是由硬件电路触发（RST / V_{PP} 端电压大于 V_{CC}）而进入，掉电维持电源通过 RST / V_{PP} 端接入。而 80C51 的掉电工作方式是由软件设置而进入，同时掉电维持电源仍然接在 V_{CC} 端口。

结束掉电模式的唯一方法是复位，复位将使振荡器解冻并使得单片机从 0000H 地址开始执行程序。复位应保持足够长的时间，以保证振荡器的起振和稳定（一般为 10ms）。

3）待机与掉电模式下 I/O 端口的状态及处理

在待机与掉电模式下，80C51 I/O 端口的状态如表 5-4 所列。

表 5-4　80C51 在待机与掉电模式下 I/O 端口的状态表

引脚	80C51 片内 ROM		80C31 片外 ROM	
	待机	掉电	待机	掉电
ALE	1	0	1	0
$\overline{\text{PSEN}}$	1	0	1	0
P$_0$	P$_0$ 寄存器	P$_0$ 寄存器	高阻	高阻
P$_1$	P$_1$ 寄存器	P$_1$ 寄存器	P$_1$ 寄存器	P$_1$ 寄存器
P$_2$	P$_2$ 寄存器	P$_2$ 寄存器	PC（H）	P$_2$ 寄存器
P$_3$	P$_3$ 寄存器	P$_3$ 寄存器	P$_3$ 寄存器	P$_3$ 寄存器

从表 5-4 中可看出，80C51 的 4 个 I / O 端口在待机与掉电模式下输出 P$_0$、P$_1$、P$_2$、P$_3$ 4 个寄存器原锁存的内容。所以在低功耗单片机系统中，应根据使用的要求和降低功耗的要求，在进入待机与掉电模式前，对 80C51 的 P$_0$、P$_1$、P$_2$、P$_3$ 寄存器写入一些特定的数据。

2. 单片机与外围芯片的逻辑电平及驱动能力

在设计最小功耗应用系统时，不仅要求选用低功耗单片机，在外围电路中也应选择低功耗的芯片及器件。因此，必须了解不同类型芯片的逻辑电平及其 I / O 口。

CMOS 与 TTL 逻辑电平有两点不同：一是 CMOS 的逻辑 1 电平比 TTL 逻辑 1 的电平高；二是 CMOS 的逻辑电平与 V_{CC}（或 V_{DD}）有关，而 TTL 芯片在 V_{CC} 给定时，它的逻辑电平符合标准规范。

表 5-5 列出了不同类型芯片的逻辑电平。

表 5-5　不同类型芯片的逻辑电平

逻辑状态	$V_{\infty} = 5V$				
	74HC	74HCT	LSTTL	8051	80C51BH
V_{1H}	3.5V	2.0V	2.0V	2.0V	1.9V
V_{1L}	1.0V	0.8V	0.8V	0.8V	0.9V
V_{OH}	4.9V	4.9V	2.7V	2.4V	4.5V
V_{OL}	0.1V	0.1V	0.5V	0.45V	0.45V

由表 5-5 可见，80C51BH 与 74HCT 电路一样，其输入逻辑电平与 TTL 兼容，而输出特性与标准的高速 CMOS 电路一样，既可驱动 TTL，又可驱动 MOS 电路。

80C31BH 的口驱动能力与 8051 相似。但应注意，当用某个 I/O 引脚去驱动三极管时，必须在三极管的基极串入一个电阻，以便使三极管导通时，该引脚的电平不至于过低而关断片内的上拉 FET 电路。此外，对于 MOS 电路，不使用的输入引脚不应当悬空。因为悬空时引脚的电平状态变化不定，从而导致电路内缓冲器上拉或下拉，使内部电路中的管子均导通，引起 I_{CC} 有效电流增加。

在 80C51BH 和 80C31BH 芯片设计中已考虑到此问题，在它们的 P_1、P_2、P_3 口内部均设有提升电阻，故不使用时可以悬空。唯有 P_0 口例外，它内部没有上拉电路（总线操作状态除外）。因此，80C51BH 复位时，P_0 口的引脚处于浮空状态。为了使 P_0 口电平有确定的状态，可以在复位之后用软件将不使用的引脚置零。

对于 80C3lBH，复位也会出现同样情况。当复位信号过后，由于 P_0 口用作数据/地址总线，其引脚上的电平总是有定义的。然而，当 8031BH 处于等待或掉电方式时，由于它不执行取指令操作，故当不外加上拉电阻或下拉电阻时，P_0 口引脚将悬空。因此，在 80C31BH 构成的应用系统中，要用到等待或掉电工作方式时，都应在引脚上接入上拉或下拉电阻。其上拉、下拉电阻在 $2\sim50\text{k}\Omega$ 范围取值，典型值为 $10\text{k}\Omega$。

5.3.3 存储器的低功耗运行

在一般的单片机系统中，存储器的功耗都较大，所以在智能仪器的低功耗设计中，如何选择和使用存储器是一个很重要的问题。要解决这个问题主要应从两个方面入手：一个方面是必须选用 HCMOS 工艺的存储器；另一个方面是尽量采用维持工作方式。

1. 选用 HCMOS 工艺的存储器

现在市场上已大量出现 HCMOS 工艺的存储器。主要有 ROM：27C32、27C64、27C128、27C256、27C512；静态 RAM：6116、6264、62256；E^2PROM 28C64 等。它们与各自名称中不带 C 标号 NMOS 存储器外形相同，引脚相同，功能及使用方法也完全相同，一般可以互相换用。表 5-6 说明了 HCMOS 存储器和 NMOS 存储器的不同功耗情况。

表 5-6　存储器功耗表

型号	2732	27C32	2764	27C64	27128	27C128	27256	27C256	6116	6264	2854	28C64
工作电流	150	10	100	30	100	30	100	30	32	40	140	30
维持电流	30	1	20	1	20	1	40	1	0.1	0.1	70	5
注：表中为最大电流，单位 mA												

从表 5-6 中可看出：在单片机系统中，将 NMOS 存储器换为 HCMOS 存储器，系统功耗会大大降低。同时也可看出存储器的功耗和存储器容量的关系不大，因而当需要较大的存储空间时，应选用一块大容量的存储器而不要选用多块小容量的存储器。

2. 采用维持工作方式

CMOS 存储器的工作电流虽然不太大，但对于便携式低功耗系统来说，还是很难接受的。仔细分析可看出，存储器实际读写的工作时间很短，每读写一次仅几百纳秒，占整个仪器工作时间的很小一部分，所以厂家均为存储器设置了维持工作方式。当存储器片选脚 $\overline{\text{CE}}$ 输入选中（使能）信号"0"时，存储器处于工作方式，可以读写，工作电流也比较大；当存储器片选脚 $\overline{\text{CE}}$ 输入不选中（不使能）信号"1"时，存储器处于维持工作方式，不进行读写。从表 5-6 中可看出，在维持工作方式时，存储器的功耗已经非常小了。

1）EPROM 的维持工作方式

EPROM 27C32、27C64、27C128、27C256、27C512 的 $\overline{CE}$ 端片选信号为"0"时，ROM 被选中，可对其进行读操作。当 $\overline{CE}$ 端片选信号为"1"时，ROM 芯片处于节电的维持工作方式。所以在低功耗系统中，如图 5-22(a)所示，通常都将存储器的 $\overline{CE}$ 片选端与 $\overline{OE}$ 允许读出端一起连到 80C31 的 $\overline{PSEN}$ 读指令信号输出脚上，利用 $\overline{PSEN}$ 信号作为存储器的片选信号（用 ALE 信号也可以，但硬件电路麻烦）。这样只有在读指令时，ROM 芯片才被选中。

对于会进入待机工作方式的 80C31 单片机系统，由于在待机工作方式，80C31 的 $\overline{PSEN}$ 脚输出"1"电平，按上述连接方式，正好使 EPROM 进入节电的维持工作方式。对于会进入掉电工作方式的 80C31 单片机系统，由于在掉电工作方式，80C31 的 $\overline{PSEN}$ 脚输出"0"电平，按上述连接方式，就会使 EPROM 进入耗电工作方式，所以必须采用图 5-22(b)所示的连接方式（当 EPROM 的容量小于 32KB）。80C31 是由软件设置进入掉电工作状态的，掉电时，P_2 口输出 P_2 锁存器锁存的内容。所以在软件指令中，在进入掉电之前，应当用 SETB $P_{2.7}$ 指令将"1"锁存入 $P_{2.7}$ 寄存器。这样在平时，$P_{2.7}$ 为"0"，80C31 可以对 EPROM 进行读写；掉电时，$P_{2.7}$ 为"1"，强迫 EPROM 进入维持工作方式。当 EPROM 容量大于 32KB 时，这时就不能利用 $P_{2.7}$ 脚，而必需换用一个 P_3 口或一个 P_1 口，方法也和上面讲的一样。图 5-22(c)就是这样一种连接。

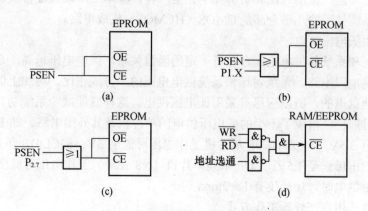

图 5-22　低功耗系统存储器片选脚的连接

(a) 会进入待机工作方式的系统；(b) 当 EPROM 的容量小于 32KB，会进入掉电工作方式的系统；

(c) 当 EPROM 容量＞32KB 时会进入掉电工作方式的系统；(d) 会进入待机或掉电方式的系统。

2）RAM 及 E²PROM 的维持工作方式

CMOS 静态 RAM 6116、62256 以及 E²PROM 28C64 和上述 EPROM 一样，片选端 $\overline{CE}$ 接选中信号"0"时，存储器处于耗电的工作方式；若 $\overline{CE}$ 片选端接非选中信号"1"时，存储器处于节电的维持工作方式。为使存储器在不读写时处于节电的维持工作方式，应当采用图 5-22(d)所表明的电路。在没有对该芯片读写时（非读写或非选中该芯片），存储器就必然处于节电的维持工作方式。对于会进入掉电或待机工作方式的 80C31 低功耗系统，也可以采用此电路。因为在开机复位时，P_3 口寄存器已被复位为 FFH 了。同时由于采用了片外 RAM 和 E²PROM，P_3 口已不会做其他使用，寄存器内锁存的内容始终为"1"。在进入掉电或待机工作方式后，$\overline{RD}$、$\overline{WR}$ 输出为"1"，保证将 RAM 或 E²PROM

251

处于节电的维持工作方式。对于 6264，因为它有两个片选端 $\overline{CE_1}$、CE_2。当 CE_2 为 "0" 时，6264 进入维持工作方式。当 CE_2 为 "1" 时，6264 就和上面介绍的 RAM、E^2PROM 一样，芯片的工作方式由 $\overline{CE_1}$ 所决定。所以对于 6264，只要将其 CE_2 端恒接高电平，将 $\overline{CE_1}$ 按图 5-22(d)所示的方式连接即可。

5.3.4 智能仪器的低功耗设计方案

一台智能仪器的功耗是由很多方面的因素来决定的，它主要取决于系统的技术指标、芯片和器件的选择以及系统的工作方式。要设计好一台低功耗智能仪器，通常需要采用以下的设计方案。

（1）选用 CMOS 集成电路。

CMOS 集成电路是一种自 20 世纪 60 年代开始出现的新器件。它最大的优点是微功耗（静态功耗几乎为零），同时输出逻辑电平摆幅大，因而抗干扰能力强，且工作温度范围也宽。因而它一出现就和低功耗电路及便携式仪器仪表密不可分。

早期的 CMOS 电路速度比较低，现在 HCMOS 电路的速度已完全能和 LSTTL 电路兼容。目前几乎所有的 LSTTL 电路、存储器、单片机及其外围电路都有了相应的 CMOS 电路，它们的功能、使用方法和引脚几乎完全一样，基本上可以直接替换。所以目前低功耗单片机系统使用的几乎全部是 CMOS（HCMOS）集成电路。

（2）选用低电压供电。

系统功耗和系统的供电电压存在着一定的函数关系。供电电压越高，系统功耗也就越大。对于纯电阻电路，系统功耗和系统供电电压的平方成正比。再加上低功耗单片机系统是用电池供电的，所以应尽量采用低电压供电。这样既能减少系统功耗，又有利于电池供电。目前已经出现了不少的低电压供电的单片机及其外围电路。如 PIC 单片机工作电压可低至 3.5V；MC68HC05 单片机工作电压可低至 3V；83CL410 单片机（Philips 公司）工作电压可低至 1.5V；COP 系列单片机（NS 公司）工作电压可低至 2.4V。这些单片机在低压供电时，功耗仅有 1～2mA。

（3）尽量选用高速低频工作方式。

低功耗单片机系统中全部采用的是 CMOS 器件，而 CMOS 电路的静态功耗几乎为零，仅在逻辑状态发生转换期间，电路有电流流过。它的动态功耗和它的逻辑状态转换频率成正比，和电路的逻辑状态转换时间成正比。所以从降低功耗的角度上来说，CMOS 集成电路应当快速转换，低频率地工作。但是这一点对于具有待机、掉电工作方式的单片机来说意义不大。另外 CMOS 电路不用的输入端虽然有保护电路，但也不能悬空，以免输入端逻辑电平不定，电路来回翻转，增大系统功耗。

（4）选用低功耗的外围器件。

除了全部采用 CMOS 外，还应选用低功耗的外围器件，像 LCD 液晶显示器、轮式打印机、压电陶瓷等，这样才能降低系统的总体功耗。

（5）选用低功耗高效率的电路。

要降低整体功耗，除选用低功耗的器件外，还必须选用低功耗及高效率的电路形式。它以低功耗为主要技术指标，不追求高速度和大的驱动能力，以满足要求为度。因而电路的工作电流都比较小，高效率电路用于能量转换（如电源变换器、光、声响输出等）。它以高效率为主要技术指标，有时要牺牲一点稳定度、保真度、输出功率等。

（6）采用低功耗的工作方式。

厂商不仅生产了各种低功耗的器件，而且为一些器件设计了降低功耗的各种工作方式。如单片机的待机、掉电工作方式；存储器的维持工作方式等。在设计智能仪器时，应当充分利用这些特点，使系统尽量在这些工作方式下工作。

（7）合理地选择系统技术指标。

在一个系统中，往往有很多技术指标是和功耗联系在一起的，如速度、驱动能力、稳定性、线性等，这些技术指标的提高往往都是以提高电路的功耗来换取的。所以应根据便携式仪器仪表的特点，合理地选择系统的技术指标。在某些情况下，甚至降低某些非关键性指标，以达到降低功耗的目的。

（8）采用分区分时供电方式。

（9）在软件设计上采取相应措施。

在智能仪器中，也可通过软件设计来降低功耗。由于系统的功耗与 CPU 的工作时间长短成正比，所以如何尽量压短 CPU 的运行时间，尽可能地采用待机和掉电运行方式是低功耗软件设计的要点。此外，尽量用软件来代替硬件也是低功耗软件设计中应当注意的问题。实践已证明采用以下软件措施对减少系统功耗是有利的。

① 尽量不采用软件循环延时的工作方式，而应采用定时中断的工作方式，以减少CPU 的工作时间。例如一些 A/D 变换器及传感器的数据采集应采用信号中断采集方式或定时中断采集方式而不应当采用软件循环延时采集方式。

② 单片机在待机时片内定时/计数器仍处于工作状态，而不少的便携式智能仪器需要进行定时测量或对信号计数。根据这个特点，应当尽量充分地利用待机时单片机内定时/计数器的功能来计时和计数。这样既节省了功耗，又完成了测量工作。

③ 低功耗的便携式智能仪器通常都具有 RS-232 通信接口。在通信模块的软件设计中，应尽量提高传送的波特率，采用 10 位二进制码传送。发送和接收时不要循环等待，而应采用串行中断。

④ 在无谓等待时，可先进入等待或掉电状态，以降低功耗；当发生故障时，产生的中断可以使系统退出低功耗状态。这样系统绝大部分时间工作在低功耗状态。

⑤ 除具有自关断功能的外围器件外，对于可外部关断的外围器件，可以通过单片机的 I/O 脚直接用软件来控制其关断和合上。

5.4 智能仪器的抗干扰设计

智能仪器的可靠性是由多种因素决定的，其中抗干扰性能是智能仪器可靠性的重要因素。随着智能仪器在工业现场中应用日益广泛，其可靠性越来越被人们关注，因此抗干扰设计是智能仪器研制中不可忽略的重要内容。

5.4.1 主要干扰源及相应的抗干扰措施

现场干扰一般都是以脉冲的形式进入智能仪器的。干扰窜入的主要渠道有 3 条：供电系统干扰、过程通道干扰和空间辐射干扰。

1. 供电系统干扰及抗干扰措施

最重要并且危害最严重的干扰来源于电源的污染。随着大工业迅速发展，电源污染问题日趋严重。电源干扰有过压、欠压、浪涌、下陷、尖峰电压和射频干扰等。为防止从电源系统引入干扰，智能仪器可采用图 5-23 所示的供电配置。

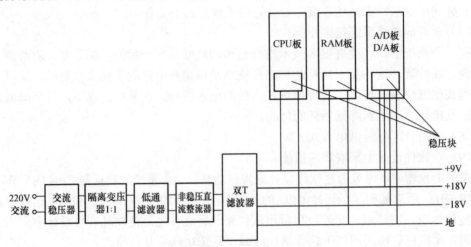

图 5-23　微机系统的抗干扰供电配置

（1）交流稳压器。它用来保证供电的稳定性，防止电源系统的过压与欠压，有利于提高整个系统的可靠性。

（2）隔离变压器。考虑到高频噪声通过变压器主要不是靠初、次级线圈的互感耦合，而是靠初、次级之间寄生电容耦合的。因此，隔离变压器的初级和次级之间均用屏蔽层隔离，减少其分布电容，以提高抗共模干扰的能力。

（3）低通滤波器。由谐波频谱分析可知，电源系统的干扰源大部分是高次谐波，因此采用低通滤波让50Hz 市电基波通过，滤去高次谐波，以改善电源波形。在低压下，当滤波电路载有大电流时，宜采用小电感和大电容构成滤波网络；当滤波电路处于高压下工作时，则应采用小电容和允许的最大电感构成的滤波网络。

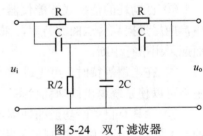

图 5-24　双 T 滤波器

在整流电路之后可采用图 5-24 所示的双 T 滤波器，以消除 50Hz 工频干扰。其优点是结构简单，对固定频率的干扰滤波效果好，其频率特性为

$$H(\mathrm{j}\omega) = \frac{u_{\mathrm{o}}}{u_{\mathrm{i}}} = \frac{1-(\omega RC)^2}{1-\omega R^2 C - \mathrm{j}4\omega RC} \tag{5-32}$$

当 $\omega = \omega_0 = \dfrac{1}{RC}$ 时，$u_{\mathrm{o}}=0$，$f = \dfrac{1}{2\pi RC}$。将电容 C 固定，当输入 50Hz 信号时，输出电阻，使输出 $u_{\mathrm{o}}=0$。

（4）采用分散独立功能块供电。在每块系统功能模块上用三端稳压集成块如 7805、

254

7905、7812、7912 等组成稳压电源。每个功能块单独对电压过载进行保护，不会因某块稳压电源故障而使整个系统破坏，而且也减少了公共阻抗的相互耦合以及和公共电源的相互耦合，大大提高了供电的可靠性，也有利于电源散热。

（5）采用高抗干扰稳压电源及干扰抑制器。在电源配置中还可以采取下列措施：

① 利用反激变换器的开关稳压电源、变换器的储能作用，在反激时把输入的干扰信号抑制掉。

② 采用频谱均衡法原理制成的干扰抑制器把干扰的瞬变能量转换成多种频率能量，达到均衡目的。它的明显优点是抗电网瞬变干扰能力强，很适宜于微机实时控制系统。

③ 采用超隔离变压器稳压电源。这种电源具有高的共模抑制比及串模抑制比，能在较宽的频率范围内抑制干扰。

目前这些高抗干扰性电源及干扰抑制器已有许多现成产品可供选购。

（6）可采用交、直流两用电源为系统供电，直流电瓶不仅能提供直流电源，而且具有稳压作用。

2. 过程通道干扰及抗干扰措施

过程通道是前向接口、后向接口与主机或主机相互之间进行信息传输的路径，在过程通道中长线传输的干扰是主要因素。随着系统主振频率越来越高，过程通道的长线传输越来越不可避免。例如，按照经验公式计算，当计算机主振频率为 1MHz 时，传输线大于 0.5m 或主振为 4MHz 时，传输线大于 0.3m，即作为长线传输处理。

在微机应用系统中，传输线的信息多为脉冲波，它在传输线上传输时会出现延时、畸变、衰减与通道干扰。为了保证长线传输的可靠性，主要措施有光电耦合隔离、双绞线传输、阻抗匹配等。

1）光电耦合隔离措施

采用光电耦合器可以将主机与前向、后向以及其他主机部分切断电路的联系，防止干扰从过程通道进入主机。它能有效地抑制尖峰脉冲及各种噪声干扰，从而使过程通道上的信噪比大大提高。光电耦合具有很强的抗干扰能力，这是因为以下几个方面：

（1）光电耦合器的输入阻抗很小，一般为 $100\Omega \sim 1\text{k}\Omega$ 之间，而干扰源内阻则很大，通常为 $10^5 \sim 10^8 \Omega$，因此能分压到光电耦合器输入端的噪声很小。

（2）干扰噪声虽有较大的电压幅度，但能量小，只能形成微弱电流；而光电耦合器输入部分的发光二极管是在电流状态下工作的，即使有很高电压幅值的干扰，但由于不能提供足够的电流而被抑制掉。

（3）光电耦合器是在密封条件下实现输入回路与输出回路的光耦合，不会受到外界光的干扰。

（4）输入回路与输出回路间分布电容极小，一般仅为 $0.5 \sim 2\text{pF}$，而且绝缘电阻很大，通常为 $10^{11} \sim 10^{12} \Omega$，因此回路一边的干扰很难通过光电耦合器馈送到另一边去。

2）双绞线传输

在实时系统的长线传输中，双绞线是较常用的一种传输线。与同轴电缆相比，虽然频带较差，但波阻抗高、抗共模噪声能力强。双绞线能使各个小环路的电磁感应干扰相互抵消，故对电磁场具有一定抑制效果。

3）长线传输的阻抗匹配

在长线传输时，阻抗不匹配的传输线会产生反射，使信号失真。为了对传输线进行阻抗匹配，必须估算出它的特性阻抗 R_p。利用示波器观察可以大致测定特性阻抗的大小，其测定方法如图 5-25 所示。

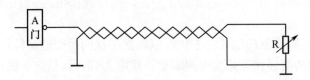

图 5-25　传输线特性阻抗测试

调节可变电阻 R，当 R 与 R_p 相等（匹配）时，A 门的输出波形畸变最小，反射波几乎消失，这时的 R 值可认为是该传输线的特性阻抗 R_p。

传输线的阻抗匹配有下列 4 种形式，如图 5-26 所示。

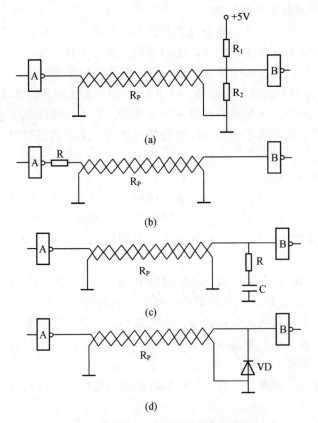

(a)

(b)

(c)

(d)

图 5-26　传输线的 4 种阻抗匹配方式

(a) 终端并联阻抗匹配；(b) 始端串联阻抗匹配；

(c) 终端并联隔直流匹配；(d) 终端接钳位二极管匹配。

（1）终端并联阻抗匹配。如图 5-26(a)所示，终端匹配电阻 R_1、R_2 的值按 $R_p = R_1 / R_2$ 的要求选取。一般 R_1 为 $220 \sim 330\Omega$，而 R_2 可在 $270 \sim 390\Omega$ 范围内选取。这种匹配方法由于

终端阻值低，相当于加重负载，使高电平有所下降，故高电平的抗干扰能力有所下降。

（2）始端串联匹配。如图 5-26(b)所示，匹配电阻 R 的取值为 R_p 与 A 门输出低电平时的输出阻抗 R_{SOL}（约 20Ω）的差值。这种匹配方法会使终端的低电平抬高，相当于增加了输出阻抗，降低了低电平的抗干扰能力。

（3）终端并联隔直流匹配。如图 5-26(c)所示，固定电容 C 在较大时只起隔直流作用，并不影响阻抗匹配，所以只要求匹配电阻 R 与 R_p 相等即可，它不会引起输出高电平的降低，故增强了对高电平的抗干扰能力。

（4）终端接箝位二极管匹配。如图 5-26(d)所示，利用二极管 D 把 B 门输入端低电平钳位在 0.3V 以下，可以减少波的反射和振荡，提高了动态抗干扰能力。

3. 空间干扰及抗干扰措施

空间干扰主要是通过电磁波辐射窜入，空间干扰可来自系统的外部或内部。一般情况下，空间干扰的抗干扰设计主要是地线设计、系统的屏蔽和布局设计。

5.4.2 印制电路板及电路的抗干扰设计

印制电路板设计得好坏对抗干扰能力影响很大，它必须符合抗干扰的设计原则，通常应有下述抗干扰措施。

1. 地线设计

地线结构大致有系统地、机壳地（屏蔽地）、数字地（逻辑地）和模拟地等。接地是抑制干扰的重要方法。如果能将接地和屏蔽正确结合起来使用可解决大部分干扰问题。

（1）单点接地与多点接地选择。在低频电路中，信号的工作频率小于 1MHz 时，它的布线和元器件间的电感影响较小，而接地电路形成的环流对干扰影响较大，因而屏蔽线采用一点接地；当信号工作频率大于 10MHz 时，地线阻抗变得很大，此时应尽量降低地线阻抗，所以采用就近多点接地法；当工作频率在 1～10MHz 之间时，如果用一点接地，其地线长度不应超过波长的 1/20，否则宜采用多点接地法。

（2）数字、模拟电路分开。电路板上既有高速逻辑电路，又有线性电路，应尽量分开，分别与电源端地线相连，要尽量加大线性电路的接地面积。

（3）接地线应尽量加粗。若接地线很细，接地电位则随电流的变化而变化，信号电平不稳定，抗噪声性能变坏。

（4）接地线构成闭环路。当只用数字电路组成的印制电路板接地时，将接地电路做成闭环路可明显地提高抗噪声能力。其原因是：一块印制电路板上有很多集成电路，尤其遇有耗电多的元件时，因受到线条粗细限制，地线产生电位差，抗噪声能力下降。

2. 电源线布置

除了尽量加粗导体宽度外，电源线、地线的走向应与数据传递的方向一致，这将有助于增强抗噪声能力。

3. 去耦电容配置

在印制电路板的各个关键部位配置去耦电容应视为印制电路板设计的一项常规做法。

（1）电源输入端跨接 10～100μF 的电解电容器。如有可能，接 100μF 以上更好。

（2）原则上每个集成电路芯片部应安置一个 0.01μF 的陶瓷电容器，如遇印制电路板空隙小装不下时，可每 4～10 个芯片安置一个 1～10μF 的限噪声用电容器——钽电容器。

它的高频阻抗特别小，在 500kHz～20MHz 范围内阻抗小于 1Ω，而且漏电流也很小（0.5μA 以下）。

（3）对于抗噪声能力弱、关断时电流变化大的器件和 ROM、RAM 存储器件，应在芯片的电源端和地间直接接入去耦电容。

（4）电容引线不能太长，特别是高频旁路电容不能带引线。

4. 印制电路板的尺寸与器件布置

印制电路板大小要适中，过大时，印制线条长、阻抗增加，不仅抗噪声能力下降，成本也高；过小时，则散热不好，同时易受邻近线条干扰。

在器件布置方面，应把相互有关的器件尽量放得靠近些，能获得较好的抗噪声效果，如时钟发生器、晶振和 CPU 时钟输入都易产生噪声，要相互靠近，易产生噪声的器件、小电流电路、大电流电路等应尽量远离计算机逻辑电路。如有可能，应另做电路板，这一点十分重要。

另外，还应考虑电路板在机箱中放置的方向，将发热量大的器件放置在上方。

5. 其他

抗干扰设计与具体电路有关，要注意积累经验，例如：

（1）单片机复位端子在强干扰现场会出现尖峰电压干扰，虽不会造成复位干扰，但可能改变部分寄存器状态。因此可以在"复位"端配置 0.01μF 的去耦电容。

（2）CMOS 芯片的输入阻抗很高，易受感应，故在使用时，对不用的端子要接地或接正电源。

（3）按钮、继电器、接插件在操作时均会产生较大火花，必须利用 RC 电路加以吸收。其方法如图 5-27 所示，一般 R 取 1～2kΩ，C 取 −4.7～2.2μF。

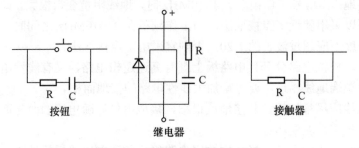

图 5-27　采用 RC 电路减少干扰

5.4.3　软件抗干扰设计

智能仪器在工业现场使用时，大量的干扰源常常使系统不能正常运行，甚至造成事故。抗干扰不可能完全依靠硬件解决，因此软件抗干扰引起了人们的重视。

1. 干扰时测控系统造成的后果

1）数据采集误差加大

干扰侵入前向通道，叠加在信号上，致使数据采集误差加大，特别是前向通道的传感器接口有小电压信号输入时，此现象更加严重。常见有工频电网电压的串模干扰，严重时，干扰信号会淹没被测信号。要消除这种串模干扰，从原理上说，只要选取采样周期等于工频周期整数倍，则其工频串模干扰抑制能力为无限大。但在实际测量中，工频信号频率是波动的，必须设法使采样周期与波动的工频干扰电压周期保持整数倍。目前采用硬件电路方法，要获得较好的抑制效果，所用的硬件电路十分复杂。采用软件来抑制工频干扰是当前工频串模干扰抑制技术中的一种新技术。

2）控制状态失灵

在微机控制系统中，控制状态输出常常是依据某些条件状态的输入和条件状态的逻辑处理结果。在这些环节中，由于干扰的侵入都会造成条件状态偏差、失误，致使输出控制误差加大，甚至控制失常。

3）数据受干扰发生变化

智能仪器中单片机的片内 RAM、外部扩展 RAM 以及片内各种特殊功能寄存器的状态都有可能受外来干扰而变化。根据干扰窜入渠道、受干扰的数据性质不同，系统受损坏的状况也不同，有的造成数值误差，有的使控制失灵，有的改变程序状态，有的改变某些部件（如定时器/计数器，串行口等）的工作状态等。例如，MCS-51 单片机的复位端若没有特殊抗干扰措施，当干扰侵入复位端后，虽然不易造成系统复位，但会使单片机片内特殊功能寄存器状态变化，导致系统工作不正常。

4）程序运行失常

在系统受强干扰后，造成程序计数器 PC 值的改变，破坏了程序的正常运行。在 PC 值的错误引导下，程序将执行一系列毫无意义的指令，最后常常进入一个毫无意义的"死循环"中，使输出严重混乱或系统失去控制。

2. 软件抗干扰的前提条件

软件抗干扰是属于系统的自身防御行为。采用软件抗干扰的最根本的前提条件是系统中抗干扰软件不会因干扰而损坏。由于程序及一些重要常数都放置在 ROM 中，这就为软件抗干扰创造了良好的前提条件。因此，软件抗干扰的前提条件概括为以下几个方面：

（1）在干扰作用下，系统硬件部分不会受到任何损坏，或易损坏部分设置有监测状态可供查询。

（2）程序区不会受干扰侵害，通常将程序及表格、常数均固化在 ROM 中，这一条件自然满足。而对一些在 RAM 中运行用户应用程序的系统只能在干扰过后，重新向 RAM 区调入应用程序。

（3）RAM 区中的重要数据不被破坏，或虽被破坏可以重新建立。通过重新建立的数据，系统的重新运行不会出现不可允许的状态。

3. 数据采集误差的软件对策

根据数据采集时干扰性质、干扰后果的不同，采取的软件对策不一，没有固定的对策模式。

对于实时数据采集系统，为了消除传感器通道中的干扰信号，在硬件上常采用有源或无源 RLC 网络，构成模拟滤波器实现滤波。同样，运用 CPU 的运算、控制功能也可以实现数字滤波。

下面介绍几种常用的简便有效的方法。

（1）算术平均值法。对一点数据连续采样多次，计算出其平均值，作为该点采样结果，一般取 3～5 次平均即可。

（2）比较舍取法。为了剔除个别错误数据，可采用比较舍取法，即对每个采样点连续采样几次，根据所采数据的变化规律，确定舍取办法来剔除偏差数据。

（3）中值法。对一个采样点连续采样多次，并对这些采样值进行比较，取中值作为该点的采样结果。

（4）一阶递推数字滤波法。这种方法是利用软件完成 RC 低通滤波器的算法，实现用软件方法代替硬件 RC 滤波器。一阶递推数字滤波公式为

$$Y_n = QX_n + (1-Q)Y_{n-1} \tag{5-33}$$

式中　　Q——数字滤波器时间常数；

　　　　X_n——第 n 次采样时的滤波器输入；

　　　　Y_n——第 n 次采样时的滤波器输出。

采用软件滤波对消除数据采集中的误差可以获得满意的效果。但应注意，选取何种方法必须依据信号的变化规律。

4. 控制状态失常的软件对策

在大量的开关控制系统中，如果干扰进入系统，会影响各种控制条件，造成控制失误。为确保系统安全，可以采取下述软件抗干扰措施：

（1）软件冗余。对于条件控制系统，对控制条件的一次采样、处理控制输出改为循环地采样、处理控制输出。这种方法对于惯性较大的控制系统具有良好的抗偶然因素干扰作用。

（2）设置当前输出状态寄存单元。当干扰侵入输出通道造成输出状态被破坏时，系统能及时查询寄存单元的输出状态信息，从而纠正输出状态。

（3）设自检程序。在计算机内的特定部位或某些内存单元设状态标志，在开机后，运行中不断循环测试，以保证系统中信息存储、传输、运算的高可靠性。

5. 程序运行失常的软件对策

系统受到干扰侵害，致使 PC 值改变，造成程序运行失常，导致如下两种情况：

（1）程序飞出。PC 值指向操作数，将操作数作为指令码执行；PC 值超出应用程序区，将非程序区中的随机数作为指令码运行。不管何种情况，都造成程序的盲目运行，最后由偶然巧合进入死循环。

（2）数据区及工作寄存器中数据被破坏。程序的盲目运行，其结果不可避免地会盲目地执行一些存储器读写命令而造成其内部数据的破坏。例如 MCS-51 单片机，当 PC 值超出芯片地址范围（当系统扩展小于 64KB）、CPU 获得虚假数据 FFH 时，对应地执行 "MOV R_7, A" 指令，造成工作寄存器 R_7 内容变化。

对于程序运行失常的软件对策主要是发现失常状态后及时引导系统恢复原始状态，可采用如下方法。

1）设置软件陷阱

微处理器在受到干扰后会产生很复杂的情况，干扰信号会使程序脱离正常运行轨道，使程序"跑飞"。为了使程序恢复正常的运行状态，可以设立软件陷阱。所谓软件陷阱，就是一条引导指令，强行将捕获的程序引向一个指定的地址，在那里有一段专门对出错程序进行处理的程序。

以 MCS-51 系列单片机为例，假设出错处理程序入口标号为 ERR，软件陷阱即为一条 LJMP ERR 指令。为加强其捕捉效果，一般还在它前面加两条 NOP 指令，因此真正的软件陷阱指令由 3 条指令能够构成。

NOP

NOP

LJMP ERR

一般来说，软件陷阱可以安排在下列 4 种地方：

（1）程序中未使用的中断向量区。当干扰使未使用的中断开放并激活这些中断时，就会进一步引起混乱。如果在这些地方布上陷阱，就能及时捕捉到错误的中断。

（2）未使用的大片 ROM 空间。仪器中的程序存储空间一般都很大，很少有将其全部用完的情况。对于剩余的大片未编程的空间，如果使用的微控制器是 80C51 系列，一般可维持原状（0FFH），0FFH 在 80C51 系列微控制器的指令系统中是一条单字节指令，程序"跑飞"到这一区域后将顺序执行，不再跳跃（除非受到新的干扰）。这时只要每隔一段设置一个陷阱，就一定能捕捉到"跑飞"的程序。软件陷阱一定要指向出错处理子程序。

（3）表格。表格是程序中用到的一些固定的常数的集合，它存在于程序存储区，在其头、尾设置一些软件陷阱可以减少程序"跑飞"到表格的机会，可以在表格的最后安排上述 3 条指令陷阱。由于表格区一般较长，安排在最后的陷阱不能保证一定能捕捉住跑飞的程序，有可能在中途再次飞走，这时只能依靠别处的陷阱或冗余指令来处理了。

（4）程序区的"断裂处"。程序区存放一条条指令，但是在这些指令串之间常有一些"断裂点"，正常执行的程序到此便不会继续往下执行了。所谓"断裂处"是指程序中的跳转指令，如无条件转移指令、子程序返回指令等。正常的程序在此跳转，不再顺序向下执行；如果还要顺序往下执行，必然就出错了。因此，可在此处放置软件陷阱。由于软件陷阱都安排在程序执行不到的地方，故不影响程序执行效率。

2）"看门狗"技术

软件陷阱虽在一定程度上解决了程序"跑飞"的失控问题，但在程序执行过程中若进入死循环，无法撞上陷阱，就会使程序长时间运行不正常。

"看门狗"技术可比较有效地解决死循环问题。 智能仪器或测控系统的应用程序通常以循环方式运行，且每一次循环的时间基本固定。"看门狗"技术就是不断监视程序循环运行时间，若发现时间超过已知的循环设定时间，则认为系统进入了"死循环"，然后强迫程序返回到 0000H 入口，在 0000H 处安排一段出错处理程序，从而使系统运行纳入正轨。

"看门狗"是独立于 CPU 的模块，CPU 在一个固定的时间间隔和"看门狗"打一次交道，表明系统工作正常。如果程序失常，系统陷于死循环中。"看门狗"得不到来自 CPU 的信息，就向 CPU 发出复位信号，使系统复位。

"看门狗"技术既可以用硬件实现，也可以用软件实现，还可以是二者的结合。

（1）利用单片机内部"看门狗"定时器。

现在许多单片机芯片中已有"看门狗"电路，使用非常方便。如在 80C552 中有一个监视定时器 T_3，可以强迫单片机进入复位状态，使之从硬件或软件故障中解脱出来。

定时器 T_3 的工作过程为：在 T_3 溢出时，复位 8XC552，并产生复位脉冲输出至复位引脚 RST。为防止系统复位，必须在定时器 T_3 溢出前，通过软件对其重装初值。如果发生软件或硬件故障，将使软件对定时器 T_3 的重装失败，从而 T_3 溢出导致复位信号的产生。用这样的方法可以在软件失控时恢复程序的正常运行。

例如，"看门狗"使用的一段程序如下：

```
T3              EQU     0FFH                ; 定时器 T3 的地址
PCON            EQU     87H                 ; PCON 的地址
WATCH_INTV      EQU     156                 ; "看门狗"的时间间隔
                LCALL   WATCHDOG
; "看门狗"的服务程序
WATCHDOG:       ORL     PCON, #10H          ; 允许定时器 T3 重装
                MOV     T3, #WATCH_INTV     ; 装载定时器 T3
                RET
```

（2）利用单片机内部闲置定时器进行监视。

如果单片机内部没有"看门狗"电路，可利用内部闲置的定时器作为"看门狗"。在程序的大循环中，一开始就启动定时器工作，在主程序中增设定时器赋值指令，使该定时器维持在非溢出工作状态。定时时间要稍大于程序循环一次的执行时间。程序的正常循环执行一次给定时器送一次初值，重新开始计数而不会产生溢出。但若程序失控，没能按时给定时器赋初值，定时器就会产生溢出中断，在中断服务程序中使主程序回到初始状态。

例如，设 89C51 单片机晶振频率为 6MHz，选定时器 T_0 定时监视程序。程序如下：

```
        ORG  0000H
START:  LJMP  MAIN
        ORG   000BH
        LJMP  START
        ORG   0060H
MAIN:  SETB   EA
       SETB   ET0
       SETB   TR0
       ...                          ; 其他初始化程序
LOOP:  MOV    TMOD, #01H            ; 设置 T0 为定时器方式 1
       MOV    TH0, #datah           ; 设置定时器初值
       MOV    TL0, #datal
       ⋮
       LJMP   LOOP                  ; 循环
```

程序中设定 T_0 为 16 位定时器工作方式，时间常数 datah，datal 要根据用户程序的长短以及所使用的 6MHz 晶振频率计算，实际选用值要比计算出的值略小些，使定时复位时间略长于程序的正常循环执行时间。这种方法是利用单片机内部的硬件资源定时器以达到防止死循环的目的。

（3）利用单片机外部系统板上的定时器。

当单片机内部没有"看门狗"定时器和闲置的定时器时，可以用单片机片外的计数器来充当"看门狗"，有两种方法：一是 8155 芯片中定时器；二是外部接上一个计数器。

① 利用 8155 设置监视跟踪定时器。

使用定时中断来监视程序运行状态。定时器的定时时间稍大于主程序正常运行一个循环的时间，而在主程序运行过程中执行一次定时器时间常数刷新操作。这样，只要程序正常运行，定时器不会出现定时中断。而当程序失常，不能刷新定时器时间常数而导致定时中断时，利用定时中断服务程序将系统复位。

80C51 应用系统中作为一个软件抗干扰的一个实例，具体做法如下：

使用 8155 的定时器所产生的"溢出"信号作为 80C51 的外部中断源 $\overline{INT_1}$。用单片机本身的 ALE 信号作为 8155 中定时器的外部时钟输入。8155 定时器的定时值稍大于主程序的正常循环时间。在主程序中，每循环一次，对 8155 定时器的定时常数进行刷新。在主控程序开始处，对硬件复位还是定时中断产生的自动恢复进行判断。

② 外部接上一个计数器构成程序监视器。

利用软件经常访问计数器电路，一旦程序有问题，CPU 就不能正常访问，计数器电路则产生翻转脉冲使单片机复位，强制程序重新开始执行。图 5-28 是利用单片机本身的 ALE 信号经分频器分频后作为系统的强制复位信号。当程序正常运行时，每隔一段时间，$P_{1.0}$ 端口输出一个清 0 信号，RST 端不会有复位脉冲，就不会强行复位。一旦出现程序"乱飞"或死循环，$P_{1.0}$ 端就不再输出清 0 信号，系统便会强行复位（也可以采用系统的某一方波信号作为系统"看门狗"的时钟源，但一旦该信号出现问题，就起不到看门狗作用了）。

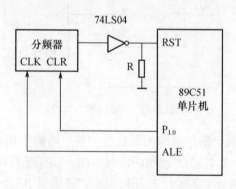

图 5-28　系统"看门狗"电路

（4）硬件"看门狗"。

专用硬件"看门狗"是指一些集成化的专用"看门狗"电路，它实际上是一个特殊的定时器。当定时时间到时，它发出溢出脉冲。该方式是一种软件与片外专用电路相结合的技术，硬件电路连接好以后，在程序中适当地插入一些看门狗复位的指令（即"喂狗"指令），保证程序正常运行时"看门狗"不溢出；而当程序运行异常时，"看门狗"超时发出溢出脉冲，通过单片机的 RESET 引脚使单片机复位。在这种方式中，"看门狗"能否可靠有效地工作，与硬件组成及软件的控制策略都有密切的关系。

目前常用的集成"看门狗"电路很多，如 MAX705～MAX708、MAX791、MAX813L、

X5043～X5045 等。X5045 是 XICOR 公司的产品，它是一种可编程的专用"看门狗"定时器，定时时间可通过软件进行选择（命令寄存器中的 WD_1、WD_0=10、01、00 分别选择 200ms、600ms、1.4s），内部包含"看门狗"电路、电压监控电路和 4KB E^2PROM 等。

X5045 的工作时序如图 5-29 所示，图中 T_{SCT} 是定时器触发脉冲（负脉冲）的宽度，T_{WDO} 是定时器的溢出周期（可编程），T_{RST} 是定时器溢出脉冲的宽度。

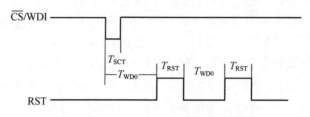

图 5-29　X5045 触发和溢出时序图

下面以 X5045 为例来介绍硬件"看门狗"的实现方法。硬件"看门狗"电路如图 5-30 所示，图中单片机的 $P_{1.0}$ 为 X5045 提供片选信号和"看门狗"复位信号，$P_{1.1}$ 接收 X5045 的串行数据，$P_{1.2}$ 提供串行时钟，$P_{1.3}$ 向 X5045 发送串行数据，X5045 的 RST 引脚（漏极开路）输出"看门狗"溢出信号，与单片机的 RESET 引脚相连，用于复位单片机。

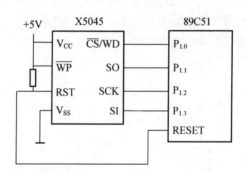

图 5-30　"看门狗"电路

单片机程序中，每隔一定的时间间隔放置一条"喂狗"指令（即在 $P_{1.0}$ 输出一个下降沿），该时间间隔应小于 X5045 预制的定时时间，以保证程序正常运行时 X5045 不会溢出；而一旦程序出现异常，X5045 将超时溢出，并通过 RST 引脚送出一个复位信号使单片机复位，重新开始运行程序。该方法硬件电路简单、控制方便，因此最为常用。在大多数情况下，硬件电路实现的"看门狗"技术可以有效地克服主程序或中断程序由于陷入"死循环"而带来的不良后果。但有一种情况，如果程序进入了某个死循环，而这个死循环中又含有"喂狗"指令，此时单片机将无法复位，"看门狗"也就失效了。或者当 CPU 受到严重干扰引起寄存器状态改变，导致中断关闭时，单独的硬件"看门狗"电路将不能胜任。

软件"看门狗"的最大特点是无须外加硬件电路，经济性好。当然，如果片内的定时器/计数器被占用，就需寻求其他的设计方式了。硬件"看门狗"技术能有效监视程序陷入"死循环"故障，但对中断关闭故障无能为力；软件"看门狗"技术对高级中断服务程序陷入"死循环"无能为力，但能监视全部中断关闭的故障。若将硬件"看门狗"和软件"看门狗"结合起来，就可以互相取长补短，获得优良的抗干扰效果。

习题与思考题

1. 为什么智能仪器要具备自检功能？自检方式有哪几种？

2. 什么是标度变换、线性参数标度变换和非线性参数标度变换？

3. 某电子秤标度变换公式为 $W=0.01N-4.00$. 式中：N 为 12 位 A/D 转换结果（双字节十六进制）；W 为物品质量（单位为 kg，数据格式为双字节 BCD 码，其中一字节为整数部分，另一字节为小数部分）；4.00 表示容器容量为 4 kg。编写标度变换子程序，完成由 A/D 转换结果到物品质量的转换（精度 0.01kg）。

4. 与硬件滤波器相比，采用数字滤波器有何优点？

5. 常用的数字滤波算法有哪些？说明各种滤波器算法的特点和使用场合。

6. 中值滤波、算术平均值滤波、滑动平均值滤波和去极值平均滤波的基本思想是什么？

7. 什么是仪器的系统误差？智能仪器如何克服仪器的系统误差？

8. 简述智能仪器利用误差模型修正系统误差的方法和利用曲线拟合修正系统误差的方法。

9. 试述仪器零点偏移误差和增益误差的校正方法。

10. 为什么要进行低功耗设计？请举例说明。

11. 在智能仪器的低功耗设计中，应如何选择和使用存储器？

12. 论述智能仪器仪表系统的干扰来源，它们是通过什么途径进入仪表内部的？

13. 为什么说光电耦合器具有很强的抗干扰能力？

14. 在智能仪器设计中，常用的接地方法有哪几类？

15. 常用的硬件系统抗干扰措施有哪些？

16. 常用的软件抗干扰措施有哪些？如果采用 51 单片机来实现，请画出算法流程图，编写汇编程序，并加以详细解释。

17. 各种常用的滤波算法能组合使用吗？若能，请举例说明；若不能，请说明理由。

18. 设检测信号是幅度较小的直流电压，经过适当放大和 A/D 转换，由于 50Hz 工频干扰使测量数据呈周期性波动。设采样周期 $T_s=1ms$，请问采用算术平均滤波算法是否能够消除工频干扰？平均点数 N 应如何选择？

19. 如何抑制地线系统的干扰？接地设计时应注意什么问题？

20. 试说明交流供电系统的干扰形成条件和方式，并设计一个抗干扰的交流供电系统。

21. 通过测量获得一组反映被测量的离散数据，欲建立一个反映被测量值变化的近似数学模型，请问有哪些常用的建模方法？

第6章 监控主程序的设计

智能仪器与计算机一样，是执行命令的机器。在智能仪器中，命令通常来自键盘和 GP-IB 接口。接受、分析并执行来自这两方面的命令，从某种意义上说，是智能仪器的全部任务。本章和第 7 章分别讨论如何接受并分析来自键盘和 GP-IB 接口的命令，这是智能仪器设计中的两个重要课题。

在智能仪器中，通常把管理机器工作的整个程序称为监控程序。监控程序的主要任务是接受命令、解释命令并执行命令。监控程序可分为监控主程序、命令处理子程序（简称处理子程序）及接口管理程序三大部分。监控主程序的任务是识别按键、解释命令并获得处理子程序的入口地址；处理子程序的任务是具体执行命令，完成命令所规定的各项实际动作。如果把监控程序比喻为一棵树，那么监控主程序就是树干，处理子程序就是树枝和树叶。处理子程序随智能仪器的不同而不同，即使在同一个智能仪器中也因命令的不同而不同；但监控主程序的结构却在不同的智能仪器中具有共同性。因此本章讨论监控主程序的各种设计方法，并从时间、空间、易于编写、修改等方面对这些设计方法进行评价。

6.1 直接分析法

在一键一义的情况下，一个按键代表一个命令或一个数字，这时可用直接分析法来设计监控主程序。所谓"直接分析"就是只需根据当前按键的编码，把控制直接分支到相应的处理子程序入口，而无需知道在此之前的按键情况。直接分析的日常典型例子是电报译码，它只要根据当时正在处理的电报码，而无需记住以前曾经译过什么码，就能进行一一对应的译码。具体设计时可用选择结构，也可用转移表。

6.1.1 用选择结构设计监控主程序

这种方法适用于比较简单的应用场合、一般单片机应用系统中，键盘接口提供了被按键的读数，即有键按下时 CPU 可得到被按键的读数（即键值），监控主程序根据键读数把控制转移到相应的处理子程序的入口。图 6-1 是用这种方法设计监控主程序的流程图。

通常按键有数字键和命令键两大类，命令键又可分为主功能命令（需反复执行的命令）和非主功能命令（只需执行一遍）两种。如果是主功能命令，则应先设置主功能标志。单片机对键盘的管理可采用查询方式，也可采用中断方式。设键值 K 在 0~9 为数字键，在 0AH~0FH 为命令键（设均为主功能命令，且暂不设主功能标志），分别对应于命令处理子程序 1、2、…、6，键值暂存于寄存器 B 中。

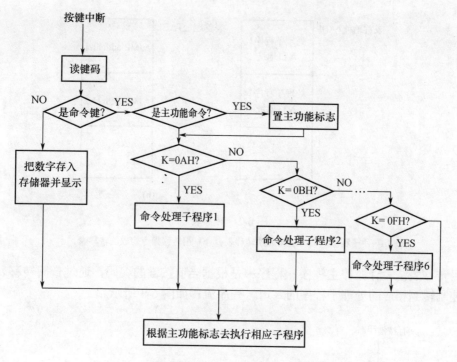

图 6-1　用选择结构法设计的监控主程序流程图

程序如下：

```
MOV    A, B
CLR    C
SUBB   A, #0AH
JC     DIG
CJNE   A, #00H, 02H
AJMP   addr11.1
CJNE   A, #01H, 02H
AJMP   addr11.2
       ...
CJNE   A, #05H,02H
AJMP     addr11.6
DIG: ...
```

其中 addr11.1、addr11.2、…、addr11.6 分别为各处理子程序入口地址的低 11 位。这样转移的范围不超过 2KB。当然也可用 LJMP 指令，子程序便可在 64KB 范围内任意安排。

6.1.2　用转移表法设计监控主程序

这种方法的核心是建立一张一维的转移表。所谓转移表就是表内顺序登记了各命令处理子程序的入口地址（如图 6-2(a)所示）或转移指令（如图 6-2(b)所示）供主程序查阅。图 6-2(b)中 AJMP 指令也可改为 LJMP 指令。

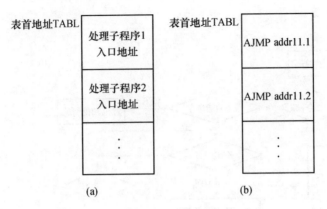

图 6-2 转移表

(a) 用子程序入口地址构成的转移表；(b) 用转移指令构成的转移表。

用转移表法设计监控主程序，程序中是根据当前按键的编码，通过查阅转移表，便可把控制转到相应的处理子程序的入口，程序流程如图 6-3 所示。

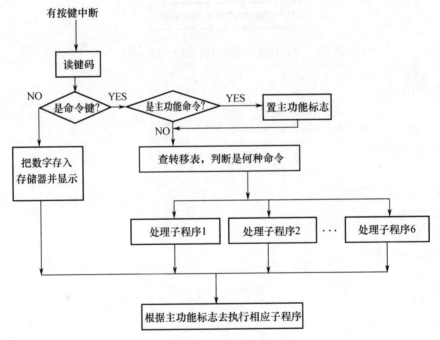

图 6-3 用转移表法设计的监控主程序流程图

对于图 6-2(a)所示的转移表，上例的监控主程序如下：

```
MOV  DPTR,  #TABL
MOV  A, B                 ; 取键值
CLR  C
SUBB  A, #0AH             ; 是否为数字键
JC   DIG
RLC  A
```

```
        MOV   R3, A
        MOVC  A, @A+DPTR
        MOV   R2, A
        INC   R₃
        MOV   A, R3
        MOVC  A, @A+DPTR
        MOV   DP_H, A
        MOV   DP_L, R2
        CLR   A
        JMP   @A+DPTR
TABL:   ADSUB1
        ADSUB2
        …
DIG:    …
```

对于图 6-2(b)所示的转移表，监控主程序如下：

```
        MOV   A, B
        CLR   C
        SUBB  A, #0AH
        JC    DIG
        RLC   A
        MOV   DPTR, #TABL
        JMP   @A+DPTR
TABL:   AJMP  addr11.1
        AJMP  addr11.2
D1G:    …
```

　　对于功能复杂的智能仪器，若仍采用一键一义，则按键使用往往过多。这不但增加了费用，且使面板难以布置，操作也不方便。因此，目前智能仪器往往是一键多义的。一个按键有多种功能，既可作为多种命令键，又可作为数字键。

　　在一键多义的情况下，一个命令不是由一次按键，而是由一个按键序列所组成的。换句话说，对一个按键含义的解释，除了取决于本次按键外，还取决于以前按了些什么键。这正如当看到字母 g 时，还不能决定它的含义，需看看前面是些什么字母。若前面是字母 Bi，则组成词 Big；若前面是字母 Ba，则组成词 Bag。因此对于一键多义的监控程序，首先要判断一个按键序列（而不是一次按键）是否已构成一个合法命令。若已构成合法命令，则执行命令，否则等待新按键输入。

　　一键多义的监控程序仍可采用转移表法进行设计，不过这时要用多张转移表，组成一个命令的前几个按键起着引导的作用，把控制引向某张合适的转移表，根据最后一个按键读数查阅该转移表，就找到要求的子程序入口。为清楚起见，举一个简单例子来进行说明。假设某电压频率计面板上有 A、B、C、D、GATE、SET、OFS、RESET 等 8 个键。按 RESET 键使仪器初始化并启动测量，初始化后直接按 A 或 B、C、D 键，分别使仪器进行测频(f)或测周期(T)、时间间隔（$T_{A\text{-}B}$）、电压(U)等。按 GATE 键后按 A、B、

C、D 键，则规定闸门时间或电压量程。按 SET 键后按 A、B、C、D 键，则送入一个常数（称为偏移）。若按奇数次 OFS 键，则进入偏移工作方式，把测量结果加上偏移值后进行显示；按偶数次（包括零次）OFS 键，则为正常工作方式，测量结果直接显示。

为完成这些功能，采用转移表法所设计的监控程序流程示于图 6-4。

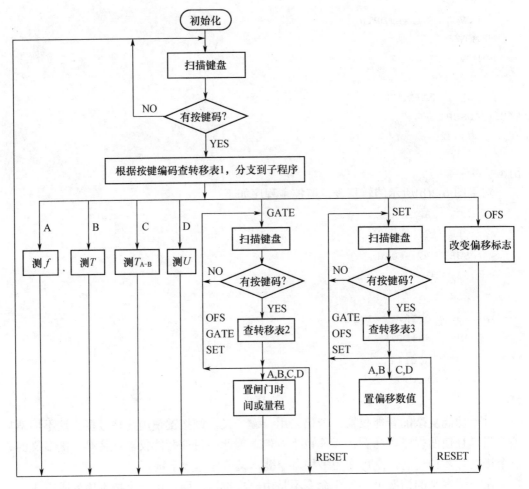

图 6-4　一键多义的监控程序之一

程序内包含了 3 张转移表。GATE、SET 键分别把控制引向转移表 2 与 3，以区别 A、B、C 或 D 键的 3 种含义。每执行完一个命令，微处理器继续扫描键盘，等待新的命令输入。

这种以查询方式管理键盘接口的方法在智能仪器中有时会遇到困难，因为在智能仪器中，当接到某些命令（如规定连续测量功能的命令，称为主功能命令）后，通常要反复执行这些命令，直到接收新的主功能命令为止（相应地对另一些命令，如置量程、送常数、置标志等只执行一遍，则为非主功能命令），微处理器就无时间询问并扫描键盘，这时适宜采用中断方式处理键盘接口。此外，智能仪器监控程序具有实时性，一旦出现按键中断后，通常应该作废正在进行的一次测量；当中断服务程序完成后，重新启动一次测量，而不回到程序中断点恢复原来进行的测量——多半是一次错误的测量。考虑到这些因素，图 6-4 所示的监控程序可设计成如图 6-5 所示的形式。

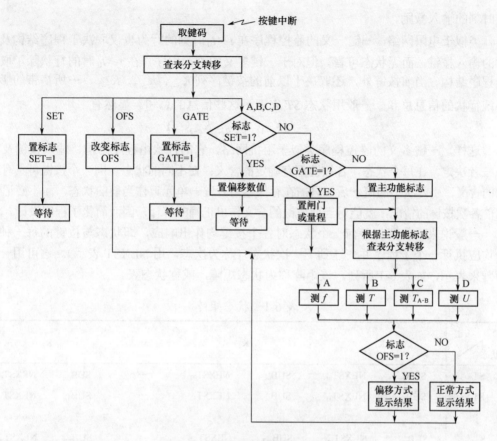

图 6-5　一键多义的监控程序之二

由于中断后不返回，因而在 RAM 内开辟一些单元作标志，以"记住"以前的按键情况，供监控程序作出正确的判断，把控制引导到正确的方向。例如，若先按 SET 键，则监控程序置 SET 标志为"1"；接着按 A、B、C 或 D 键。当监控程序判断出标志 SET＝1 后，就把这些键作为数字键输入常数。若先按 GATE 键，则置位 GATE 标志，随后按 A、B、C 或 D 键就规定量程或闸门时间。所有这些监控程序的特点是命令的识别与处理子程序的执行交织在一起，相互牵连，结构复杂而凌乱无序，不易修改、阅读与调试。当按键较多、复用次数较多时，这一矛盾尤为突出，而用状态变量法设计监控主程序便可克服这些缺点。

6.2　状态变量法

6.2.1　状态变量法的实质

"状态"是系统理论中的一个基本概念。状态的一般定义是：一个系统在 $t＝t_0$ 时的状态，是该系统所必须具备的最少量的信息。利用这组信息，连同系统模型和在 $t \geqslant t_0$ 时的输入激励，就足以唯一地确定 $t \geqslant t_0$ 时系统的行状（行为与状态）。对于带有储能元件的阻抗网络，在 $t \geqslant t_0$ 时的行状取决于网络在 $t＝t_0$ 时的状态、网络结构及 $t \geqslant t_0$ 时的输入激励。阻抗网络在 t_0 时刻的状态由网络内储能元件所储的能量决定。但对于纯阻网络，由于没有储能元件，因而无状态可言，这种网络在任何时刻的行为仅取决于网络结构及

271

该时刻的输入激励。

类似于电阻网络，一键一义的监控程序在 $t \geqslant t_0$ 时刻的行为也仅取决于程序结构及当时的输入按键，而无状态可言。但对于一键多义的监控程序，在 $t \geqslant t_0$ 时的行状除了取决于程序结构、当前按键外，还取决于以前的按键序列 K_{c-1}、K_{c-2}、K_{c-3}、$\cdots$ 所携带的影响系统行状的信息总和。一般用状态 ST 来表示这些信息的总和。显然有

$$ST = f(K_{c-1}、K_{c-2}、K_{c-3}、\cdots)$$

这样，一键多义的监控程序类似于阻抗网络，它的行状由程序结构、输入按键及状态三者决定。在每个状态，各按键都有确定的含义；在不同的状态，同一个按键可具有不同的含义。引入状态的概念后，只需在存储器内开辟一单元记住当前的状态，而不必记住以前各次按键的情况，就能对当前按键的含义作出正确的解释，因而简化了程序设计。

一般说来，仪器在任何一个状态对各个按键均作出响应，即状态与按键的每一种组合均应执行一个子程序并变迁到下一次状态（称为次态，用 NEXST 表示）。这可用一个矩阵来表示，如表 6-1 所列。该矩阵称为状态矩阵，或称状态表。

表 6-1 状态矩阵

状态 ＼ 按键	K_1		K_2		$\cdots$	K_n	
ST_0	SUB_{01}	$NEXST_{01}$	SUB_{02}	$NEXST_{02}$	$\cdots$	SUB_{0n}	$NEXST_{0n}$
ST_1	SUB_{11}	$NEXST_{11}$	SUB_{12}	$NEXST_{12}$	$\cdots$	SUB_{1n}	$NEXST_{1n}$
$\vdots$	$\vdots$	$\vdots$	$\vdots$	$\vdots$		$\vdots$	$\vdots$
ST_m	SUB_{m1}	$NEXST_{m1}$	SUB_{m2}	$NEXST_{m2}$		SUB_{mn}	$NEXST_{mn}$

表 6-1 中表示仪器有 n 个按键、$m+1$ 个状态。若在 ST_i（$0 \leqslant i \leqslant m$）态按 K_j（$1 \leqslant j \leqslant n$）键，则将执行 SUB_i 子程序（i 为子程序号数或首址），并迁到 $NEXST_r$ 态（$0 \leqslant r \leqslant m$）。实际上，并非所有的按键与状态的组合都有意义。表 6-1 所列的矩阵往往是一个稀疏矩阵。若直接利用稀疏矩阵，则占用内存量大，程序运行速度也慢，这是不合理的。因而必须进行压缩，将那些无效组合集中起来进行处理，稍微改变排列，就成为表 6-2 所列的形式。表中"*"号表示各无意义的按键集合。这一状态表明确规定了仪器在每个状态接受各种按键时所应进行的实际动作，也规定了状态的变迁，因而是监控程序的"大纲"。这样，用状态变量法设计的键盘监控程序就归结为根据现态与当前按键两个关键字查阅状态表这么一件简单的事情了。

表 6-2 压缩后的状态表（部分）

PREST	KEY	SUB	NEXST
ST_0	K_1	SUB_{01}	$NEXST_{01}$
	K_2	SUB_{02}	$NEXST_{02}$
	K_4	SUB_{04}	$NEXST_{04}$
	$\vdots$	$\vdots$	$\vdots$
	*	SUB_{0*}	$NEXST_{0*}$

PREST	KEY	SUB	NEXST
ST_1	K_1	SUB_{11}	$NEXST_{11}$
	K_2	SUB_{12}	$NEXST_{12}$
	K_5	SUB_{15}	$NEXST_{15}$
	⋮	⋮	⋮
	*	SUB_{1*}	$NEXST_{1*}$

可见，用状态变量法设计监控主程序的实质是将仪器工作的整个过程划分为若干个"状态"。在任一状态下，每个按键都有一个确定的含义，即执行某一个子程序，且变迁到某一个状态（次态），把这种状态与按键对应关系的组合列成一张表——状态表存入存储器中。仪器现在所处的状态即现态专门用一个存储单元来"记忆"。监控主程序就根据现态和当前按键这两个关键字查阅状态表，便可确定按键的确切含义。

6.2.2　状态变量法设计步骤

下面拟通过一个简单例子来说明用状态变量法设计监控程序的一般步骤。设某电压频率计的面板键盘如图 6-6 所示，其中 F、T、T_{A-B} 及 V 键规定了仪器的测量功能，SET 键规定数字键 0～9 及小数点键作输入常数或自诊断用，GATE 键规定数字键作为闸门时间或电压量程用。若按 OFS 键奇数次，则进入偏移工作方式；按 OFS 键偶数次，则为正常工作方式。按 CHS 键改变常数符号，规定负数为负偏移方式，把测量结果减去偏移后再显示；否则为正偏移方式。

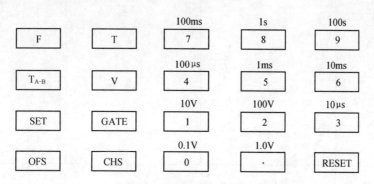

图 6-6　智能仪器键盘举例

设计的第一步是根据仪器功能画出键盘状态图。状态图与状态表是一一对应的，但前者更为直观明了。本例的状态图可设计成图 6-7 所示形式。图中用方框表示状态，流线旁的符号表示按键，符号"DIG"表示数字键（包括小数点键），"*"号表示在该状态内未被指明的所有键。下面仅以 SET 键后的状态变迁为例来进行说明。

仪器通电后处于 0 态。第一次按 SET 键后进入 1 态。这时可按数字键置入常数；按 CHS 键改变常数符号；按 RESET 键迁移到 5 态；第二次按 SET 键后迁移到 3 态；按其他任意键回到 0 态。在 3 态，数字键用作选择仪器 11 种自诊断模式中的某一种；按 RESET 键后迁移到 4 态，进行键盘检测，检验按键的好坏。若再一次按 RESET 键，则迁移到 5 态。

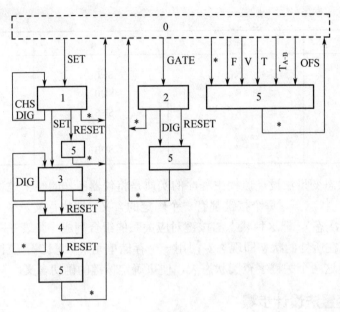

图 6-7　键盘状态图

　　状态图决定了状态表，也决定了监控程序的质量。因而必须仔细设计，反复推敲。表 6-3 列出了对应于图 6-7 状态图的状态表。

表 6-3　状态表（符号形式）

状　态	按　键	次　态	子 程 序
0	F	5	1
	T	5	2
	$T_{A\text{-}B}$	5	3
	V	5	4
	SET	1	0
	GATE	2	0
	OFS	5	5
	*	5	0
1	DIG	1	7
	CHS	1	8
	SET	3	0
	RESET	5	6
	*	0	0
2	DIG	5	9
	RESET	5	6
	*	0	0

状　态	按　键	次　态	子　程　序
3	DIG	3	10
	RESET	4	0
	*	0	0
4	RESET	5	6
	*	4	11
5	*	0	0

表内各子程序的功能如下。

（1）#0：无操作、等待。

（2）#1：测频。

（3）#2：测周期。

（4）#3：测时间间隔。

（5）#4：测电压。

（6）#5：改变偏移标志，启动测量。

（7）#6：回到初始状态，启动测量。

（8）#7：输入常数、等待。

（9）#8：改变常数符号、等待。

（10）#9：设置闸门时间或电压量程，启动测量。

（11）#10：自诊断工作方式。

（12）#11：键盘检测。

表6-4 是按键编码表。为了压缩状态表的长度，通常将键码分成 FNKY 与 NUMB 两部分。对于数字键，可使 FNKY＝1；对于命令键，NUMB＝0。这样就可以列出机器码形式的状态表，如表 6-5 所列。表中 SUB 是命令处理子程序的号数或入口地址。

表 6-4　键码表

键 名	键 码	FNKY	NUMB	键 名	键 码	FNKY	NUMB
0	00	01	00	•	0A	01	0A
1	01	01	01	F	0B	02	00
2	02	01	02	T	0C	03	00
3	03	01	03	T_{A-B}	0D	04	00
4	04	01	04	V	0E	05	00
5	05	01	05	SET	0F	06	00
6	06	01	06	GATE	10	07	00
7	07	01	07	OFS	11	08	00
8	08	01	08	CHS	12	09	00
9	09	01	09	RESET	13	0A	00

表 6-5　状态表（16 进制数形式）

ST	FNKYT	NEXST	SUB	ST	FNKYT	NEXST	SUB
0	02	05	01	1	0A	05	06
	03	05	02		00	00	00
	04	05	03	2	01	05	09
	05	05	04		0A	05	06
	06	01	00		00	00	00
	07	02	00	3	01	03	10
	08	05	05		0A	04	00
	00	05	00		00	00	00
1	01	01	07	4	0A	05	06
	09	01	08		00	04	11
	06	03	00	5	00	00	00

键盘监控程序首先把键码译成 FNKY、NUMB 两部分，然后根据现态 PREST 与 FNKY 查阅状态表。当发现 PREST、FNKY 分别与状态表中的 ST、FNKYT 相匹配时，就取出匹配项的 NEXST（次态）、SUB 参数。把 NEXST 送入 PREST 作为现态，同时调用 SUB 子程序，整个流程示于图 6-8。

这里有以下 3 点需说明：

（1）为了避免不必要的两次按键，通常将 0 态设计成不稳定态，所以在图 6-7 中 0 态用虚线框表示。在图 6-8 中，当发现取来的 NEXST 为 0 时，就自动再查一次状态表。比如：若在 2 态按了不合法键 T 键，则转到 0 态后再查一次表，转到 5 态，进行测周期操作。

（2）若输入的是主功能命令键（如测电压、测频等命令，通常这些命令要重复执行），则把相应的标志置入 MAINFN 单元，并连续执行其测量程序。若输入的是非主功能命令键，则当完成中断服务程序后，或等待，或恢复原来的测量功能。

（3）状态表中每一栏的最后一行用"*"号（符号形式）或 00（16 进制数形式）表示各无意义按键的集合。所以在程序中如本栏查完了，还找不到 FNKYT=FNKY，则该按键一定为无意义的按键，就应该把最后一行的 NEXST 和 SUB 取出来用。

6.2.3　设计状态图和状态表的原则与技巧

状态图和状态表的设计首先要满足仪器的功能、结构及操作方便等诸方面要求，应视具体情况而定，不能一概而论。例如，状态图设计呈纵向分布还是呈横向分布好？这就难以下结论。因为当呈横向分布时键数将增多，呈纵向分布时复用次数将增多。若不适当地强调某一方面均会使操作不便，结构难以设计。又如，状态图的流线与状态表内的记录是一一对应的，为了压缩状态表的长度，是否流线越少越好呢？否。因为不适当地减少流线，虽然状态表压缩了，但却可能使整个监控程序的长度及运行时间增加。虽然如此，倘在设计状态图与状态表时能掌握一些原则和技巧，是能够提高所设计的程序质量的。现提出如下几点：

276

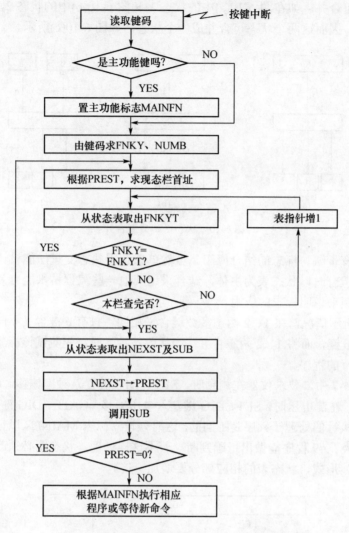

图 6-8　用状态变量法设计的监控主程序流程图

（1）在一个状态，每个按键只能有一个含义；所有按键中只要有一个按键具有两个含义，就必须设立两个状态加以区别。在图 6-9 中，在 1 态与 2 态，按键 e 的含义不同，因而不能合并。

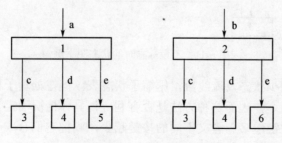

图 6-9　状态 1 和 2 不能合并

（2）若在两个或两个以上状态中所有按键的含义都相同，则不论它们由何态、何键迁移而来，均可合并。如在图 6-10(a)中的状态 1 和图 6-10(b)中的状态 2，c、d、e 三键的含义都相同，因而这两个状态可合并成一个状态，如图 6-10(c)所示。

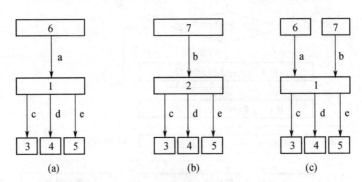

图 6-10　状态 1 和 2 能合并

（3）状态变量法与标志的结合应用。虽然单独利用状态变量法能设计各种智能仪器的监控程序，但有时以状态表为主体，结合采用其他一些编程技术能有效地提高程序质量。这里举几例来说明标志的应用。

如图 6-9 所示情况，在 1、2 两态多数键含义相同，只有 e 键含义不同时，可设立标志来记忆 a 或 b 键，而将 1、2 两态合并。当接收按键 e 时，先测试该标志，以决定状态的迁移及应执行的程序。

又如在图 6-7 中，要求仪器在测频时，SET、DIG 键置入频率偏移，GATE、DIG 键置入闸门时间；在测电压时，SET、DIG 键置入电压偏移，GATE、DIG 键置入电压量程。两种情况下所执行的处理子程序是不同的，这时须设立标志 MAINFN 以记忆是测频还是测电压，而使#8、#9 程序能做出正确判断。若不这样处理，状态图必须改成图 6-11（仅画出部分状态）形式，状态表的相应部分要增加一倍。

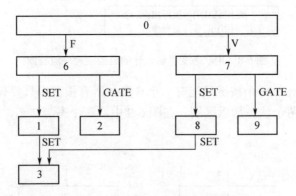

图 6-11　不设标志时的状态图举例

设立标志虽可减少状态及流线数，压缩了状态表，但在处理子程序内却要增加判断标志和进行分支的指令，因而这种方法是否有利应视具体情况而定。一般说来，在两个状态中含义相同的按键越多、含义不同的按键越少，则把它们合成一态，并结合使用标志，所收到的效果将越好。

（4）状态变量法与转移表的结合使用。在状态表内每个表目包含 FNKYT、NEXST 和 SUB 三项，一般要占 2～3 个字节，通常还需一张表以根据子程序号查找其入口，占用内存较多。为此状态变量法有时可与转移表结合使用。如在图 6-7 中状态 3，各数字键起着命令键的作用，但在状态图内用一根流线来表示，在状态表内把它们列为一项，另用一张转移表根据数字键的 NUMB 值进行分支，这样就节省了内存。利用这种方法需让功能类似的键具有相同的 FNKY 值。状态表内列为一项，执行处理子程序时根据 NUMB 值用转移表进行分支。通常认为这样安排较为合适：先用状态变量法区分多义键，在键的意义子集确定后，再用转移表法分支到确定的处理子程序。

（5）不稳定态 0 态的设立。

如前所述，这样不仅避免了不必要的两次按键，而且大大减少了状态间流线的互连，也就大大精简了状态表。在图 6-12 中，按 F、V 键后分别进入 1、2 态。在 1 态按 V 键进入 2 态，在 2 态按 F 键进入 1 态。图 6-12(a)和(b)分别表示不设 0 态与设 0 态的情况，前者出口流线 4 根，后者出口流线 2 根。实际上根据图 6-10 的原则，图 6-12(b)可进一步简化。如果这样的状态越多，设立 0 态的优点越显著。

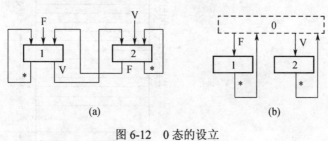

图 6-12　0 态的设立

(a) 不设 0 态；(b) 设 0 态。

（6）状态图必须具有循环性。

一般来说，按键序列是无穷的，但对它的处理必须构成封闭循环，否则状态表的长度将趋于无穷，监控程序将无法工作。实际上，按键命令通常由一个到几个按键组成，命令的第一个按键使监控程序脱离 0 态，命令结束后应返回 0 态，构成循环。当然，由于 0 态是不稳定态，因而随即转到其他态。

（7）状态表的安排和查找。

状态表的每个记录包含 ST、FNKYT、NEXST 及 SUB 四个数据项。由于状态表是按 ST 递增的次序排列的，ST 项隐含在表内而可不出现，因而状态表每个记录仅包含 FNKYT、NEXST、SUB 三项。FNKYT 值与按键读数有关，在满足表示范围的情况下，FNKYT 值应取得越小越好，以压缩记录长度。下面讨论对 NEXST、SUB 两项的处理。为方便起见，今后把整个状态表称为总表，把每个状态的记录集合称为子表，如图 6-13 所示。

① NEXST 项的处理。有两种方法可供处理 NEXST 项：一种方法是把下态子表的绝对首址放入记录，另一种方法是把状态序号放入记录。前一种方法的特点是因为已给出了子表首址，每次只需查找较短的子表，因而查找速度快；但因为每个记录内要放置 8 位或 16 位的子表地址，因而内存较浪费。后一种方法的特点恰与前法相反：因为状态

序号取决于状态数，一般用 4～6 位表示已足够，因而节省内存；但因为每次都要查找总表，因而查找速度慢。例如，一个状态表内有 16 个状态，每个子表有 10 个记录，则状态表共有 160 个记录。假设采用顺序查找法进行查找，当采用第一种方法时只需查找子表，平均查找长度为 5；但每个 NEXST 项需两个字节，因而整个状态表内 NEXST 项共有 320 字节。采用第二种方法时平均查找长度为总表的一半，即 80。用 4 比特即可表示 16 个状态，因而 NEXST 项只有 80 个字节。

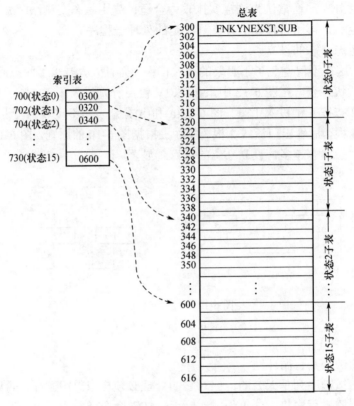

图 6-13　状态表的查找举例

一个较好的折衷方法是另设一个索引表，如图 6-13 所示。此法可在内存空间增加不多的情况下达到高速查找。索引表内存放了每个子表的首址，而状态表内的 NEXST 项记入状态序号，因而仅比第二种方法增加了为数不多的索引表空间，在所举例子中为 32 个字节；因为查找索引表速度较快，与第一种方法一样，查找时间主要用于查找状态子表，查找速度接近于第一种方法。

② SUB 项的处理。与 NEXST 项情况相似，处理 SUB 项也有两种方法：一种方法是把子程序入口地址直接记入状态表；另一种方法是把子程序号数记入状态表，另用一张转移表登记子程序的入口地址。究竟哪个方法较为有利，视具体情况而定。仍以图 6-13 的状态表为例，假设共有 60 个子程序。采用第一种方法时，每个记录内子程序入口地址需占两个字节，整个状态表内该项共占 320 字节；采用第二种方法时，每个记录只需 6 位就能保存子程序号数（6 位可表示 64 个子程序），整个状态表内该项共占 120 字节（即 6×160 比特），另外转移表需 120 字节，两项共需 240 字节。后者比前者好。但若子程

280

序超过 90 个时，则第一种方法将比第二种方法少占用内存。

③ 为节省内存，FNKYT、NEXST、SUB 三项应组装起来，图 6-14 中表示把 FNKYT（5 位）、NEXST（5 位）、SUB（6 位）三项组装成两个字节。

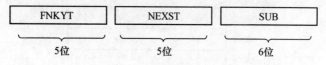

图 6-14　状态表内的记录（示例）

6.2.4　用状态变量法设计监控主程序实例

试按图 6-7 所示的键盘状态图要求设计键盘监控主程序。状态表已列于表 6-5，但为有效利用存储器空间，对该表需作进一步处理。表内 FNKYT 项有 4 位，NEXST 项有 3 位，这两项可组装在一个字节内，如图 6-15 所示。例如，在表 6-5 中的状态为 0 的第一个记录内，FNKYT=02，NEXST＝05，两者组装后成为 15H。

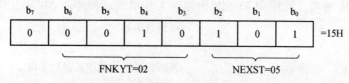

图 6-15　FNKYT 和 NEXST 组装

图 6-16 表示了两种状态表的形式。在图 6-16(a) 内把子程序号数记入状态表，图 6-16(b) 内把子程序的入口地址记入状态表。对该例采用图 6-16(b) 方式较为节省内存，因而该例采用这种方式。

	SUB序号			SUB序号			入口地址			入口地址
0100	15	01	011A	0D	09	0100	15 ××××	0127	0D ××××
	1D	02		55	06		1D ××××		55 ××××
	25	03		00	00		25 ××××		00 ××××
	2D	04	0120	0B	0A		2D ××××	0130	0B ××××
	31	00		54			31 ××××		54 ××××
	3A	00		00	00		3A ××××		00 ××××
	45	05	0126	55	06		45 ××××	0139	55 ××××
	05	00		04	0B		05 ××××		04 ××××
0110	09	07	012A	00	00	0118	09 ××××	013F	09 ××××
	49	08					49 ××××		
	33	00					33 ××××		
	55	06					55 ××××		
	00	00					00 ××××		
	(a)						(b)		

图 6-16　状态表实例

(a) 子程序序号记入状态表；(b) 入口地址记入状态表。

注："××××"表示子程序入口地址

281

在状态表内记入了 NEXST 的序号，为加快查找，另设一个索引表，如图 6-17 所示。索引表内登记了各个子表的首址，索引表本身的首址为 0080H。查找状态表时，首先根据现态序号（PREST）查找索引表以获得子表首址，然后根据 FNKYT 查找子表。

0080	0	0	0	1
0082	1	8	0	1
0084	2	7	0	1
0086	3	0	0	1
0088	3	9	0	1
008A	3	F	0	1

图 6-17　索引表

下列监控主程序根据现态 PREST 和 FNKYT 查找图 6-16(b)所示状态表，以求得下态 NEXST 及处理子程序的入口地址。从键盘接口来的按键读数已按表 6-4 规定分解成 FNKY 和 NUMB 两项。程序中 TEMP 为临时工作单元，程序用 MCS-51 指令编写。

```
        MOV   A , B            ;取按键信息
        CLR   C
        SUBB  A , #0BH         ;判断按键是功能键还是数字键
        JC    DIG              ;为数字键，转 DIG
        SUBB  A , #03H         ;判断是否为主功能键
        JNC   NMFN             ;非主功能键，转 NMFN
        SETB  FO               ;置主功能标志位 FO 为 1
NMFN:   ACALL FUN              ;调用功能键处理子程序
        AJMP  START
DIG:    MOV   30H , #01H       ;FNKY 值放在 30H 单元中
        MOV   31H , B          ;NUMB 值放在 31H 单元中
START:  MOV   DPTR , #PREST
        MOVX  A , @DPTR        ;取得现态
        CLR   C
        RLC   A               ;(a)×2
TAB0:   MOV   R₃, A
        MOV   DPTR , #0080H    ;查索引表
        MOVC  A , @A+DPTR      ;取得子表首址低字节
        MOV   R₂ , A           ;暂存于 R₂
        MOV   A, R₃
        INC   A
        MOVC  A , @A+DPTR      ;取高位地址
        MOV   DPн, A
        MOV   DPʟ , R₂         ;DPTR 指到子表的首址
```

```
TAB1:   CLR  A
        MOVC  A , @A+DPTR              ; 取出记录的第一字节
        MOV  B, A
        PUSH  DP_L
        PUSH  DP_H
        RL  A
        SWAP  A
        ANL  A , #0FH                  ; (a)=FNKYT
        JZ  OK                         ; FNKYT=0 查到子表的最后一个记录
        MOV  04H , A                   ; (04H)←FNKYT
        MOV  DPTR, #MFNKY
        MOVX  A , @DPTR                ; (a)= FNKY，取得当前按键读数的 FNKY
        CJNE  A , 04H , NEXT           ; FNKY≠FNKYT，转
OK:     MOV  A , B                     ; 查找成功，记录的第一个字节回送 A
        ANL  A , #07H                  ; 取出下态
        MOV  DPTR, #PREST
        MOVX  @DPTR , A                ; 下态送 PREST 单元
        POP  DP_H                      ; 调用 SUB
        POP  DP_L
        INC DPTR
        CLR  A
        MOVC  A, @A+DPTR
        MOV  R_2, A
        CLR  A
        INC DPTR
        MOVC  A, @A+DPTR
        MOV  DP_H, A
        MOV  DP_L, R_2
        CLR  A
        JMP  @A+DPTR                   ; 转处理子程序
CHOST:  MOV  DPTR , #PREST             ; 现态是否为 0
        MOVX  A, @DPTR
        JNZ  TAB2                      ; 现态不为 0，转
        AJMP  TAB0                     ; 现态为 0，再查一次状态表
TAB2:   AJMP  SCAN                     ; 等待新命令或查询 MAINFN
NEXT:   POP  DP_H                      ; 转查下一个记录，一个记录占用 3 个字节
        POP  DP_L
        INC DPTR
        INC DPTR
```

```
        INC   DPTR
        AJMP  TAB1
FUN:    MOV   A, B                        ；功能键处理子程序
        CLR   C
        SUBB  A, #09H
        MOV   30H, A
        MOV   31H, #00H
        RET
```

注意：按上述方法处理，各处理子程序后面用指令 LJMP CHOST 回到本程序的 CHOST 处，判断现态是否为 0。

总之，状态变量法设计键盘监控程序具有下列优点：

（1）应用一张状态表，统一处理任何一组按键——状态的组合，使复杂的按键序列的编译过程变得简洁、直观、容易优化，设计的程序易懂、易读。

（2）翻译、解释按键序列与执行子程序完全分离，因此键盘监控程序的设计不受其他程序的影响，可单独进行，避免两者纠缠交叉。

（3）若仪器功能发生改变，则监控程序的结构不变，仅需改变状态表。

（4）设计任务越复杂，按键复用次数越多，此方法的效率越高。对于复杂的仪器仅是状态表规模大些，监控程序的设计方法完全一样。

习题与思考题

1. 在智能系统中为什么要编制监控程序？

2. 监控程序一般由哪些主要模块组成？各个模块的作用是什么？

3. 键盘管理程序中获取键值的方法有哪几种？试画出与各种方法对应的监控程序流程图。

4. 何谓分析法？

5. 何谓状态变量法？

6. 直接分析法具体可用什么方法来设计？

7. 试述状态变量法的设计步骤。

8. 由于状态表中对按键进行了二次编码，则请根据表6-4键码表编写由键码求FNKY和 NUMB 的程序。

9. 状态变量法是如何安排和查找状态表的？

10. 何谓索引表？如果索引表存放于 2300H 单元开始的区域中，仪器现态存于 MPREST 单元中，请编写程序来实现根据现态查找索引表获得相应子表的首地址。

11. 为了避免不必要的两次按键，通常将 0 态设为不稳定态，说明在程序中是怎样实现 0 态为不稳定态的。

12. 图 6-8 所示的流程图中，如果 FNKY ≠ FNKYT，但本栏又查完了，就和找到 FNKY=FNKYT 一样处理，这是为什么？

第7章 接口管理程序的设计

第 1 章已说明了现代智能仪器大都具有本地和远地两种工作方式。在本地工作方式中，用户通过键盘向仪器发布各种命令，指示仪器完成各种动作。在远地工作方式中，控者（通常为计算机）通过 GP-IB 接口总线向仪器发布各种命令。而 GP-IB 接口功能现在一般是用大规模集成电路接口芯片再通过适当编程来实现的。本章先介绍摩托罗拉公司研制的 GP-IB 接口单片 MC68488，它也称为通用接口适配器 GPIA；接着讨论它与 8051 单片机接口电路设计及接口管理程序的设计。

7.1 MC68488 接口（GPIA）原理

MC68488 是美国摩托罗拉公司研制的 GP-IB 接口单片，它具备除控功能之外的其他 9 种 9GP-IB 接口功能；只要外加少量电路，就可具备控功能。该芯片采用单一 +5V 电源，消耗功率约 600mW。

7.1.1 GPIA 引出线功能

GPIA 共有 40 条引出线，排列如图 7-1 所示。除电源线 V_{DD}、地线 V_{ss} 外，其余引出线可分两组，一组与微处理器系统相连接，另一组与 GP-IB 系统相连接。

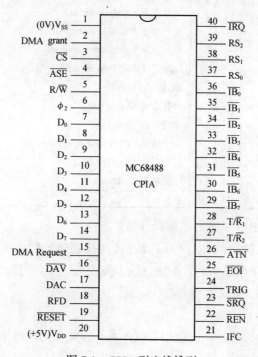

图 7-1　GPIA 引出线排列

285

1. 连接到微处理器系统的引出线

1）双向数据总线 $D_0 \sim D_7$（双向、三态）

该总线用于 GPIA 与微处理器之间传输数据，总线的输出驱动器具有三态能力。除了微处理器读/写 GPIA 外，该驱动器始终处于高阻态。

2）芯片选择信号 $\overline{CS}$（输入）

$\overline{CS}$ 信号用于选择 GPIA，低电平有效。通常由外部译码电路对地址信息进行译码后产生 $\overline{CS}$ 信号。

3）读/写信号 $R/\overline{W}$（输入）

$R/\overline{W}$ 信号由微处理器产生，规定数据总线传送数据的方向：当 $R/\overline{W}$ 信号为高电平时，微处理器从 GPIA 的只读寄存器读取信息；当 $R/\overline{W}$ 信号为低电平时，微处理器把信息写入 GPIA 的只写寄存器。

4）寄存器选择信号 RS_0、RS_1、RS_2（输入）

这是 3 个寄存器选择信号，与读/写信号相配合，选择 GPIA 内部 8 个只读寄存器或 7 个只写寄存器中的一个，如表 7-1 所列。

表 7-1　寄存器选择

RS_1	RS_1	RS_4	$R/\overline{W}$	寄　存　器　名　称	寄存器符号
0	0	0	1	中断状态（Interrupt Status）	R0R
0	0	0	0	中断屏蔽（Interrupt Mask）	R0W
0	0	1	1	命令状态（Command Status）	R1R
0	0	1	0	不用	—
0	1	0	1	地址状态（Address Status）	R2R
0	1	0	0	地址方式（Address Mode）	R2W
0	1	1	1	辅助命令（Auxiliary Command）	R3R
0	1	1	0	辅助命令（Auxiliary Command）	R3W
1	0	0	1	地址开关（Address Switch）	R4R
1	0	0	0	地址（Address）	R4W
1	0	1	1	串行点名（Serial Poll）	R5R
1	0	1	0	串行点名（Serial Poll）	R5W
1	1	0	1	命令通过（Command pass Through）	R6R
1	1	0	0	并行点名（Paralles Poll）	R6W
1	1	1	1	数据输入（Data In）	R7R
1	1	1	0	数据输出（Data Out）	R7W

5）中断请求信号 $\overline{IRQ}$（输出、漏极开路）

GPIA 的中断请求输出线 $\overline{IRQ}$ 以线或方式连接到微处理器的中断请求输入线。当 GPIA 向微处理器提出中断请求时，在 $\overline{IRQ}$ 线上发出低电平信号，该低电平信号一直持续到微处理器读 GPIA 的中断状态寄存器（R0R）为止。

6）复位信号 $\overline{RESET}$（输入）

复位信号用于初始化芯片，低电平有效，由外部复位电路产生。当 $\overline{RESET}$ 信号输入低电平时引起以下几种情况：

（1）复位中断屏蔽、并行点名、串行点名、数据输入和数据输出寄存器。

（2）GPIA 处于不讲/不听状态。

（3）清除地址寄存器和地址方式寄存器。

（4）辅助命令寄存器中除 $b_7=1$ 外，其余各位均被复位。

（5）T/$\overline{R}_1$、T/$\overline{R}_2$ 输出低电平。

当复位信号返回高电平时，GPIA 留在复位状态，直到微处理器写入辅助命令寄存器 $b_7=0$ 为止。

7）DMA 控制信号：DMA 请求信号 DMA Request（输出）和 DMA 响应信号 DMA Grant（输入）

当系统接入 DMA 控制器时使用这些信号。当中断状态寄存器（R0R）中 BO 或 BI 置位且中断屏蔽寄存器（R0W）中的 BO 或 BI 置位时，DMA 请求线输出高电平给 DMA 控制器，请求进行 DMA 传送。当 DMA 控制器控制微处理器系统总线后就发出 DMA 响应（高电平）信号，随即 GPIA 把 DMA 请求线置为低电平。注意，当 DMA 响应线不用时，必须连接到地。

8）地址开关使能信号 $\overline{ASE}$（输出）

仪器的地址开关 $S_1\sim S_7$ 经三态缓冲器连接到数据总线，如图 7-2 所示。当微处理器读取地址开关寄存器 R4R 时，就发出 $\overline{ASE}$（低电平）信号使能三态缓冲器，把地址开关的状态读入微处理器。须注意，地址开关是正逻辑。即在图 7-2 中，当开关断开时缓冲器输入端接到电源，这时为逻辑"1"。

9）时钟信号 CLK（输入）

MC68488 工作需要外加时钟信号配合，它的最高频率为 1MHz。

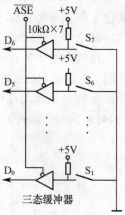

图 7-2　地址开关

2. 连接到 CP-IB 系统的引出线

1）数据线 $\overline{IB_0}\sim\overline{IB_7}$（双向）

GPIA 以位并行、字节串行的方式经 $\overline{IB_0}\sim\overline{IB_7}$ 线接收来自（或发送到）GP-IB 系统的各种信息。

2）挂钩线 DAC、RFD、$\overline{DAV}$

3 条挂钩线用以保证信息的可靠传送。当 RFD（相当于前述的 NRFD）信号进入高电平时，表示所有的接收器都已做好接收数据的准备。当发送器发出 $\overline{DAV}$（低电平）信号时表示数据已有效。当 DAC（相当于 NDAC）信号进入高电平时指出所有接收器都已接收数据。

3）注意线 $\overline{ATN}$（输入）

当 $\overline{ATN}=1$（低电平）时，GPIA 接收接口消息；当 $\overline{ATN}=0$（高电平时）时，GPIA 接收或发送仪器消息。GPIA 在小于 200ns 的时间内响应 $\overline{ATN}$ 信号的任何变化。

4）服务请求线 $\overline{SRQ}$（输出）

用来向控者发送服务请求信号，低电平有效。

5）接口清除线 $\overline{IFC}$（输入）

GPIA 收到 $\overline{IFC}$（低电平）信号后把 GPIA 的听功能和讲功能置于 LIDS 和 TIDS 态，

且复位其他接口功能。如果 GPIA 处于听者工作状态，且 R7R 内有数据字节（BI 位置位），则 $\overline{\text{IFC}}$ 不破坏数据字节和 BI 的状态，$\overline{\text{IFC}}$ 命令也不破坏来自微处理器的本地消息。如 to、lo、fget、hlda 等仅在 $\overline{\text{IFC}}$ 起作用时受影响。如果当出现 $\overline{\text{IFC}}$ 命令时 GPIA 处于 SDYS 态，则讲功能回到空闲态，但本地消息 nba 不破坏。当 GPIA 再成为讲者时，在 $\overline{\text{IFC}}$ 出现前，存于 R7W 的字节送到 GP-IB 完成挂钩。地址寄存器内容不受 $\overline{\text{IFC}}$ 命令影响。

6）远控可能线 $\overline{\text{REN}}$ （输入）

控制器通过 $\overline{\text{REN}}$ 线规定本设备处于远控或本控。当 $\overline{\text{REN}}$ 线输入低电平时使本设备能够处于远控；当 $\overline{\text{REN}}$ 线输入高电平时规定本设备必处于本控。

7）结束或识别线 $\overline{\text{EOI}}$ （双向）

当 $\overline{\text{EOI}}$ 线处于低电平，$\overline{\text{ATN}}$ 线处于高电平时表示一组信息传送结束。当 $\overline{\text{EOI}}$、$\overline{\text{ATN}}$ 线均输入低电平时表示由控制器执行并行点名操作。

8）发送/接收控制线 $\text{T}/\overline{\text{R}}_1$、$\text{T}/\overline{\text{R}}_2$ （输出）

这是由 GPIA 发出的控制发送/接收三态缓冲器的信号。除了并行点名工作状态外，在其它工作状态时 $\text{T}/\overline{\text{R}}_1$ 和 $\text{T}/\overline{\text{R}}_2$ 两信号的状态均相同。其中在讲者、串行点名时，两信号均输出高电平，在听者、仪器清除、仪器触发等功能时，两信号均为低电平。但在并行点名工作状态时，$\text{T}/\overline{\text{R}}_2$ 输出高电平，$\text{T}/\overline{\text{R}}_1$ 输出低电平。

图 7-3 表示 MC68488 与 MC3448A 的连接。MC3448A 是双向三态缓冲器。如图 7-3(b) 所示，当 $\text{T}/\overline{\text{R}}$ 信号为高电平时，MC3448A 的输出缓冲器使能；当 $\text{T}/\overline{\text{R}}$ 信号为低电平时，MC3448A 的输入缓冲器使能。

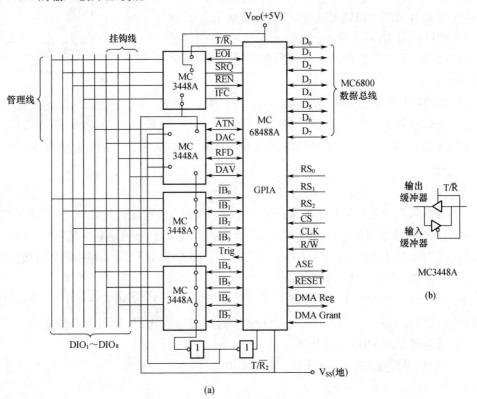

图 7-3 MC68488 与 MC3448A 的连接

在图 7-3(a)中，接在 $\overline{SRQ}$ 线的缓冲器的三态控制端连到电源，故该线始终被规定为输出。

接在 $\overline{REN}$、$\overline{IFC}$、$\overline{ATN}$ 线的缓冲器的三态控制端接地，故它们均被规定为输入。$T/\overline{R}_2$ 用作 $\overline{IB}_0 \sim \overline{IB}_7$ 及 $\overline{DAV}$ 线的缓冲器的三态控制信号，$T/\overline{R}_1$ 经反相后用作 DAC、RFD 线的缓冲器的三态控制信号。这样，当 GPIA 发送信息时，$\overline{IB}_0 \sim \overline{IB}_7$、$\overline{DAV}$ 线规定为输出，而 DAC、RFD 线规定为输入；当接收信息时它们都反向，$\overline{EOI}$ 线缓冲器的三态控制端连接到 $T/\overline{R}_1$ 线。在并行点名时，$T/\overline{R}_1$ 线输出低电平，因而 $\overline{EOI}$ 线规定为输入；而同时 $T/\overline{R}_2$ 线输出高电平，因而 $\overline{IB}_0 \sim \overline{IB}_7$ 线规定为输出。

TRIG 信号的功能见后述。

7.1.2 GPIA 内部寄存器功能

GPIA 内部有 15 个可编程寄存器。其中 8 个是只读寄存器（用 R×R 表示），用以反映接口的状态或锁存来自接口总线的信息；7 个为只写寄存器（用 R×W 表示），由微处理器写入内容，以规定接口的某些功能或锁存微处理器准备发往接口总线的信息。

表 7-2 列出了各寄存器的功能，这里分别讨论如下。

表 7-2 GPIA 寄存器功能

	7	6	5	4	3	2	1	0	
R0W	IRQ	BO	GET	/	APT	CMD	END	BI	中断屏蔽寄存器
R0R	INT	BO	GET	/	APT	CMD	END	BI	中断状态寄存器
R1R	UACG	REM	LOK	/	RLC	SPAS	DCAS	UUCG	指令状态寄存器
R1W	/	/	/	/	/	/	/	/	不用
R2R	ma	to	lo	ATN	TACS	LACS	LPAS	TPAS	地址状态寄存器
R2W	dsel	to	lo	/	hlde	hlda	/	apte	地址方式寄存器
R3R	Reset	DAC	$\overline{DAV}$	RFD	msa	rtl	ulpa	fget	辅助命令寄存器
R3W		rfdr	feoi	dacr			dacd		辅助命令寄存器
R4R	UD3	UD2	UD1	AD5	AD4	AD3	AD2	AD1	地址开关寄存器
R4W	lsbe	dal	dat	AD5	AD4	AD3	AD2	AD1	地址寄存器
R5R	S8	SRQS	S6	S5	S4	S3	S2	S1	串行点名寄存器
R5W		rsv							串行点名寄存器
R6R	B7	B6	B5	B4	B3	B2	B1	B0	命令通过寄存器
R6W	PPR8	PPR7	PPR6	PPR5	PPR4	PPR3	PPR2	PPR1	并行点名寄存器
R7R	DI7	DI6	DI5	DI4	DI3	DI2	DI1	DI0	数据输入寄存器
R7W	DO7	DO6	DO5	DO4	DO3	DO2	DO1	DO0	数据输出寄存器

1. 数据输入寄存器 R7R

R7R	DI_7	DI_6	DI_5	DI_4	DI_3	DI_2	DI_1	DI_0

当 GPIA 处于听者工作状态时,GP-IB 系统总线上的数据锁存于 8 位输入寄存器 R7R。该寄存器的 $DI_0 \sim DI_7$ 位分别对应于芯片引出线 $IB_0 \sim IB_7$。在微处理器读取 R7R 的内容后,DAC 线变为高电平,表示已收到数据。

2. 数据输出寄存器 R7W

R7W	DO_7	DO_6	DO_5	DO_4	DO_3	DO_2	DO_1	DO_0

该 8 位数据输出寄存器锁存由微处理器写入的数据。当 GPIA 处于讲者工作状态时,数据发送到 GP-IB 系统总线上。写 R7W 时不影响 R7R,读 R7R 时不影响 R7W。

3. 命令通过寄存器 R6R

R6R	B_7	B_6	B_5	B_4	B_3	B_2	B_1	B_0

命令通过寄存器是一个没有锁存作用的 8 位口,当微处理器寻址该口时,接口总线($IB_0 \sim IB_7$)与微处理器系统的数据总线($D_0 \sim D_7$)直接相连,这样微处理器就可读取 GP-IB 系统总线上的信息。该寄存器主要用来传送那些不能被接口译码,因而不能自动引起中断的命令和副址,以供微处理器借助软件来进行判断和处理。

4. 并行点名寄存器 R6W

R6W	PPR_8	PPR_7	PPR_6	PPR_5	PPR_4	PPR_3	PPR_2	PPR_1

对于并行点名功能,GPIA 采用本地编组的 PP2 子集。微处理器首先把并行点名响应消息(PPR)写入该寄存器。当控者发来识别(ATN·IDY)消息后,GPIA 的并行点名功能进入并行点名工作状态(PPAS),把并行点名寄存器 R6W 内的 PPR 消息送上 GP-IB 系统总线。当辅助命令寄存器中的复位位置位(Reset=1)时,该寄存器清零。

虽然控者不能对 GPIA 直接进行并行点名编组,但可发布本机软件规定的寻址命令,通过微处理器可进行间接并行点名编组。

5. 串行点名寄存器 R5R/W

R5R	S_8	SRQS	S_6	S_5	S_4	S_3	S_2	S_1

R5W	S_8	rsv	S_6	S_5	S_4	S_3	S_2	S_1

这是一个 8 位锁存混合状态字节的寄存器,可由微处理器进行读/写。当仪器请求服务时,微处理器把请求服务的本地消息(rsv)位置"1",GPIA 的 SR 功能进入 SRQS(服务请求状态),发出服务请求远地消息 SRQ(GPIA 的 $\overline{SRQ}$ 线变为低电平),同时 R5R 中的 SRQS 位置位。当控者收到服务请求信号并发起串行点名(控者发出 SPE 命令,同时本设备受命为讲)时,该寄存器内容作为混合状态字节发往 GP-IB 系统总线,同时 SR 功能进入 APRS(肯定点名响应状态),撤销 SRQ 消息,R5R 中的 SRQS 位复位。然后微处理器把 rsv 位置"0",撤销服务请求。

6. 地址开关寄存器 R4R

R4R	UD_3	UD_2	UD_1	AD_5	AD_4	AD_3	AD_2	AD_1

地址开关寄存器不在 GPIA 内部。当微处理器读 R4R 时，发出 $\overline{ASE}$ 信号，使能位于地址开关与微处理器之间的三态缓冲器（见图 7-2），从而把地址开关的状态读入微处理器。地址开关的低 5 位规定了仪器的地址，另 3 位是用户自定义位的，通常利用这 3 位中的一位或两位作为只听或只讲功能的控制。

7. 地址寄存器 R4W

R4W	lsbe	dal	dat	AD$_5$	AD$_4$	AD$_3$	AD$_2$	AD$_1$

地址寄序器的主要功能是锁存本仪器的主地址。主地址可读自地址开关，也可由软件规定。

R4W 各位的功能如下：

lsbe——置位时使能双重主地址模式。在这种方式下，GPIA 将响应连续的两个地址，一个地址的 AD$_1$ 为 "0"，另一个地址的 AD$_1$ 为 "1"，两地址的其余 4 位（AD$_5$～AD$_2$）相同。例如，若仪器地址为 0FH，则在双重主地址模式时，GPIA 将响应于地址 0FH 和 0EH。

dal——置位时禁止本仪器成为听者。

dat——置位时禁止本仪器成为讲者。

AD$_1$～AD$_5$——仪器主地址。

8. 辅助命令寄存器 R3R／W

R3W/R	Reset	rfdr	feoi	dacr	msa	rtl	dacd	fget
		DAC	$\overline{DAV}$	RFD			ulpa	

辅助命令寄存器的各位功能如下：

Reset——当由 Reset 输入信号或微处理器写入信息使 R3W 寄存器的 Reset 位置 "1" 时，初始化 GPIA 于下列各状态：源空闲态（SIDS）、受空闲态（AIDS）、讲空闲态（TIDS）、听空闲态（LIDS）、本地状态（LOCS）、否定点名响应态（NPPS）、并行点名空闲态（PPIS）、并行点名未受命编组态（PUCS），同时清除所有中断。当 Reset 位置 "1" 时，微处理器仅能访问 GPIA 中的 R4W/R4R 和 R3W 中的最高位 b$_7$ 本身，因此，复位 R3W 中 b$_7$ 位的指令对 R3W 中的 b$_6$～b$_0$ 位不能编程。

硬件复位清除 R4W 中的内容，但软件复位不清除 R4W 内容。在硬件复位之后、编程 R2W 之前，R4W 的内容为 00。如果这时写入 R3W 中 b$_7$=0、结束复位状态，则 GPIA 可能响应地址为 00000 的寻址命令。为避免出现这种情况，在写入 R3W 中 b$_7$=0 之前，应先把正确的地址写入 R4W 中。

rfdr——恢复 RFD 挂钩（Release RFD handshake）位。GPIA 具有 "RFD 脱钩"（Holdoff）方式。在这种方式，RFD 线被箝定在低电平，从而停止了自动挂钩。当微处理器写入信息使 rfdr=1 时，GPIA 就退出 RFD 脱钩方式，恢复自动挂钩。

feoi——强迫结束或识别（forced and or identify）位。若该位置 "1"、且 GPIA 处于 TACS 态，则 $\overline{EOI}$ 线输出低电平；在 GPIA 发出下一字节数据且完成挂钩后，EOI 线返回高电平。feoi、rfdr 和 dacr 位置位后不能长期保持，在一个时钟周期（ϕ_2）后将复位。

dacr——恢复 DAC 挂钩（Release DAC handshake）位。该位写 "1" 后，释放 DAC

线，完成被 dacd＝1（见下述）所阻止或接收未定义寻址命令、通用命令、副地址时（这时 DAC 线钳定在低电平）中止的三线挂钩过程。

msa——有效副址（Valid secondary address）位。在扩展寻址方式时，当收到主地址后，GPIA 进入 LPAS（听者主被寻址状态）或 TPAS（讲者主被寻址状态）；这时若收到软件规定的副址，并写入 msa＝1，则 GPIA 进入 LACS（听者工作状态）或 TACS（讲者工作状态），被寻址为听者或讲者。

rtl——返回本地（return to local）位。在"本地封锁"（LLO）不使能时，当 rtl 置位后，使 GPIA 进入本地方式，即如果 REM 位为"1"，LOK 位为"0"，则置位 rtl 位将复位 REM 位。

dacd——数据接收禁止（data accept disable）位。如该位置位，则在接收所有寻址命令、通用命令、地址时，DAC 线被箝定在低电平，从而阻止自动挂钩。这时若写入 dacr 位为"1"，则继续完成挂钩。须注意的是，Reset 位和 dacd 位不能同时写入"1"，否则（dacd＝1）不能保证在所有情况下都阻止挂钩。

fget——强迫群执行触发（force group execute trigger）位。该位写入"1"与收到 GET（群执行触发）命令有相同的效果。该位置位后，TRIG 线变为高电平，输出一触发信号，启动仪器测量。但这时 R0R 中的 GET 位不置位，这与收到 GET 指令是不同的。

ulpa——高／低主地址（upper／lower primary address）位。在双重主地址方式时，ulpa 位的状态反映了所收到的地址 LSB 的状态。若 ulpa 置位，则表示地址最低位为"1"；若 ulpa 复位，则地址最低位为"0"。该位只能由微处理器读而不能写。

RFD、$\overline{\text{DAV}}$、DAC——这些位与相应的挂钩线具有相同的状态，微处理器只能读这些位。

9. 地址状态寄存器 R2R

R2R	ma	to	lo	ATN	TACS	LACS	LPAS	TPAS

地址状态寄存器的各位功能如下：

ma——置位时表示已收到我的地址。

to——置位时表示 GPIA 处于只讲模式。

lo——置位时表示 GPIA 处于只听模式。

ATN——反映注意线 $\overline{\text{ATN}}$ 的状态，$\overline{\text{ATN}}$ 线为低电平时该位置"1"。

TACS——当 GPIA 处于讲者工作状态时置位。

LACS——当 GPIA 处于听者工作状态时置位。

LPAS——在 GPIA 工作于扩展寻址方式且处于听者主被寻址状态时该位置位。

TPAS——在 GPIA 工作于扩展寻址方式且处于讲者主被寻址状态时该位置位。

10. 地址方式寄存器 R2W

R2W	dsel	to	lo	/	hlde	hlda	/	apte

该寄存器中的 6 位有含义，余两位不用。6 位的功能如下：

dsel——通常写入"0"，这时在收到 GET、SDC（选择仪器清除）、DCL（仪器清除）、UUCG（未定义通用命令）或 UACG（未定义寻址命令）时钳定 DAC 线于低电平，从而阻止自动挂钩，待 CPU 处理；反之，若该位写"1"，则 GPIA 在收到上述寻址命令、通用命令时释放 DAC 线，自动完成挂钩，R1R 中的 DACS、UUCG 或 UACG 位不置位，因而有关命令将被忽略。

to——该位写"1"后，规定接口处于只讲模式。当寻址为讲（ma 和 TACS 位都置位）时 BO 位置位，直到微处理器输出一字节数据给 R7W 时 BO 位才复位。

lo——该位写"1"后，规定接口处于只听模式。

hlde——该位写"1"后，在一组仪器消息传输结束而收到 $\overline{EOI}$ 低、$\overline{ATN}$ 高电平信号时，GPIA 进入 RFD 脱钩方式，即箝定 RFD 线于低电平、中止三线挂钩，以让微处理器对数据进行处理。

hlda——该位写"1"后，GPIA 每收到一个仪器消息就进入 RFD 脱钩方式，中止三线挂钩。只有当 R3W 中的 rfdr 写"1"时，GPIA 才退出 RFD 脱钩方式，释放 RFD 线，完成自动挂钩。

apte——该位写"1"后，使接口处于扩展寻址方式。

11. 命令状态寄存器 R1R

R1R	UACG	REM	LOK	/	RLC	SPAS	DCAS	UUCG

当微处理器读 R1R 时，一些命令或状态标志被耦合到微处理器的数据总线上。这些标志如下：

UACG——当 dsel=0 且 R6R 中收到未定义寻址命令时，该位置位，挂钩脱开；当写入 dacr=1、完成挂钩后，该位复位。对 GPIA 而言，在寻址命令群（×000××××）中除 GTL、SDC 和 GET 外，其他均属未定义寻址命令。当 dsel=1 时，GPIA 忽略 UACG，自动完成挂钩。

在接收未定义寻址命令前，GPIA 不必被寻址。

REM——设备处于远地方式时，该位置位。为使设备处于远地方式，除 rtl=0 外（在发 LLO 后就不管 rtl 位的状态），控者应首先发出 $\overline{REN}$（低电平），然后发出 $\overline{ATN}$（低电平）和 MLA，次序不可颠倒。

LOK——当 $\overline{REN}$ 线为低电平且收到 LLO 通令后，该位置位，rtl 消息不再起作用。当 $\overline{REN}$ 线为高电平后该位复位。

RLC——当 R1R 中的 REM 位变化时，RLC 位置位，读 R1R 后该位复位，仅 REM 位影响 RLC；但若由于 rtl 置位使 REM 复位，则不置位 RLC 位。

SPAS——当 GPIA 处于串行点名工作状态时，该位置位。

DCAS——当 GPIA 处于仪器清除工作状态时，该位置位。当 dsel=0 且在仪器清除或选择仪器清除命令（$\overline{ATN}$ 为真）作用期间，GPIA 进入仪器清除工作状态，DAC 挂钩脱开。当写入 dacr=1 后，释放挂钩，DCAS 位消除。

UUCG——当收到未定义通用命令且 dsel=0 时，该位置位，挂钩脱开，UUCG 通过 R6R 读取。当写入 dacr=1 时，UUCG 位和 CMD 位（如选用的话）复位，恢复挂钩。若 dsel=1，则非定义通用命令不引起该位置位。对 GPIA 而言，在通用命令群（×001×× ××）中除 LLO、DCL、SPE 和 SPD 通令外，其他均属未定义通用命令。

12. 中断状态寄存器 R0R

R0R	INT	BO	GET	/	APT	CMD	END	BI

当出现任一中断事件时，该寄存器的相应位置位。这些中断事件如下：

BO——在讲者工作状态，数据输出寄存器 R7W 因输出数据而"空"时，该位置位；在微处理器向 R7W 写入新数据后，该位复位。当 GPIA 初始化为讲，或者在 TACS 态收到听者发来的 DAC 信号时，BO 置位。$\overline{ATN}$ 线为低电平时，BO=0。

GET——当 GPIA 处于 LADS 且 R2W 中 dsel=0 时，收到 GET 指令后，该位置位，TRIG 线输出高电平，并箝定 DAC 线，中止自动挂钩。当微处理器对此作出响应写入 dacr=1 后，该位复位，TRIG 线返回低电平。当 dsel=1 时，GPIA 忽略 GET 命令。

APT——在扩展寻址方式（apte＝1），当 GPIA 收到主地址后又收到副地址时，该位置位，并箝定 DAC 线；当微处理器作出响应写入 dacr=1 后，该位复位。

CMD——当满足下列关系式时该位置位：

$$SPAS+RLC+\overline{dsel} \cdot (DCAS+UACG+UUCG) = 1$$

这意味着当 GPIA 处于串行点名工作状态（SPAS）或出现本地/远地转换或当 dsel=0 时，进入 DCAS 态、接受 UACG 或 UUCG 命令时，该位置位。如 dse1=1，则仅当 SPAS 或 RLC 出现时，该位置位。

END——当本设备作为听者，且输入信号 $\overline{ATN}$ =0（高电平）、$\overline{EOI}$ =1（低电平）时，该位置位；当 $\overline{EOI}$ 为高电平或 $\overline{ATN}$ 为低电平时，该位复位。在 END 置位后，接收最后一个数据字节。

BI——在 GPIA 处于听作用态、接口总线上数据进入 R7R 后，该位置位；微处理器读 R7R 后，该位复位。

INT——当满足下列条件时该位置位：

$$BO_R \cdot BO_W+GET_R \cdot GET_W+APT_R \cdot APT_W+CMD_R \cdot CMD_W+END_R \cdot END_W+BI_R \cdot BI_W=1$$

式中　下标 R 和 W 分别表示 R0R 和 R0W 中的位。微处理器通过查询 INT 位，以确定是否出现预定的中断事件。当中断清除后，INT 复位。

若 R0W 中的 IRQ 位置位，则当 INT=1 时将产生中断请求信号（$\overline{IRQ}$ 线输出低电平）。微处理器读 R0R 后，$\overline{IRQ}$ 信号返回高电平，撤销中断请求。

需要注意的是，$\overline{IRQ}$ 信号对 INT 位的状态是"跳变敏感"的，即只有 INT 位由 "0" 到 "1" 的变化才引起发出 $\overline{IRQ}$ 信号。例如，GPIA 正在接收数据，BI=1，引起中断，发出 $\overline{IRQ}$ 信号。微处理器响应中断后执行相应的服务程序。在微处理器读 R0R 后、读 R7R 前，$\overline{IRQ}$ 返回高电平，但 BI、INT 位仍置位。这时，若出现另一事件引起中断，使 R0R 中的其他状态位置位，则由于 INT 一直置位，未产生 "0"→ "1" 变化，因而不引起中断请求，不发出 $\overline{IRQ}$ 信号。为避免丢失一次中断请求，在退出原中断服务程序前，应先复位 R0W，然后把 R0W 置到原来的状态，使 INT 位产生一次跳变，就发出新的 $\overline{IRQ}$ 信号了。

这里亦需指出的是命令状态和中断状态寄存器中的位是"电平敏感"的。当引起置位的条件发生改变时，置位的位将复位。例如，GPIA 在收到仪器清除命令进入仪器清除工作状态后，DCAS 位置位。若 dsel=0，且 CMD、IRQ 中断屏蔽位置位，则发出 $\overline{IRQ}$（低电平）信号。这时若控制器错误地撤销 ATN 信号，则 DCAS 位及其他有关的位将复位，

但 $\overline{\text{IRQ}}$ 信号仍为低电平（因为 CPU 未读 R0R），产生"寄生"中断，即有中断请求信号，但中断状态位却复位。

13. 中断屏蔽寄存器 R0W

R0W	IRQ	BO	GET	/	APT	CMD	END	BI

该寄存器中除最高位外其他各位与 R0R 中的相应位含义相同，在此不再重述。其功能是，当某位写"0"时，禁止相应中断，即当出现该位规定的中断事件时，GPIA 不发出 $\overline{\text{IRQ}}$（低电平）信号，但 R0R 中的相应位仍置"1"。当 R0W 中某位写"1"时，使能有关中断。$\overline{\text{IRQ}}$ 位相当于一个总开关，当该位写"0"时，禁止一切中断；当该位置"1"且 INT 位发生"0"→"1"的变化时，GPIA 发出中断请求（$\overline{\text{IRQ}}$）信号。

7.2 80C51 单片机与 MC68488 接口电路设计

智能仪器内部含有微型计算机和自动测试系统通用接口 GP-IB，它有本地和远地两种工作方式。本地方式就是单机工作方式，用户通过键盘输入命令控制其运行，远地方式就是将多台智能仪器连同一台控制器（通常由一台通用个人计算机插上一块 GP-IB 接口卡）通过 GP-IB 总线相连构成一个自动测试系统。这种情况下，智能仪器的工作受控制器经 GP-IB 接口发来的命令控制，仪器与控制器或系统中其他仪器之间的通信通过 GP-IB 进行。GP-IB 接口的实现可用硬件的方法，也可用软件的方法。现有专用的大规模集成电路芯片可供使用，目前用得较多的是 MC68488。它的功能强，价格相对较低，可实现一般智能仪器所需的9种接口功能。现在设计智能仪器多以80C51为核心，以MC68488为 GP-IB 接口，但这是两种不同系列的芯片，在工作速度、信号安排及控制方式等方面都存在着明显的差异。本节介绍 80C51 单片机与 MC68488 接口电路的设计方法。

7.2.1 时钟信号的产生

MC68488 工作时需要外加时钟信号配合，从 MC68488 的技术手册上可以查到，它的最高时钟频率为 1MHz，高电平的宽度不小于 450ns，低电平的宽度不小于 430ns。CPU 访问 MC68488 内部寄存器时，时钟信号至少要出现一次带上升沿的高电平。80C51 单片机的时钟频率为 2~12MHz，通常取 6MHz，所以单片机的系统时钟不能直接加到 MC68488 芯片的时钟输入端。本设计是采用 80C51 单片机中的 ALE 信号再经适当组合后作为 MC68488 的时钟信号。

80C51 单片机的地址锁存允许信号 ALE 是每个机器周期（12 个振荡周期）出现 2 次，即 ALE 信号的频率是主振频率的 1/6。当取 fosc＝6MHz 时，ALE 的频率为 1MHz，符合 MC68488 对时钟频率的要求，但 80C51 单片机执行对外部 RAM 或 I/O 口读写操作时，ALE 信号少发一个，而 MC68488 正是作为 80C51 单片机的外部 I/O 接口用的，所以这个少发的 ALE 信号必须补上，否则单片机就无法对 MC68488 进行正确的读写操作。本设计利用 80C51 的 $\overline{\text{RD}}$ 和 $\overline{\text{WR}}$ 信号将少发的那个 ALE 信号补上，如图 7-4 所示。图中用了两个单稳态电路，目的是将这一个增补的 ALE 信号上升沿延时 200ns，并使电平宽度等于 500ns，以满足单片机读写 MC68488 时对时钟信号的要求。

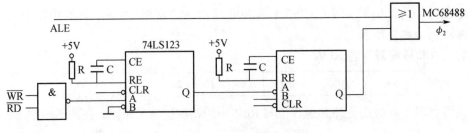

图 7-4   时钟信号产生电路

7.2.2   读写控制信号

80C51 单片机对外部 RAM 或 I/O 口的读/写用两根独立的信号线 $\overline{\text{RD}}$ 和 $\overline{\text{WR}}$ 分别控制,都是低电平有效;而 MC68488 是配合 6800 微处理器的,只用一根信号线 R/$\overline{\text{W}}$ 控制对其读/写,高电平为读,低电平为写。本设计是用 80C51 单片机的 $\overline{\text{RD}}$ 和 $\overline{\text{WR}}$ 信号通过一个 R-S 触发器组合后产生一个 R/$\overline{\text{W}}$ 信号,如图 7-5 所示。

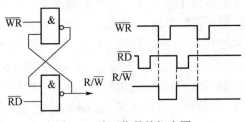

图 7-5   读写信号的组合图

7.2.3   芯片选通控制

MC68488 操作时序适合于 MC6800 一类的 CPU,与 Intel 公司的 80C51 单片机的工作时序有差别。MC68488 有一个片选信号端 $\overline{\text{CS}}$,单片机访问 MC68488 时,首先必须使 $\overline{\text{CS}}$ 端为低电平。但应注意,它的读写控制是用同一个引脚 R/$\overline{\text{W}}$ 控制的,即当 $\overline{\text{CS}}$ 有效时,R/$\overline{\text{W}}$ 端的任何一种逻辑电平都有实际意义:高电平为读、低电平为写。这就需要严格控制 $\overline{\text{CS}}$ 有效的时间。如果也按一般的接口方法,直接把地址译码器的输出作为 MC68488 的片选信号,则将会出现对 MC68488 误读或误写的情况。因为在片选信号和读/写信号均有效期间,如果 MC68488 时钟信号出现多于一次的有效边沿和电平,就会出现重复读写。从 80C51 单片机对外部 RAM 或 I/O 口读写的时序知道,P_2 口的地址信号变化时,系统数据总线上的数据可能已经浮动或无效,这时再进行读写就会出错。为避免这种现象发生,本设计把地址译码器输出的信号再同单片机的 $\overline{\text{RD}}$ 和 $\overline{\text{WR}}$ 信号进行组合后作为 MC68488 的片选信号,如图 7-6 所示。这样便使 $\overline{\text{CS}}$ 有效脉宽缩小到 1μs 左右,等于一个时钟周期。前面讨论的时钟电路中用了两个单稳态电路,使增补的 ALE 脉冲的上升沿比 $\overline{\text{RD}}$ 和 $\overline{\text{WR}}$ (或 $\overline{\text{CS}}$)信号下降沿滞后了 200ns,且高电平宽度为 500ns。也就是说使得当 $\overline{\text{CS}}$ 和 R/$\overline{\text{W}}$ 有效期间,时钟信号出现一个且只有一个上升沿,高电平持续 500ns 正脉冲,确保了单片机对 MC68488 的正确读写,接口电路的主要信号波形如图 7-7 所示。

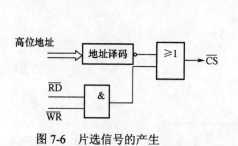

图 7-6　片选信号的产生

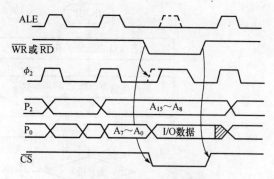

图 7-7　接口电路的主要信号波形

其他信号线如 $\overline{\text{RESET}}$ 按正常连接，$\overline{\text{IRQ}}$、DMA 控制信号按要求连接，RS_0、RS_1、RS_2 与地址总线的低位相连，用以规定 GPIA 内部寄存器的地址。

7.3　接口管理程序的设计

7.3.1　概述

顾名思义，接口管理程序是智能仪器内微型计算机管理 GPIA 接口，以便与外界进行正确通信联系的程序。它应包含下述内容。

（1）接口启动程序：亦称接口初始化程序，规定接口的各项功能，应作为仪器总启动程序的一部分。

（2）接口管理主程序：检出和识别在接口中出现的各种事件，找到相应的服务子程序入口。

（3）接口管理子程序：为接口中出现的各种事件进行服务的子程序。

（4）仪器消息的输入和输出程序：这实际上属于接口管理子程序，由于内容较多，因而予以专门讨论。对智能仪器来说，输入的仪器消息主要是程控命令。微处理器应对接收到的程控命令进行分析，以执行相应的程序，使有关的仪器功能完成由命令所规定的动作。输出的仪器消息主要是测得的数据。微处理器应把测量数据按规定的编码格式和输出方式进行输出。限于篇幅，本书仅讨论接口启动程序和接口管理主程序。

7.3.2　接口启动程序

接口启动程序的目的是规定接口的各项功能，并初始化某些变量或标志。为此，首先要按照技术要求确定所设计的接口功能。假设所设计的仪器接口要求具备这样的功能：DT1、DC1、LE4、AH1、TE5、SH1、SR1、PP2、RL1 和 C0。然后要确定微处理器与GPIA 之间的通信方式。通常有两种方式，即查询方式和中断方式。查询方式是微处理器反复读取并检查中断状态寄存器（R0R）的内容，根据查询结果做出相应处理。在只有一个微处理器的智能仪器中采用查询方式是困难的，因为微处理器除管理接口外，还要管理键盘、完成测量、数据处理等许多任务。因而这里选用中断方式。根据上述要求设计的接口启动程序框图示于图 7-8。

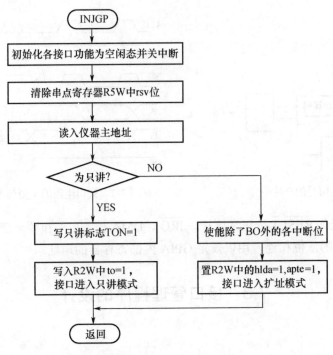

图 7-8　接口启动程序框图

接口启动程序首先写入 Reset 位为 "1"，使各接口功能处于空闲态。接着清除 GPIA 内各寄存器的内容，这时已禁止所有中断。然后读入地址开关的内容写入地址寄存器，同时判别仪器是否处于只讲方式（由仪器后面板的只讲开关规定）。若处于只讲方式，则置只讲标志，仪器按只讲方式工作；若不处于只讲方式，则使能除 BO 外的各种中断。BO 位的状态保护在存储单元中。在仪器进行一次测量后，查询 BO 位的状态以决定是否输出数据。若开 BO 中断，则即使未完成测量，只要本机被受命为讲就产生中断请求，干扰了仪器的工作。然后写入 R2W 中的 apte、hlda 位为 "1" 且使能扩展寻址方式和 RFD 脱钩方式，从而使接收每个仪器消息都阻止自动挂钩，以便由软件进行处理。

7.3.3　接口管理主程序

接口管理主程序的任务是当微处理器接到来自 GPIA 的中断请求进行一系列判断，查明中断源以做出合适的处理。接口管理主程序的结构随仪器功能的不同而不同，要求结构合理、执行速度快、优先查询频繁或紧急事件等。图 7-9 为按前述功能设计的接口管理主程序框图的一种形式。

（1）CPU 接到 GPIA 提出的中断请求后，首先保护 R0R、R1R、R2R 的内容，以便查询。因为当 RLC=1 时，读一次 R1R 后，RLC、CMD 将自动复零，所以为保证后面查询各寄存器时其内容保持稳定，必须将它们保护起来。

（2）若 CMD=0，则查询 END 位。若 END=1，则本机在听者工作状态收到 EOI 消息。接着检查 BI 位。若 BI=1，则最后一个字节已到，读取该字节，开中断等待新命令，或执行接收的程控命令。

（3）若 END=0，则查询 BI 位。若 BI=1，则本机处于听者工作状态且总线上信息已

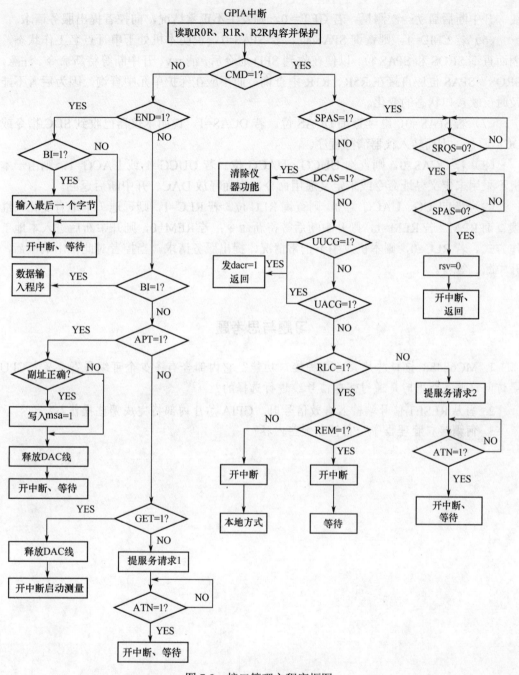

图 7-9　接口管理主程序框图

进入 R7R，等待 CPU 读取，所以转到数据输入子程序。因为当智能仪器工作于远地方式时，程控命令的输入是一项重要而频繁的工作，因而优先判断 BI 位。

（4）若 BI=0，则查询 APT 位。若 APT＝1，则本机收到主址后又收到副址，因而 CPU 对副址进行判别。若收到的不是"我的副址"，则发出 dacr＝1，完成挂钩，开中断后等待新命令。若收到"我的副址"，则写入 dacr＝1、msa＝1 后开中断，等待。

（5）若 APT＝0，则查询 GET 位。若 GET＝1，表示收到群执行触发指令，释放 DAC

线，开中断后启动一次测量。若 GET＝0，则发生不正常情况，向控者提出服务请求。

（6）若 CMD=1，则查询 SPAS 位。若 SPAS=1，说明本机处于串行点名工作状态，因而查询 SRQS 和 SPAS 位，以便在收到 SPD 通令后，清 rsv、开中断等待新命令。注意，SRQS、SPAS 位应直接在 R5R、R1R 中查询，而不应在保护单元中查询，因为后者不能及时反映接口状态的变化。

（7）若 SPAS=0，继续查询 DCAS 位。若 DCAS=1，说明本仪器已收到 SDC 指令或 DCL 通令，因而转入仪器清除程序。

（8）若 DCAS=0，则查询 UUCG、UACG 位。若 UUCG=1 或 UACG=1，则由于本机不采用未定义寻址命令或未定义通用命令，因而释放 DAC、开中断后返回。

（9）若 UUCG、UACG 为 0，则查询 RLC 位。若 RLC=1，则远地／本地有变化，继续查询 REM。若 REM=1，则开中断后等待新命令；若 REM=0，则开中断后进入本地工作方式。若 RLC=0，则本机发生不正常情况，提出服务请求。当控者对此做出响应后，开中断、等待。

习题与思考题

1. MC68488 接口芯片具备几种接口功能？它内部含有多少个可编程寄存器？CPU 要访问这些寄存器时是通过哪些信号线进行选择的？

2. 当从 $\overline{\text{RESET}}$ 信号端输入有效信号时，GPIA 芯片内部将完成哪些操作？

3. 何谓接口管理程序？它包含哪些内容？

第8章 智能仪器设计实例

8.1 数字频率计的设计

在电子技术与计算机技术的应用中，经常会用到频率的测量。利用单片机内部的定时/计数器功能部件，加上一些简单的外围电路，就能够很方便地设计出一个低频信号频率计。

8.1.1 系统组成与设计方案

本系统以 89C51 单片机为核心，扩展了 8279 键盘/显示接口芯片、显示驱动电路和共阴极的数码管，组成数字频率计系统。

电路基本组成如图 8-1 所示。利用单片机中的 T_0、T_1 两个定时/计数器分别设定闸门时间和对被测信号进行同步计数。当单片机上电复位时，开始定时及计数工作。定时时间一到，计数器 T_1 中的计数值除以定时值——闸门时间（S）即为被测信号的频率 f_x；单片机将此频率值送到 8279 键盘/显示器接口芯片，在 LED 显示器上将被测信号的频率 f_x 进行数码显示。

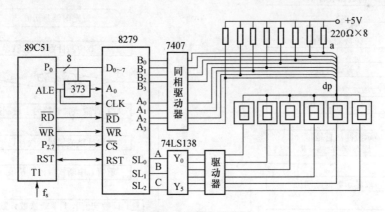

图 8-1 频率计原理图

由于 89C51 单片机内部的两个定时/计数器都是 16 位的，因此最大计数范围为 $2^{16}=65536$。在本系统中，闸门时间为 1s，设系统晶振频率为 12MHz，让定时器 T_0 一次定时 50ms，20 次定时即为闸门时间 1s。20 次定时的计数由软件计数器 TIM 控制。由于设定闸门时间 1s，若仅由 T_1 计数，则所测信号的最高频率为 65536Hz。为实现频率较高信号的测量，一种是采用分频器对被测信号先进行分频后再测量；另一种是采用单片机内部计数器计数溢出中断技术对被测信号进行复合计数。在本系统中，测量信号的频率范围大多为低频信号，为简化系统电路采用第二种方法即采用定时器溢出中断技术，设置了一个软件计数器来计数 T_1 溢出的次数以扩大计数范围。设该数字频率计用 6 位数码管显示测量结果，可测的最高频率为 999999Hz。那么因为 999999Hz=15×65536Hz，说明软件计数器的最大计数值达到 15 就够了。就是说,在闸门时间 1s 内,T_1 对被测信号脉冲的计数值要用 3 个字节表示(实际只要用两个半字节)。在输出显示之前,需要将其转换为 BCD 码。大家知道,一个二进制整数 B 可表达为

$$B = b_m \times 2^m + b_{m-1} \times 2^{m-1} + \cdots + b_1 \times 2 + b_0$$

其也可改写成如下易于编写程序的形式:

初值:$B=0$,$i=m-1$

$$\begin{cases} B = B \times 2 + b_i \\ i = i - 1 \end{cases}$$

结束条件:$i<0$

可见,只要分别对部分和按十进制运算方法进行乘 2 和加 b_i 的运算,就可得到十进制的转换结果。如果十进制运算采用压缩 BCD 码,则结果也为压缩 BCD 码。

8.1.2 频率计程序设计

频率计程序采用中断方式结构。图 8-2 是频率计主程序流程图;图 8-3(a)是定时器 T_0 中断程序流程图;图 8-3(b)是计数器 T_1 中断程序流程图。

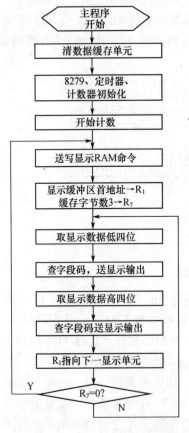

图 8-2 频率计主程序流程图

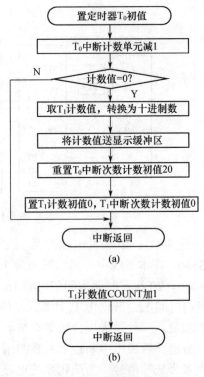

图 8-3 中断程序流程图

(a) T_0 中断服务流程;(b) T_1 中断服务流程。

在图8-1中，8279的命令口和数据口地址分别为7F01H和7F00H；选用定时器T_0定时，中断入口地址为000BH；计数器T_1计数，中断入口地址为001BH。具体程序如下。

主程序：

```
        ORG   0100H
        PORT  EQU   7F00H        ; 8279 数据口地址，所以命令口地址为 PORT+1
        COUNT EQU   24H          ; T₁ 中断次数计数器
        TTM   EQU   23H          ; T₀ 中断次数计数器
        ZAN0  EQU   20H          ; 数据暂存单元
        ZAN1  EQU   21H
        ZAN2  EQU   22H
        XIAN0 EQU   25H          ; 显示缓存单元
        XIAN1 EQU   26H
        XIAN2 EQU   27H
START:  MOV   A, #00H
        MOV   R₁, #20H
        MOV   R₇, #06H           ; 显存、暂存共 6 个单元
CRAM:   MOV   @ R₁, A            ; 清内存（显存和暂存）
        INC   R₁
        DJNZ  R₇, CRAM
        MOV   SP, #70H           ; 设堆栈指针
        MOV   DPRT, #PORT+1      ; 指向 8279 命令口
        MOV   A, #0D1H           ; 清显示 RAM 命令字
        MOVX  @DPRT, A           ; 8279 显示 RAM 全部清零
        MOV   A, #2AH            ; 送分频命令
        MOVX  @DPRT, A
        MOV   A, #00H            ; 设置键盘/显示器工作方式，8 字符显示，左边输入
        MOVX  @DPRT, A
        MOV   COUNT, #00H        ; T₁ 中断次数软件计数器置初值
        MOV   TMOD, #51H         ; 定时器 T₀ 定时，T₁ 计数，工作在方式 1
        MOV   TL0, #0B0H         ; 置 T₀ 时间常数初值，每 50ms 中断一次
        MOV   TH0, #3CH
        MOV   TL1, #00H          ; 置 T₁ 计数初值
        MOV   TH1, #00H
        MOV   TIM, #20           ; 设置 T₀ 中断次数计数初值，50ms×20=1s
        SETB  TR0                ; 启动定时计数
        SETB  TR1
        SETB  ET0
        SETB  ET1
        SETB  PT1
```

303

```
              SETB  EA
DISPLAY:  MOV  DPTR, #PORT+1        ; 写显示缓冲 RAM 命令
          MOV  A, #90H
          MOVX @DPTR, A
          MOV  R7, #03H            ; 03 表示显存字节数
     /    MOV  R1, #XIAN0          ; 显示缓存单元首地址
          MOV  DPTR, #PORT         ; 8279 数据端口地址
     DL0: MOV  A, @ R1             ; 从缓存单元取数值送 Acc
          MOV  R7, A               ; 存入 R7 中
          ANL  A, #0FH             ; 获取低半字节
          ACALL  TABLE
          MOVX @DPTR, A            ; 送入显示缓冲 RAM
          MOV  A, R2
          SWAP A
          ANL  A, #0FH             ; 获取高半字节
          ACALL  TABLE
          MOVX @DPTR, A            ; 送入缓冲区
          INC  R1                  ; 地址加 1
          DJNZ R7, DL0             ; 6 个字节显示段码是否都送完了？未完则继续
          LJMP DISPLAY
   TABLE: INC  A                   ; 将显示代码，加上附加偏移量 1
          MOVC A, @A+PC
          RET
          DB   3FH, 06H, 5BH, 4FH, 66H
          DB   6DH, 7DH, 07H, 7FH, 6FH


; T0 中断服务程序
   T0INT:  MOV  TL0, #0B0H         ; 重新送初值
           MOV  TH0, #3CH
           DJNZ TTM, T0RET         ; 1s 是否到了？没有则退出到 T0RET，返回主程序
           CLR  EA                 ; 1s 到了，关中断，显示测量结果
           MOV  ZAN0, TL1          ; 读取 T1 计数值，送暂存单元
           MOV  ZAN1, TH1
           MOV  ZAN2, COUNT
           MOV  R0, #ZAN0          ; 指向数据单元，准备将二进制数转换为十进制数
           MOV  R1, #XIAN0         ; 显示缓存首地址
           MOV  R7, #03H           ; 待转换的二进制字节数，3 个字节
           ACALL  BINTOBCD         ; 调用 3 个字节的二进制数转换为 BCD 码子程序
           MOV  TTM, #20           ; 重新设置 T0 中断次数，计数初值 20
```

304

```
        MOV   COUNT, #00H          ; 置 T_1 溢出中断次数软件计数初值
        MOV   TH_1, #00H
        MOV   TL_1, #00H
        SETB  EA                   ; 开中断
 TORET: RETI                       ; 中断返回


; T_1 中断服务程序
        ORG   001BH
        INC   COUNT                ; 软件计数器, 对 T_1 溢出次数计数
        RETI
; 3 个字节的二进制数转换为压缩 BCD 码子程序
; 入口: R_0 中的数据为待转换数据的首地址
; 出口: R_1 中的数据为已转换数据的首地址
 BINTOBCD: PUSH   A_CC
           PUSH   B
           PUSH   PSW
   BMBCD: MOV  A, R_0              ; 待转换数据区首地址
          MOV  R_5, A             ; 暂存 R_0 到 R_5
          MOV  A, R_1             ; 已转换数据区首地址
          MOV  R_6, A             ; 暂存 R_1 到 R_6
          MOV  A, R_7             ; 待转换数据字节数 3
          MOV  R_3, A
          INC  R_3                ; BCD 码字节数=二进制数字节数+1, 并暂存于 R_3 中
          CLR  A
   CLBCD: MOV  @R_1, A            ; 存放 BCD 码的显示缓冲区清 0
          INC  R_1
          DJNZ  R_3, CLBCD
          MOV  A, R_7
          MOV  B, #08H
          MUL  AB
          MOV  R_3, A             ; 二进制数的长度(总位数)存入 R_3, 其值为 24
   LP0 :  MOV  A, R_5
          MOV  R_0, A             ; 取出二进制数存放单元的首地址
          MOV  A, R_7
          MOV  R_2, A             ; 取出待转换的二进制字节数
          CLR  C
   LP1:   MOV  A, @ R_0
          RLC  A
          MOV  @ R_0, A
```

305

```
         INC   R₀
         DJNZ  R₂，LP1              ；将 3 个字节循环左移 1 位存入原单元，最高位移到 CY
         MOV   A，R₆
         MOV   R₁，A               ；取出存放 BCD 码单元的首地址
         MOV   A，R₇
         MOV   R₂，A
         INC   R₂                  ；取出二进制字节数并加 1，为转换完的 BCD 码字节数
   LP2： MOV   A，@ R₁              ；3 字节二进制数转换为 BCD 码
         ADDC  A，@ R₁
         DA    A                   ；对 BCD 码加法进行调整
         MOV   @ R₁，A             ；将结果存入显示缓冲单元
         INC   R₁                  ；指向下一个 BCD 码存储单元
         DJNZ  R₂，LP2             ；按字节相加未完转 LP1
         DJNZ  R₃，LP0             ；全部 24 位移位完没？未完转 LP0
         MOV   A，R₆
         MOV   R₁，A
         POP   A_CC                ；出栈，恢复原单元的内容
         POP   B
         POP   PSW
         RET                       ；子程序返回
         END
```

8.2   超声波测距仪的设计

超声波传感器是利用超声波的特性而研制成的传感器。目前，超声波技术已广泛应用于工业、国防、交通、家庭和生物医疗等领域。超声波传感器与信息技术、集成工艺相结合，为开发智能化的超声波仪器设备创造了有利条件。

8.2.1   SB5227 型超声波测距专用集成电路

SB5227 型超声波测距专用集成电路芯片中带微处理器和 RS-485 接口，能准确测量空气介质或水介质中的距离，适用于水下探测、液位或料位测量、非接触式定位以及工业过程控制等领域。

1. SB5227 的性能

（1）采用 CMOS 工艺制成的超声波测距专用集成电路适配分体式或一体式超声波传感器。芯片中有振荡器及分频器、微处理器、锁存器、键盘接口、RS-485 串行接口、显示驱动器及蜂鸣器驱动电路。

（2）利用键盘可在 30～200kHz 范围内设定超声波频率，适配中心频率为 30kHz、40kHz、50kHz、75kHz、125kHz、200kHz 的各种超声波传感器，还能设定发射功率（从小到大共分 11 级）以及传感器的阻尼特性补偿系数（w）。调整好参数 w 可以防止在发

射周期过后出现余振现象，提高抗干扰能力。时钟频率为 12MHz，测量速率为 5 次/s。在空气中的最大测量距离为 20m，最高显示分辨率可达 1mm（或 1cm）。

（3）可接收与环境温度成正比的频率信号（0～14kHz，对应于-40～+100℃），能对声速和距离进行温度补偿，提高测量精度；可进行现场标定并将标定参数通过 I^{2}C 总线保存到外部非易失存储器（EPROM，E^{2}PROM）中。

（4）有两种测距模式可供选择。选增值测距模式时，测量值（L）从零开始逐渐增大。选差值测距模式时，可以测量距离差（ΔL）或高度差（ΔH），能分别设定距离的上、下限，实现位式控制。

（5）带 RS-485 串行接口。一片 SB5227AM（主机）可以带 8 片 SB5227AS（从机），通信距离大于 100m。

（6）采用+5V 或+3.3V 电源供电，电源电压允许范围是+3.0～+6.0V，工作温度范围是 0～+70℃。

2. SB5227 的工作原理

1）引脚功能

SB5227 采用 DIP-20 或 SOIC-20 封装，引脚排列如图 8-4 所示。其中 U_{CC}、GND 端分别接电源和地。XT1、XT2 端接 12MHz 石英晶体。SONIC OUT 为超声波输出端，ECHO IN 为回波接收端。TEMP IN 为代表环境温度的频率信号输入端，外接温度检测电路。R、T、C 分别为 RS-485 接口的串行数据输入端、串行数据输出端、串行控制信号输出端。BZ 为蜂鸣器驱动端。DATA 为显示数据输出端，CLK 为显示时钟输出端，RCLK 为移位时钟输出端，SRCLK 为锁存时钟输出端。SRCLK 和 EXT MEM 还构成 I^{2}C 总线接口，适配于 I^{2}C 总线的外部存储器。LMT1、LMT2 分别为上、下限引出端。KEY 接键盘的行线。NC 为空脚。

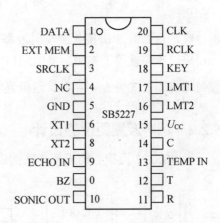

图 8-4　SB5227 的引脚排列图

2）工作原理

SB5227 的内部电路框图如图 8-5 所示，主要包括以下 9 部分：①振荡及分频器；②温度输入通道（放大器与积分器）；③超声波输出电路（单脉冲电路、延时电路及缓冲器）；④超声波输入通道（两级放大整形器及信号检出器）；⑤8 位微处理器；⑥RS-485 串行接口；⑦缓存器、时序分配器；⑧显示驱动器；⑨键位识别电路，可配 4 位键盘。除此之外，芯片内部还有定时器等（图 8-5 中未画）。

超声波频率信号从第 10 脚输出，经过外部功率放大器驱动超声波发送器。超声波接收器则通过接收电路接 SB5227 的第 8 脚。所有测量参数的设定（如超声波频率、发射功率、传感器阻尼特性补偿系数、距离的上下限）以及工作模式的选择均通过键盘来实现。

为了提高超声波信号的强度，同时降低平均发射功率，超声波是以脉冲串的形式向外发送的，脉冲频率即中心频率。SB5227 中的定时器从发射第一个脉冲的上升沿时刻开

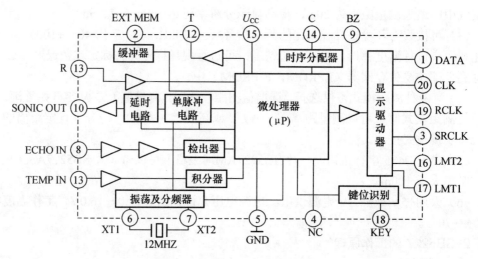

图 8-5　SB5227 的内部电路框图

始计数，直到第 8 脚接收到反射波那一时刻停止计数。因此，只要将测量出的时间间隔(Δt)乘以声速就等于被测距离的两倍($2\Delta L$)。令超声波在温度 T 时的传播速度为 v，计算被测距离的公式为 $L = \dfrac{v \cdot \Delta t}{2}$。这就是利用超声波测量距离的原理。

8.2.2　超声波测距仪的设计

以 SB5227 为核心构成超声波测距仪的电路原理图如图 8-6 所示。

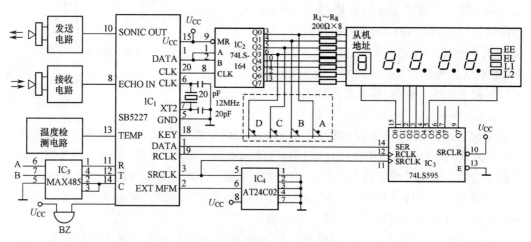

图 8-6　超声波测距仪的电原理图

1. 换能器的电路设计

超声波发送器与接收器统称为换能器。换能器大多由压电陶瓷晶片构成。

1）压电陶瓷换能器的特性

SB5227 适配压电陶瓷换能器。这种换能器的相频特性曲线及幅频特性曲线分别如图 8-7(a)、(b)所示。f_f、f_a 分别为共振频率（作为发送器用）和反共振频率（作为接收器用）。换能器仅在 f_f、f_a 点分别呈现电阻特性，共振电阻分别为 R_{T_1}、R_{T_2}，其他情况下均呈电抗特性。为了提高能量转换效率，传感器需工作在谐振频率上。对发送器而言，工作在 f_f 上；接收器则以 f_a 为最佳工作点。使用分体式发送器与接收器时，二者的中心频率应当匹配，即所选发射器的共振频率应等于接收器的反共振频率。

设计超声波测距仪时，必须考虑 f_f、f_a、U_{p-p} 这 3 个参数，U_{p-p} 为最大峰—峰值电压。

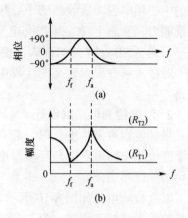

图 8-7　压电陶瓷换能器的特性曲线

(a) 相频特性；(b) 幅频特性。

2）发送电路

SB5227 输出的超声波信号很微弱，必须通过功率放大器才能驱动发送器。一种典型的发送电路如图 8-8 所示。

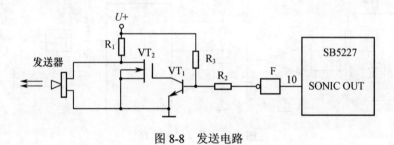

图 8-8　发送电路

从 SB5227 第 10 脚输出的超声波信号，经过缓冲器 F 和功率放大器（VT_1、VT_2）驱动发送器。VT_1 采用小功率晶体管。

3）接收电路

接收电路如图 8-9 所示，主要包括以下 6 部分：输入保护电路（C_1、R_1、VD_1 和 VD_2）；阻抗匹配及电流放大器（VT_1）；两级电压放大器（VT_2、IC_1）；带通滤波器（L_1、C_6）；输出级放大器（VT_3）；电压比较器（IC_2）。C_1 为隔直电容，R_1 为限流电阻。VD_1 和 VD_2 构成双向限幅过压保护电路。VT_1 需采用 J 型场效应管，VT_2 和 VT_3 选用小功率晶体管。IC_1 为 TL061 型单运放，IC_2 为 4 路电压比较器 LM339（现仅用其中一路）。带通滤波器

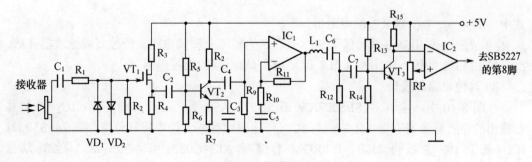

图 8-9　接收电路

中的中心频率应与接收器的中心频率相同。调节电位器 RP 可改变接收灵敏度，提高抗干扰能力。常态下 IC$_2$ 输出高电平，当接收到超声波脉冲串的第一个上升沿时就输出低电平，送至 SB5227 的第 8 脚，使内部定时器停止计数。

对技术条件要求较高的接收电路，还可增加自动增益控制（AGC）、窗口自动搜索等电路。

2. 温度检测电路的设计

当环境温度发生变化时，超声波的传播速度也随之改变，这将会引起测距误差。利用温度检测电路可获取与环境温度成正比的频率信号，再送至 SB5227 中进行温度补偿，即可消除该项误差。

温度检测电路如图 8-10 所示。BT 为半导体温度传感器，可用硅二极管（或 NPN 晶体管的发射结）来代替。为了降低 BT 的自身发热量，宜采用恒压、小电流供电，BT 的工作电流一般可设计为 200μA。VD$_z$ 为稳压管，R$_1$ 和 R$_2$ 均为限流电阻。

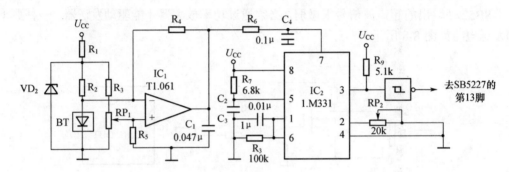

图 8-10　温度检测电路

利用 BT 将环境温度转换成毫伏级的模拟电压信号，送至 IC$_1$（TL061）放大成 0～3V 的电压信号，再经过 IC$_2$（LM331）进行电压/频率（V/F）转换，获得 0～14kHz 的频率信号送至 SB5227 的第 13 脚。温度补偿范围是-41～+100℃，RP$_1$ 为增益调节电位器，RP$_2$ 为频率校准电位器。它采用三点式校准法，只需将-40℃、0℃和+100℃下的输出频率值依次校准为 0Hz、4kHz 和 14kHz 即可。校准后的灵敏度为 100Hz/℃。

LM331 属于精密 V/F 转换器。它在 1Hz～100kHz 频率范围内的非线性度可达±0.03%。R$_7$ 和 C$_2$ 分别为定时电阻、定时电容。输出频率由下式确定：

$$F_{out} = \frac{R_{RP2}}{2.09 R_7 R_8 C_2} U_1$$

式中　R_{RP2}——电位器 RP$_2$ 的电阻值；

R_7 和 R_8——采用温度系数低于 50×10^{-6}/℃的精密金属膜电阻。经过高频滤波器（R_6、C_4）接 LM331 的输入电压端（第 7 脚）。R_9 为输出端的上拉电阻。

3. 其他电路的设计

在图 8-10 中，除 IC$_1$（SB5227AM 或 SB5227AS）外，还有 4 个芯片：IC$_2$（8 位并行输出的串行移位寄存器 74LS164）；IC$_3$（带输出锁存的 8 位串行移位寄存器 74LS595）；IC$_4$（基于 I²C 总线的 2KB E²PROM 存储器 AT24C02）；IC$_5$（RS-485 总线驱动器 MAX485）。在 AT24C02 中存储着所设定的参数，当突然断电时可防止数据丢失。LED

显示器由 5 位共阴极数码管构成,最高位(万位)用来显示从机地址(ADDR),其余 4 位显示测量结果位,亦可显示出距离的上、下限。LED 显示器以动态扫描方式工作。由显示驱动器输出的串行数据经过 74LS164 转换成并行输出的段信号,依次通过限流电阻 $R_1 \sim R_8$ 接数码管的相应电极(段 a~g 和小数点 DP)。74LS595 则构成位选通器。晶振电路中包含 12MHz 石英晶体,振荡电容 C_1、C_2 和内部反相器。

LED 显示器的右边有 4 个标志符。EE 为外部存储器出错指示,EL 为串口工作指示,L1 为上限报警指示,L2 为下限报警指示。SB5227 的第 9 脚接蜂鸣器 BZ,该蜂鸣器亦称讯响器,它是由压电蜂鸣片、振荡及驱动电路构成的。当距离越限时,从第 9 脚输出的低电平就将 BZ 的电源接通,使之发出报警声。

MAX485 的第 1、4、2(3)脚分别接 SB5227 的 R、C、T 端,主机与从机之间可通过 A、B 两根网线进行串行通信。

测距仪配 4 位键盘 A、B、C、D,各键功能定义如下。

A 键:在工作设定状态下按 A 键即可进入参数设定菜单。每按一次 A 键就显示一级菜单,共 11 级菜单。

B 键:在设定状态下进入参数设定/移位模式。设定完毕,先按两次 B 键再按 C 键,就将数据存入 E^2PROM 中。

C 键:在设定状态下将闪烁位加 1 并确定小数点的位置;需要负号操作时,按 C 键即可调出或删除负号。

D 键:确认输入值并退出设定状态,进入正常工作状态。

下面介绍在系统正常工作时设定(即标定)参数的过程。

按下 A 键,进入参数设定菜单,依次显示如下内容:

P——×11 级发射功率选择,可通过键盘设定或修改,第 1 级发射功率最小,依次增大,第 11 级发射功率最大。

F——×振荡频率选择,分 30kHz、40kHz、50kHz、75kHz、125kHz、200kHz 共有 6 种,由键盘设定。

×××.×——换能器的阻尼特性补偿系数(w 值),对于振荡频率为 40kHz、最大传送距离为 5m 的单个陶瓷换能器,$w=0.240$。

×××.×——距离显示值的误差修正系数。

En-×——温度补偿使能,×=1 时使能,×=0 时非使能。

L0-×——×=1 时显示距离值,×=2 时显示环境温度值(℃)。

0.00(E 值),输入 E 值或按下 D 键:增值测距时,E=0;差值测距时,E 为总高度;水中测距时,E=-x,x 为传感器吃水深度。E 值的单位与距离值相同。

×.×××——第一距离限值报警指示,当检测到该距离时,显示器上的 L1 发光,输入值后按 D 键确认。

×.×××——第二距离限值报警指示,当检测到该距离时,显示器上的 L2 发光,输入值后按 D 键确认。

dr-×——本机地址,×=0 时未被选中,×=i (i=1~8)时被选中,i 为本机地址号。

SET——标定距离值。具体方法是将传感器固定,从传感器的收发端面到目标反射平面的精确距离值。

需要指出，当 SB5227 工作在差值测距模式时，E 值表示总高度，实际高度 $H=E-L$。此功能适用于液位检测，H 代表液面高度，L 为检测到的距离。

8.2.3　超声波测距网络系统的构成

超声波测距网络系统的框图如图 8-11 所示。主机选用 1 片 SB5227AM，从机为 8 片 SB5227AS。主机芯片与从机芯片的外围电路完全相同，二者可以互换，但最高显示位仅在做主机时才使能，并且定义为专门显示从机地址的窗口。从机通过串行接口与主机通信，波特率为 192000b/s，每秒钟可传送 192000 位数据。当从机所在现场不需要显示时可不接显示器，但从远程主机上仍可观察到每台从机的显示值。主机有两组位式限值设定及控制输出，并具有完善的量程设定功能，可满足工业测控的要求。

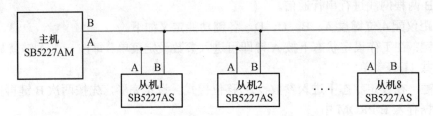

图 8-11　超声波测距网络系统的框图

主机上各键的定义同从机。工作中按一次 A 键，即显示指定从机号的测量值，按 C 键可修改指定从机号。工作中按两次 A 键，进入菜单设定。主机菜单定义如下：

dr——联机台数（1～8）。

L——统一下限报警设定值。

H——统一上限报警设定值。

1——1 号从机显示系数（不用）。

······

8——8 号从机显示系数（不用）。

8.3　数字多用表的设计

我们在平时学习（实验）、工作中，经常要用各种检测仪器来测量各种物理量，其中数字多用表是较典型的、最常用的一种测试仪器。它可以测量多种物理量，如电压、电流、温度、压力等。作为电子工程师，不仅要懂得这种仪器的使用方法，还应深入了解其工作原理及其设计方法，以便进行维护、维修或进行设计制作。同时由于它是一种较典型的电子系统，掌握了它的设计方法，也是为我们进行其他电子系统设计、开发打下了基础。本节介绍一种比较简易的数字多用表的设计，该数字多用表具备测量直流电压、温度、压力等功能。

8.3.1　设计任务及要求

以单片机为核心，设计 1 台数字多用表，它可以测量直流电压，测量范围为 0～5V，测量精度为 0.02V；同时还可以测量温度及压力。用 4 位 LED 数码管显示测量数据；以键盘作为输入设备，用户通过键盘可以选择所需的测量功能。当测量温度或压力时，可以根据使用的温度/压力传感器的型号，实时由用户从键盘输入传感器的转换系数，以获得实测的温度/压力。

8.3.2　设计思路与方案

根据设计任务的要求，选用 89C51 单片机作为核心控制芯片。要实现直流电压测量，需把 0～5V 的直流电压模拟量转换为数字量，必须经过 A/D 转换的过程，我们拟采用 ADC 0809 A/D 转换器实现 A/D 转换。它是 8 位的逐次逼近型的 A/D 转换器，它允许有 8 路模拟信号输入，符合本设计的精度要求及多个物理量（电压、温度、压力）的测量的需要。

我们将系统划分为单片机基本系统模块、A/D 转换模块、3 个物理量的输入预处理模块等。整个系统框图如图 8-12 所示。

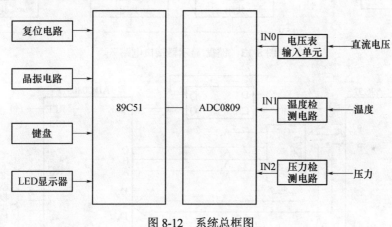

图 8-12　系统总框图

8.3.3　系统硬件设计

根据上述设计思路与基本方案，先分模块进行硬件设计。

1. 单片机基本系统

包括 89C51 单片机、复位电路、晶振电路、键盘与 LED 数码显示接口电路。

这里主要介绍一下键盘/显示器接口电路。

考虑本系统未用到串行通信接口，我们利用 89C51 单片机的串行 I/O 口，设计数字多用表的键盘/显示器接口，具体电路如图 8-13 所示。

图中用了 5 个 74LS164 串入/并出移位寄存器，构成单片机与键盘/显示器的接口电路。其中上边的 74LS164（5）作为扫描键盘的输出口，89C51 单片机的 $P_{1.1}$、$P_{1.2}$ 作为键盘的行输入线，$P_{1.3}$ 作为同步脉冲输出控制线。图中下边的 4 个 74LS164 作为 4 位 LED 数码显示器的静态显示接口，静态显示的优点是 CPU 不必频繁地为显示服务，从而使单片机有更多的时间去处理其他事务，软件设计也比较简单。同时这种静态显示方式显示器亮度高，很容易做到显示不闪烁。

2. A/D 转换模块

89C51 单片机与 ADC0809 的接口电路如图 8-14 所示。

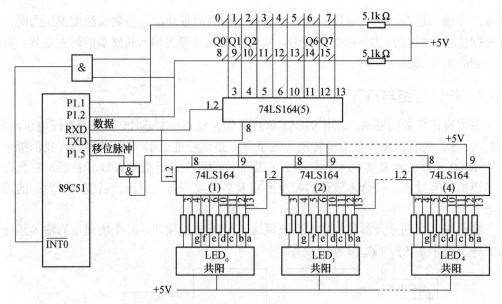

图 8-13　键盘/显示器接口电路

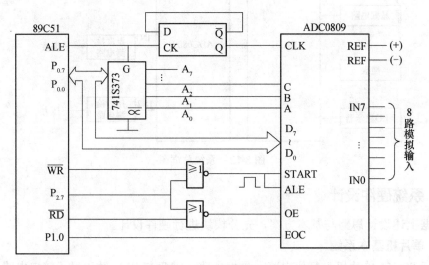

图 8-14　A/D 转换接口电路

图中 89C51 的 ALE 经过二分频后作为 ADC 0809 的时钟信号，参考电压可以直接用工作电源电压，转换器的通道地址由 $P_{2.7}$ 和地址总线低 3 位 A_2、A_1、A_0 决定，由图可见，这里的通道 0 地址为 7FF8H，其余通道类推。89C51 单片机与 ADC0809 的通信采用查询方式，故将转换结束状态信号 EOC 连接到单片机的 $P_{1.0}$。

3. 模拟量输入预处理模块

1）直流电压输入单元

按本设计要求，数字多用表测量直流电压的范围为 0～5V，可以将在此范围之内的待测电压直接到 ADC0809 的一个模拟输入端，如 IN0。如果要扩大其测量范围，可以在待测信号输入端至 ADC0809 的 INO 之间加接一个预处理电路——输入单元，其原理电路如图 8-15 所示。

314

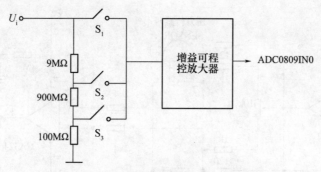

图 8-15 多量程直流电压输入电压原理图

当 U_i 较大时，可通过前端的衰减器先将其衰减后，加到 ADC 的输入端。这里的 S_1、S_2、S_3 为电子开关，可由单片机输出一个适当的开关码，选择其中之一接通；当 U_i 较小时，由输入单元中的增益可程控放大器进行适当放大后加到 ADC0809 的 IN0 端，该放大器的增益由单片机输出一个适当的开关量控制。不论选择哪一个量程，待测电压经过输入单元后达到 IN0 端时，电压范围均应在 0～5V 之间。

2）温度检测输入电路

如图 8-16 所示。

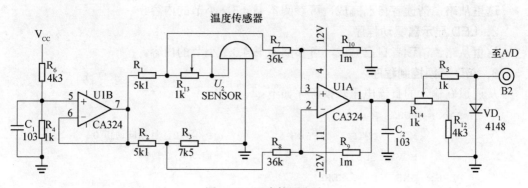

图 8-16　温度检测电路

图 8-16 所示温度检测量电路，大致分为电源、电阻电桥、运放、输出四个部分。电源由 R_4、R_6、C_1、U1B 组成，R_4、R_6 为分压电路，C_1 滤除 V_{CC} 中的纹波，U1B 为 LM324 运算放大器，工作于电压跟随器方式，具有高输入阻抗和低输出阻抗，为后级电桥提供较稳定的电流。电桥由 R_1、R_2、R_3、R_{13} 及热敏电阻组成，通过调节 R_{13} 使电桥平衡，当温度变化时，热敏电阻阻值改变，电桥产生电压差。运放电路由 R_7、R_8、R_9、R_{10} 及 U1A 组成，是灵敏度较高的电桥放大电路，放大倍数由 R_9/R_8 得到。输出电路由 R_4、R_{12}、R_{14}、VD_1 组成，调节 R_{14} 可以调整输出电压幅度。VD_1 主要用于防止输出负电压，保护后级 A/D 电路。

3）压力检测输入电路

如图 8-17 所示。

图 8-17 是一个较常用的压力检测量电路，大致分电源、电阻电桥、运放和输出四个部分。各部分的工作原理与温度检测电路基本相同。这里不再重述。

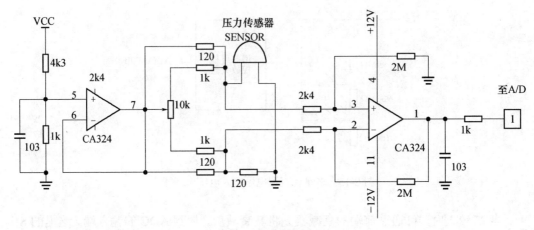

图 8-17　压力检测电路

8.3.4　软件设计

主要包括键盘接口程序、LED 显示器驱动程序、A/D 转换控制程序、数据处理子程序和系统主流程等。下面对相关内容进行分析介绍。

1．键盘的接口程序

这里从略，请读者自己完成，可参阅本书 4.3.2 小节的内容。

2．LED 显示器驱动程序

这里从略，请读者自己完成，可参阅本书 4.3.2 小节的内容。

3．A/D 转换控制程序

从通道 0 输入的直流电压转换程序如下：

```
        SADC:   PUSS    Acc
                MOV     DPTR , #7FF8H          ; P2.7＝0，且指向通道 0
                MOVX    @DPTR , A              ; 启动 A/D 转换
        HERE:   JNB     P1.0, HERE
                MOVX    A , @DPTR             ; 读取转换结果
                MOV     R4, A                ; 转存 R4
                POP     Acc
                RET
```

转换结果的 8 位二进制数存放在 R_4 中。如果是测量温度或压力，则应启动通道 1 或通道 2，通道地址分别是 7FF9H 和 7FFAH。

4．数据处理程序

根据 ADC 0809 的数据手册，其输入模拟电压为 0～5V，转换结果为 8 位二进制码，数值范围为 00～FFH，即 0～255，故本设计中还需要进行标度变换。设测量结果的数据为 D。因为电压范围 0～5V，数值范围 0～255，于是，转换结果的电压值 $V_x = 5/255 \times D = D/51(\text{V})$。

本系统采用的 ADC0809 转换结果数据为二进制数，而人们比较习惯的却是十进制数，所以一般仪器仪表测量结果均要求用十进制数来表示，因此本设计中需要编制将二进制数转换为 BCD 码的程序。

316

将 A/D 转换结果的单字节二进制数进行定标，再将定标后的单字节无符号二进制整数转换成三位压缩型 BCD 码的程序，我们将其命名为数据处理程序 1，程序清单如下：

程序中首先将 R_4 中 A/D 转换结果单字节无符号二进制数除以 51，获得单字节无符号二进制数的商，再对余数做四舍五入处理，完成定标。采用 80C51 的除法指令，可以很方便地实现单字节二进制整数转换成三位压缩型 BCD 码。三位 BCD 码需占用两个字节，将百位 BCD 码存于高位地址字节单元，十位和个位 BCD 码存于低地址字节单元中。

入口参数：8 位无符号二进制整数存于 R_4 中。

出口参数：三位 BCD 码，百位存于 R_4，十位、个位存于 R_5 中。

转换方法：采用除法指令来实现码制变换。

```
BINBCD: PUSH  PSW              ；现场保护
        PUSH  Acc
        PUSH  B
        MOV   A, R4            ；二进制整数送 A
        MOV   B, #51           ；转换结果除以 51
        DIV   AB
        MOV   R4, A            ；商保存于 R4
        MOV   A, B             ；对余数进行四舍五入
        CJNE  A, #26,LOOP
        AJMP  JIA1
  LOOP: JC    NOJ
  JIA1: INC   R4
   NOJ: MOV   A, R4            ；将定标后的二进制数转换为 BCD 码
        MOV   B, #100          ；十进制数 100 送 B
        DIV   AB              ；(A)/100，以确定百位数
        MOV   R5, A            ；商（百位数）存于 R5 中
        MOV   A, #10           ；将 10 送 A 中
        XCH   A, B             ；将 10 和 B 中余数互换
        DIV   AB              ；(A)/10 得十、个位数
        SWAP  A               ；将 A 中商（十位数）移入高 4 位
        ADD   A, B             ；将 B 中余数（个位数）加到 A 中
        MOV   R4, A            ；将十、个位 BCD 码存入 R4 中
        POP   B
        POP   Acc             ；恢复现场
        POP   PSW
        RET                   ；返回
```

对于温度测量和压力测量，同样需要对 A/D 转换的结果数据进行相应处理，处理程序可以分别命名为数据处理程序 2 和数据处理程序 3，请读者根据该数据处理程序 1，再参阅本书的 5.4.1 小节的内容自行编制。

5. 系统主流程

根据本数字多用表的设计任务和要求，以及前面的分析讨论，我们把键盘中的 16 个

按键中的 0～9 作为数字键，把 10（即 A）～15（即 F）的前 3 个作为选择测量功能的命令键，多余的按键暂留备用。同时考虑用户对电子测量仪器使用的一般习惯，我们设计了仪器主流程框图，如图 8-18 所示。

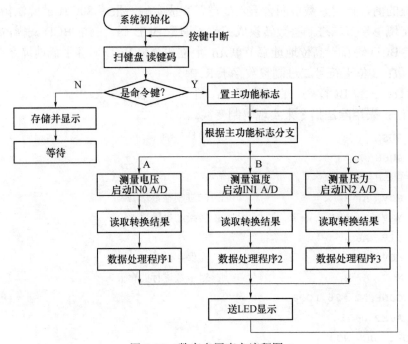

图 8-18　数字多用表主流程图

8.4　智能型出租车计价器的设计

8.4.1　设计任务与要求

要求设计的计价器有以下几个功能。

1．计价功能

(1) 起步价：顾客上车，显示起步价 Z，行车距离在 5km 以内。

(2) 里程价：每 0.5km R 元，少于 0.5km 不计。

(3) 误时价：车速低于 5km/h 计算误时价，误时价每 10s N 元，少于 10s 不计。

2．显示功能

(1) 显示时间：可显示北京时间和总的误时时间，北京时间可以校正，误时时间人工不能修改。

(2) 显示计价：可显示总价，范围 Z～999 元。

(3) 显示营业额：可显示车主总营业额信息。

3．刷卡功能

(1) 顾客能在指定点购买一定额度的"顾客 IC 卡"，乘车后可用 IC 卡付帐，付帐是否成功有相应的提示。

(2) 车主可定期将总营业额写入"车主 IC 卡"中，并据此 IC 卡向所属公司领取报酬。

4. 打印功能

(1) 顾客付费后可打发票，打印内容包括车主信息和车费信息等。

(2) 可打印车主总营业额信息。

8.4.2 设计方案

1. 总体方案

出租车计价器的基本功能是将顾客上车后的行车里程或误时换算为车费信息。它包括以下三个部分，如图 8-19 所示。

图 8-19　出租车计价器的基本功能电路

里程信号处理电路是系统的核心部分，采用单片机实现信号的输入、处理与输出，不仅可简化硬件电路、降低硬件成本、提高系统可靠性，使系统更具有灵活性和通用性，还可实现信息加密和各种功能扩展。

2. 系统组成框图(图 8-20)

(1) 里程传感器安装在车轮上，车轮每转一圈产生一个脉冲，经圈脉冲电路后送入单片机子系统，作为车辆行驶信号。

(2) 操作面板中"空车"牌翻下，指示单片机子系统对行程和误时时间进行累计。

(3) 单片机子系统将行程和误时时间按一定规律换算为车费信息，并通过液晶显示器显示出来。

(4) 停车后将操作面板中"空车"牌翻起，指示单片机子系统停止计价，液晶显示器仅显示北京时间。

(5) 按下"+"或"-"键，液晶显示器可在"无价格显示"、"显示计价金额"和"显示总营业额"之间轮换。

(6) 由操作面板输入打印指令，单片机子系统控制微型打印机打印顾客发票或车主总营业额信息。

(7) 由操作面板输入校正指令，可对系统时钟进行校正。

(8) 在 IC 卡读写器中插入顾客 IC 卡，系统显示卡中余额。按下"结帐"键，系统从 IC 卡中自动扣除应付款项，然后再显示卡中余额，并累计总营业额，经加密后存入 E2PROM 存储器。

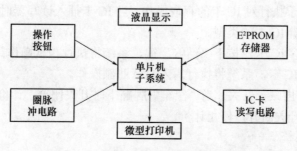

图 8-20　智能型出租车计价器的总体框图

（9）在 IC 读写器中插入车主 IC 卡，系统显示总营业额信息。按下"结帐"键，系统将加密后的车主信息及营业总额信息写入 IC 卡中，车主可凭此 IC 卡向所属公司领取报酬。

8.4.3 系统设计

1. 软、硬件功能划分

在行车过程中，设最高车速为 100km/h，车轮周长为 2m（概略值），则圈脉冲的最短间隔为

$$\Delta T = \frac{2m}{100000m/h} \times 3600s/h = 0.072s = 72ms$$

可见，在每个圈脉冲到来后，单片机有足够的时间用于信号的输入、处理与输出。依照要根据应用系统速度要求来划分软、硬件功能的原则，系统中所有信号的处理功能及输入、输出控制均可由软件完成，以充分提高系统的性价比。

2. 系统功能划分与指标分配

系统可由以下 5 个主要的功能模块组成。

1）操作面板(图 8-21)

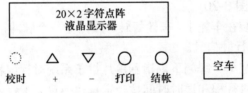

图 8-21 计价器操作面板图

（1）显示器用于各类信息的显示，包括北京时间、误时时间、计价金额、IC 卡余额、总营业额和操作提示信息等。

时间显示形式：HH:MM:SS（时：分：秒）；

计价金额和 IC 卡余额的显示形式：×××（元）；

总营业额的显示形式：×××××（元）；

操作提示：IC 卡失效、付帐成功、付帐失效等。

（2）"校时"及"＋"、"－"按钮用于校正时钟显示值。在不使用"校时"按钮时，单独使用"＋"、"－"按扭可用于切换计价金额和总营业额显示。

（3）"打印"按钮用于执行打印操作。当面板显示计价金额时，可打印顾客发票；而面板显示总营业额时，则打印车主总营业额信息。

（4）"结帐"用于执行对 IC 卡的存取操作。当 IC 卡插入读写器时，系统自动识别 IC 卡是否有效，及分辨 IC 卡的类型。

对于有效的顾客 IC 卡，按下"结帐"键，系统将执行扣款操作；

对于有效车主 IC 卡，系统将执行写入总营业额操作。

（5）"空车"牌内藏一开关，当"空车"牌翻下时开关闭合，计价器开始计价，直到"空车"牌翻起，开关断开，停止计价。

2）单片机子系统

单片机子系统是智能型计价器的核心，其功能：

320

（1）监控面板状态，输入面板操作信息；

（2）计价开始后计圈脉冲数及计时，并将行程和误时时间按一定规律换算为车费信息；

（3）控制显示各类信息；

（4）控制 IC 卡的读写操作；

（5）控制有关数据的加密存取操作；

（6）控制信息的打印过程。

3）圈脉冲产生及输入电路

产生与里程相关的脉冲信号，并送入单片机进行处理。

4）微型打印机

用于打印顾客发票（包括车主代号、特征图形、日期、行车里程、误时时间和总计金额等）和车主总营业额信息（包括计算总营业的起止日期和总营业额等）。

5）IC 卡读写电路

用于完成对 IC 卡的读写操作，IC 卡的自动识别、信息加密解密及存取操作。

8.4.4 硬件开发

计价器的硬件电路如图 8-22 所示。

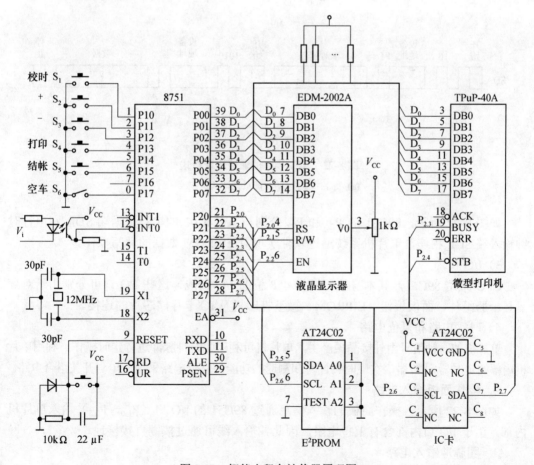

图 8-22　智能出租车计价器原理图

1. 单片机子系统

1）单片机的选择

为减小体积，加强程序和数据的保密性，并提供较多的 I/O 口，选择 89C51 单片机。它内部的程序存储器和 RAM 数据存储器已够用。

2）存储器的扩展

为了存放车主信息、计价参数和营业额等信息，可以采用掉电保护的 E^2PROM 存储器 AT24C02。它是一个 256*8 位的两线串行芯片，具有高可靠性和低成本的特点，可将要存放的信息经加密后存放于此芯片内，以防私自改变其中的内容。

AT24C02 的通信协议格式如图 8-23 所示。包括起始位、设备寻址码、读/写操作选择位、确认位和停止位。SCL 上升沿时数据输入 E^2PROM 器件，SCL 下降沿时数据从 E^2PROM 器件输出。

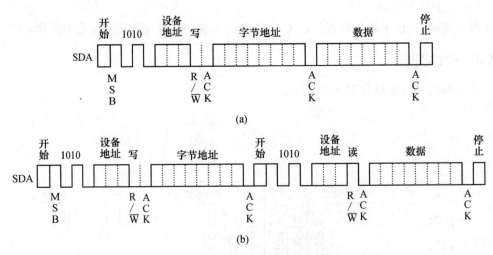

图 8-23　AT24C02 的通信协议格式

(a) 写字节操作；(b) 随机地址读操作。

如图 8-22 所示，89C51 的 $P_{2.5}$ 和 $P_{2.6}$ 分别与 AT24C02 的串行数据端 SDA 和串行时钟输入端 SCL 相连，单片机系统通过软件实现对 E^2PROM 数据的读写操作。

3）I/O 口

CPU 采用 89C51，其本身就可提供 4*8 位的 I/O 口线，这些 I/O 口可分别用于对液晶显示器组件、面板按钮、E^2PROM、微型打印机及 IC 卡存储芯片的连接。

4）时钟电路和复位电路

单片机的时钟信号由外接晶振产生，单片机可利用此时钟脉冲进行定时操作。利用单片机内部的定时器/计数器，实现时钟计时和测速的功能。复位电路采用上电与开关组合电路。

2. 操作面板输入电路

如图 8-22 所示，操作面板的输入信息通过 89C51 的 I/O 口（$P_{1.0}$～$P_{1.5}$）输入单片机内部。由于 I/O 口内部含有上拉电阻，因此各输入线可通过按键直接接地。

3. 圈脉冲输入电路

用霍耳器件 6846（也可采用夏普公司的 OPTC 光断续器等）安装在车轮上，车轮每转一圈产生一个脉冲信号，此脉冲信号经电平转换和光耦隔离后接入单片机外部中断输入端 $\overline{INT0}$ 。

4. 液晶显示器

液晶显示器用 EDM－2002A 字符点阵液晶器组件，可显示 2 行信息，每行可显示 20 个字符。

上一行显示时钟和使用 IC 卡时的操作提示；下一行显示总价和误时时间，或显示车主总营业额信息。

液晶显示器组件与单片机的连接也是通过 I/O 口实现的，89C51 的 $P_{0.0}\sim P_{0.7}$ 与数据线相连，$P_{2.0}\sim P_{2.2}$ 提供控制信号，液晶显示器与单片机的时序配合由软件完成。

5. 微型打印机

选用 TPuP-40A，主要是考虑以下两点：

（1）TPuP-40A 可以每行打印 40 个字符，或打印 8*20 点阵图案（汉字或图案点阵），能满足发票中打印汉字、图标及打印宽度的要求。

（2）TPuP-40A 采用 centronic 并行接口标准，便于微型打印机与单片机通过 I/O 口（而不是总线）进行连接。

89C51 的 $P_{0.0}\sim P_{0.7}$ 与 TPuP-40A 的数据口 $DB_0\sim DB_7$ 相连，而 $P_{2.3}$ 和 $P_{2.4}$ 则分别与 TPuP-40A 的状态线 BUSY 和数据选通线 STB 相连，配合时序由软件实现。

打印时一般先测试打印机状态，若 BUSY 信号有效（高电平），表示打印机正忙于处理数据，此时单片机不得使用 STB 信号向打印机送入新数据。反之，若 BUSY 信号无效，则单片机可通过 P_0 口输出数据，并利用 STB 信号的上升沿将数据写入打印机中锁存。

TPuP-40A 具有较丰富的打印命令，命令代码均为单字节，格式简单，其中代码：

00H～无效；

01H～0FH 为用户自定义代码；

0H～7FH 为标准 ASC11 代码；

80H～FFH 为非 ASC11 代码（包括少量汉字、希腊字母、块图图符和一些特殊字符）。

6. IC 卡读写电路

IC 卡由一个或多个集成电路芯片组成，并封装成便于人们携带的卡片，具有暂时或永久性的数据存储能力，其内容可供外部读取或供内部处理、判断。

本例采用 AT24C02 为存储器芯片的 IC 卡，可以方便硬件的连接与软件设计。如图 8-22 所示，$P_{2.6}$ 接 SCL、$P_{2.7}$ 接 SDA，在软件支持下可对 IC 卡进行存取操作。

8.4.5 软件设计

1. 主循环程序流程图

系统主循环程序流程图如图 8-24 所示。

2. 定时中断服务程序

时钟基准由 T0 中断产生、主程序中将 T0 设为定时方式 2，初值取 06H，所以每隔 250μs 产生一次中断，在内 RAM 中用 5 个字节分别表示 h、min、s、1/100s、1/4ms 的计数值。定时中断服务程序除了对时钟值进行修正以外，还对是否需要计算误时时间进行判断，并在需要时（FW≠0）对误时时间进行累计，如图 8-25 所示。

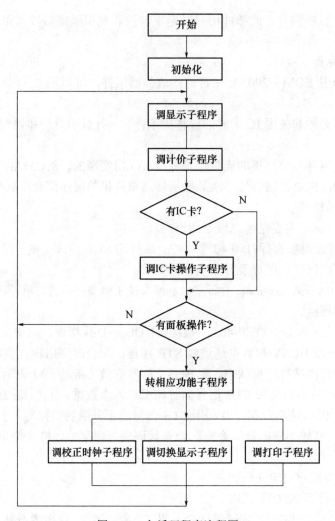

图 8-24　主循环程序流程图

3．圈脉冲中断服务程序

圈脉冲中断服务程序流程如图 8-26 所示。

程序中除了计算里程外，还判别是否误时，确定误时标志。

圈脉冲信号从 $\overline{\text{INT0}}$ 端输入，车轮转一圈行车约 2m，产生一次 $\overline{\text{INT0}}$ 中断，用一个字节对圈的脉冲计数，计满 250 个表示行车 2m×250=500m=0.5km，作为里程计数的单位，于是行车里程数 L=里程计数值×0.5km。根据计价显示范围 Z～999 元计算里程计数值。

表示 L 数值的长度（即最大位数）的确定：

若里程价为 2 元/km，则一次计价的最大行车距离为 999 元/2 元≤500km，则 L 最大

计数值 $=\dfrac{500\text{km}}{0.5\text{km}}=1000=2^{10}$，故用两个字节表示已足够了。

误时的判断：

约定当车速<5km/h 时应计误时，相当于两个圈脉冲间隔大于 1.44s，即

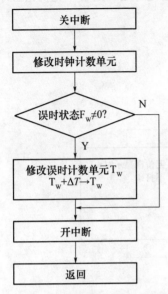

图 8-25　定时中断服务程序流程图

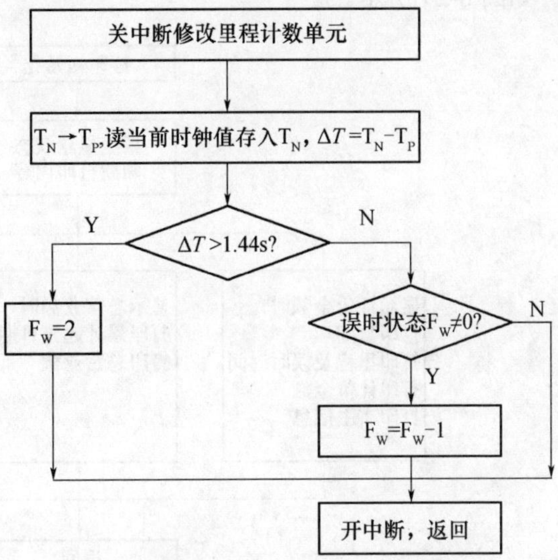

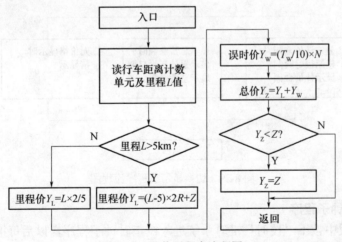

图 8-26　圈脉冲中断服务程序流程图

$\Delta T = T_N - T_P > 1.44\text{s}$，则令误时标志 $F_w = 2$，如果连续 2 个脉冲的时间间隔小于 1.44s，说明车速已高于 5km/h，可将 F_w 标志清除，每次脉冲中断服务程序将 F_w 减 1，2 次脉冲后 $F_w = 0$，通知定时器中断服务程序可取消误时计算。

4. 计价子程序

如图 8-27 所示，根据规定的计价办法进行计价。

图 8-27　计价子程序流程图

5. 打印子程序

如图 8-28 所示。

6. 切换显示子程序

在操作面板中按"＋"或"－"可切换显示内容，每次按键使液晶显示器第 2 行的显示内容依次在"显示计价金额"、"显示总营业额"和"无价格显示"三种状态之间轮换，并将显示状态记录下来供打印子程序判断使用。系统初始化时显示处于"无价格显示"状态，如图 8-29 所示。

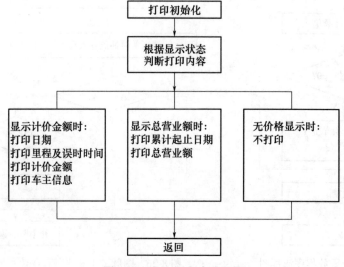

图 8-28　打印子程序流程图

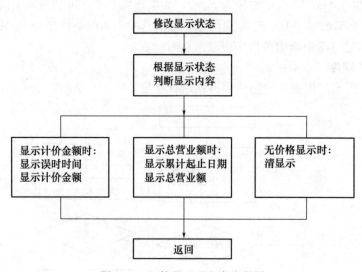

图 8-29　切换显示子程序流程图

7．校正时钟子程序

在操作面板中按下"校时"键时系统进入校正时钟子程序，以后每按一次"校时"键可对年、月、日、时、分、秒进行轮换校正，校正时按"＋"或"－"可使相关数据加 1 或减 1，或直接按"校时"进入下一数据校正。当"秒"数据校正好时按"校时"将使系统退出校正时钟子程序，如图 8-30 所示。

8．IC 卡操作子程序

完成对 IC 卡的识别和数据存取操作，并有相应的提示。为了防止对信息的私自改动，E^2PROM 和 IC 卡中的信息都经过了加密，如图 8-31 所示。

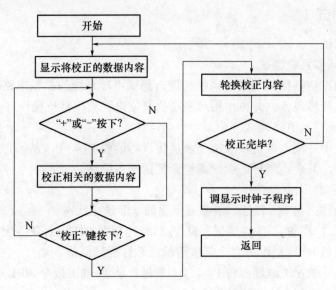

图 8-30　校正时钟子程序流程图

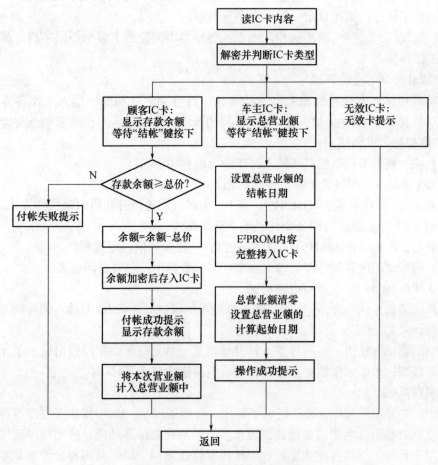

图 8-31　IC 卡操作子程序流程图

8.4.6 系统调试

1. 硬件调试

1）单片机基本系统调试

将仿真器通过仿真插头与用户系统相连，测试用户系统的晶振电路与复位电路，仿真器应不会出现死机现象，并可由用户系统的复位电路实现复位操作。

2）操作面板输入电路调试

将操作面板中各输入按键依次按下，从仿真器读取 $P_{1.0} \sim P_{1.5}$ 状态，对应的 I/O 口输入状态应为 "0"，其余为 "1"，否则需检查按键输入电路。

3）液晶显示器调试

（1）等待操作：将 $P_{2.2}$ 置低，液晶显示器处于非选中状态。

（2）清显示 ：将 $P_{2.0}$、$P_{2.1}$ 置低，从 P_0 口输出指令 01H，在 $P_{2.2}$ 上输出一个正脉冲（先置高然后置低），则显示内容全部被清除，光标回到原位。

（3）设置显示 RAM 地址：将 $P_{2.0}$、$P_{2.1}$ 置低，从 P_0 输出指令 80H，在 $P_{2.2}$ 上输出一个正脉冲，则显示 RAM 地址被设为 00H。

（4）写显示字符码，将 $P_{2.0}$ 置高，$P_{2.1}$ 置低，从 P_0 口输出要显示的字符码，在 $P_{2.2}$ 上输出一个正脉冲，则在设定位置出现字符显示。

（5）重复（3）、（4）两步操作，在液晶显示器不同位置上显示不同字符，测试整个显示器工作情况。

4）圈脉冲输入电路调试

在霍耳传感器有信号输出和没有信号输出时分别测试圈脉冲输入电路各点电位情况，并从仿真器读入 $\overline{INT0}$ 输入端（即 $P_{3.2}$）的状态，其状态应与传感器所处位置一致。

5）微型打印机调试

（1）按下列步骤向微型打印输入打印命令或打印字符：

将 $P_{2.4}$ 置高，打印机处于等待操作状态。

从 $P_{2.3}$ 读入打印机状态（BUSY），若 $P_{2.3}$ 为高则需等待打印机内部操作完成；若 $P_{2.3}$ 为低，则在 P0 口上输出打印命令代码或字符数据代码。

在 $P_{2.4}$ 上输出一个负脉冲（先置低后置高），完成数据传送过程。

（2）按步骤(1)向微型打印机输入命令、字符数据串，观察打印结果。

6）E^2PROM 与 IC 卡读写电路调试

二者的调试方法一样，不同的是在进行后者的调试时需将 IC 卡插入读写器方可开始调试过程。

它们的调试方法为：按时序要求往存储器某一单元写入数据，读出这一单元的内容并与写入数据比较，如果数据不等则需检查电路连线和读写时序。

2. 软件调试

对于时钟显示子程序、校正时钟子程序、打印子程序、IC 卡操作子程序等可以在设定相关信息数据后，利用仿真器提供的单步、断点和跟踪等功能，按照程序流程图进行调试。对于计价子程序可在调试过程中按需要修改里程、误时时间和计价参数等，并检查程序运行结果是否符合预算值。

328

定时中断和圈脉冲中断服务程序的执行过程可由断点或单步方式检查，但对于误时状态 F_w 的设置与清除、计算里程和定时的精度情况，必须在程序连续全速运行一定时间后用夭折方式使程序停止运行，才能检查相关的运行结果。

3．连机调试

在上述各子程序调试完成后，用断点或全速方式运行主程序，并观察系统在操作按键的控制下各项功能的实现情况。

8.4.7　指标测试与软件固化

在系统调试完成后应对系统的各项功能及计算里程与定时的精度作最后测试，指标合格后将系统软件通过编程器固化到 89C51 单片机中。将 89C51 插入用户系统，再脱机运行整个程序，以检验软件固化后的系统能否正常工作。

习题与思考题

1. 试述频率计的基本组成及工作原理。
2. 参考图 8-1 提出一种提高被测频率上限的办法，并进行软、硬件设计。
3. 说明超声波测距仪的基本工作原理及其特点。

参 考 文 献

[1] 刘大茂. 智能仪器（单片机应用系统设计）[M]. 北京：机械工业出版社，1998.

[2] 金锋. 智能仪器设计基础[M]. 北京：清华大学出版社，北京交通大学出版社，2005.

[3] 程德福，等. 智能仪器[M]. 北京：机械工业出版社，2005.

[4] 卢胜利，等. 智能仪器设计与实现[M]. 重庆：重庆大学出版社，2003.

[5] 周航慈，等. 智能仪器原理与设计[M]. 北京：北京航空航天大学出版社，2005.

[6] 方彦军，等. 智能仪器技术及其应用[M]. 北京：化学工业出版社，2004.

[7] 赵茂泰，等. 智能仪器原理及应用[M]. 2 版. 北京：电子工业出版社，2004.

[8] 杨吉祥. 智能仪器[M]. 南京：南京工学院出版社，1986.

[9] 张世箕. 智能仪器[M]. 北京：电子工业出版社，1987.

[10] 赵新民. 智能仪器设计基础[M]. 哈尔滨：哈尔滨工业大学出版社，1999.

[11] 徐爱钧. 智能化测量控制仪表原理与设计[M]. 北京：北京航空航天大学出版社，1995.

[12] 何立民. MCS-51 系列单片机应用系统设计[M]. 北京：北京航空航天大学出版社，1990.

[13] 张洪润，等. 智能系统设计开发技术[M]. 成都：成都科学技术大学出版社，1997.

[14] 胡学海. 单片机原理及应用系统设计[M]. 北京：电子工业出版社，2005.

[15] 何立民. 单片机中级教程[M]. 北京：北京航空航天大学出版社，2000.

[16] 何立民. 单片机高级教程[M]. 北京：北京航空航天大学出版社，2000.

[17] 王福瑞，等. 单片机测控系统设计大全[M]. 北京：北京航空航天大学出版社，1998.

[18] 张礼勇，等. IEC-625 通用接口及其应用[M]. 北京：计量出版社，1985.

[19] 张弘. USB 接口设计[M]. 西安：西安电子科技大学出版社，2002.

[20] 孙育才，等. ATMEL 新型 AT89S52 系列单片机及其应用[M]. 北京：清华大学出版社，2005.

[21] 何小艇. 电子系统设计[M]. 3 版.杭州：浙江大学出版社，2004.